复杂断块油藏二氧化碳吞吐提高采收率技术研究与实践

常学军　陈仁保　宋显民　冯建松　著

石油工业出版社

内 容 提 要

本书以复杂断块油藏为研究对象，在二氧化碳吞吐理论与技术方法研究成果基础上，结合冀东油田复杂断块油藏二氧化碳吞吐技术的实际应用，对复杂断块油藏二氧化碳吞吐提高采收率理论和技术进行了系统的阐述，总结了二氧化碳单井吞吐、二氧化碳多井协同吞吐、二氧化碳吞吐复合增效技术、水平井二氧化碳吞吐精准挖潜技术等方面新的研究成果，形成了较为系统的复杂断块油藏二氧化碳吞吐提高采收率理论和技术方法。

本书可供采油工程领域的管理人员、技术人员及石油院校相关专业师生参考阅读。

图书在版编目（CIP）数据

复杂断块油藏二氧化碳吞吐提高采收率技术研究与实践 / 常学军等著 . —北京：石油工业出版社，2023.12
ISBN 978-7-5183-6428-2

Ⅰ.①复… Ⅱ.①常… Ⅲ.①注二氧化碳 – 提高采收率 – 研究 Ⅳ.① TE357.7

中国国家版本馆 CIP 数据核字（2023）第 208148 号

出版发行：石油工业出版社
　　　　　（北京安定门外安华里 2 区 1 号　100011）
　　　　　网　址：www.petropub.com
　　　　　编辑部：（010）64523537　　图书营销中心：（010）64523633
经　　销：全国新华书店
印　　刷：北京中石油彩色印刷有限责任公司

2023 年 12 月第 1 版　2023 年 12 月第 1 次印刷
787×1092 毫米　开本：1/16　印张：20
字数：482 千字

定价：150.00 元

（如出现印装质量问题，我社图书营销中心负责调换）

《复杂断块油藏二氧化碳吞吐提高采收率技术研究与实践》

编 委 会

主　　任：常学军

副 主 任：李国永　陈仁保

委　　员：（按姓氏笔画排序）

王绍春　叶盛军　冯建松　汤　濛　李　勇　余成林

宋显民　郑家朋

编 写 组

组　　长：常学军

副 组 长：陈仁保　宋显民　冯建松

成　　员：（按姓氏笔画排序）

于洋洋　马会英　王佳音　王绍春　石琼林　史　英

邢丽洁　刘丹江　刘怀珠　汤　濛　许善文　李　勇

李国永　杨小亮　轩玲玲　肖国华　余成林　沈贵红

罗福全　郑家朋　耿海涛　高文明　曹亚明　崔　健

彭　通　路海伟　裴素安

前　言 /PREFACE

复杂断块油藏是我国陆相含油气盆地的主要油藏类型之一，位于渤海湾盆地的南堡凹陷新近系油藏为其典型代表。断层多、断块小、含油面积小、非均质性强是该类油藏的基本特征，有效驱替井网构建与均衡驱替难度大、高含水期挖潜成本高经济效益差是开发面临的共性问题，如何经济有效地提高其原油采收率成为开发实践中亟须解决的问题。

2010 年，中国石油冀东油田公司组建攻关团队，在深入评价与论证基础上，开始探索二氧化碳吞吐提高采收率技术，通过十几年的持续攻关与实践，形成了二氧化碳吞吐提高采收率技术系列并规模推广应用。截至 2022 年底，在 16 个油藏推广应用 3214 井次，注入二氧化碳 $122 \times 10^4 t$，覆盖地质储量 $4173 \times 10^4 t$，增加石油可采储量 $163.9 \times 10^4 t$，增加原油产量 $111 \times 10^4 t$，减少产水量 $501.6 \times 10^4 t$，取得显著经济效益与社会效益。

本书是在对近十年来冀东油田二氧化碳吞吐提高采收率技术系列攻关与大量实践应用成果全面梳理基础上，通过系统总结与凝练编纂而成，是油田广大开发工作者的心血和智慧的结晶。本书的编纂出版旨在让更多同行了解该项技术，有利于与油田开发科技工作者开展更加广泛和深入的交流，有利于该项技术得到更加广泛的应用，有利于该项技术在实践中持续发展并发挥更大的作用，为我国复杂断块油藏高含水阶段提高原油采收率提供参考和借鉴。

本书共分五章。第一章主要阐述南堡凹陷新近系复杂断块油藏基本特征、开发历程与开发特点，二氧化碳吞吐提高采收率技术发展历程、技术体系与总体应用情况；第二章主要阐述吞吐驱油机理、选井方法、参数优化与设计和现场应用；第三章主要阐述协同吞吐模式、协同吞吐单元结构的构建与现场应用；第四章主要阐述水平井堵剂复合增效的封堵体系、复合增效机理、主控因素与优化设计方法；第五章主要阐述二氧化碳吞吐的注采管柱、防腐工艺、动态监测和 HSE 方案。

全书写作总纲由常学军、陈仁保编纂，第一章由常学军、郑家朋、宋显民、崔健、罗福全、沈贵红、许善文编写，第二章由陈仁保、王绍春、李国永、汤濛、王佳音、马会英、李勇编写，第三章由常学军、陈仁保、宋显民、冯建松、轩玲玲、刘怀珠、刘丹江、于洋洋编写，第四章由陈仁保、宋显民、肖国华、石琼林、路海伟、曹亚明、邢丽洁、裴素安、耿海涛编写，第五章由常学军、陈仁保、宋显民、高文明、杨小亮、余成林、史英、彭通编写，最后统稿和审定由常学军、宋显民完成。

在本书编写过程中，所参考了大量相关研究报告、论文论著、理论书籍等资料，向各位作者表示衷心的感谢。感谢为本书编写提供有关基础资料的所有同志们，感谢西南石油大学孙雷教授对本书提出的宝贵意见！

由于编者水平有限，书中不妥之处在所难免，敬请读者批评指正。

目 录 /CONTENTS

第一章 概　述

　　冀东油田石油勘探开发工作区域位于河北省唐山市与秦皇岛市境内，地质上属于渤海湾盆地黄骅坳陷。石油勘探开发主战场为南堡凹陷，主要油藏类型为复杂断块油藏，其基本特征是断层多、断块小、几何形态复杂，砂体小、变化大、非均质性强，油层多、差异大、油水系统多，开发实践中高效驱替井网构建难度大、"三大矛盾"（平面、层间、层内矛盾）突出，这类油藏进一步细分为浅层（层位上指新近系）高孔高渗透天然水驱油藏、中深层（层位上指古近系东营组与沙河街组三 ^{1} 亚段）中孔中渗透油藏、深层（层位上指古近系沙河街组三 $^{2+3}$—沙河街组三 ^{5} 亚段）低—特低渗透油藏。

　　浅层新近系高孔高渗透天然水驱油藏，因其埋藏浅、物性好、产量高、效益好，对油田上产、稳产意义重大，截至 2022 年底累计产油量占全油田累计产油量的 42%。该类油藏主要采用天然水驱与水平井开发，由于含油面积小、平面非均质性强、边底水活跃，加之井距小（油砂体小）、采液速度偏高，随着时间的推移，油藏陆续进入特高含水开发阶段，剩余油高度分散，原油产量大幅下降，成本上升、效益变差。为破解实践难题，从 2010 年开始，冀东油田组建了专项技术攻关团队，在大量调研、深入论证、多方案比选基础上，确定以二氧化碳吞吐提高采收率、降低递减率、提高经济效益为主要任务的攻关计划，通过十几年的努力，形成冀东油田浅层油藏第一代提高采收率技术，并取得显著经济与社会效益——截至 2022 年底，推广应用 3214 井次、覆盖地质储量 $4173 \times 10^4 t$，注入二氧化碳 $122 \times 10^4 t$，增加石油可采储量 $163.9 \times 10^4 t$、原油产量 $111 \times 10^4 t$、少产水 $501.6 \times 10^4 m^3$。

第一节　南堡凹陷新近系油藏特征与开发历程

一、新近系油藏特征

　　南堡凹陷是渤海湾盆地北部的一个小型陆相断陷凹陷（图 1.1.1），是在华北地台基底上，经中—新生代的断块运动而发育起来的一个中—新生界北断南超的箕状凹陷，呈菱形近东西向展布，具有油气资源丰富、地质条件复杂的特点，面积 1932km²，其中冀东油田矿权面积 1570km²（陆地 570km²，海域 1000km²）。凹陷西北部以西南庄断层为界与老王庄—西南庄凸起接壤，东北部以柏各庄断层为界与马头营—柏各庄凸起接壤，南部与沙垒田凸起呈断超关系。凹陷内部划分为拾场、柳南、林雀、曹妃甸次凹（洼）等四个三级负向构造单元，其间被南堡 1 号、南堡 2 号、南堡 3 号、南堡 4 号、南堡 5 号、高柳与老爷庙构造带等正向构造单元所分隔（图 1.1.1），以海岸线为界划分为南堡陆地和滩海，高尚堡、柳赞、老爷庙构造带、西南庄—柏各庄断裂带属于陆地，南堡 1 号、南堡 2 号、南堡 3 号、南堡 4 号、南堡 5 号构造属于滩海。南堡凹陷及周边地区发育太古宇、新元古界、古生界、中生界和新生界，不同构造单元地层分布及厚度差异较大。已钻遇各套地层均见到了不同程度的油气显示或获得工业油气流，新近系是主要含油气层系和主要生产层系之一。

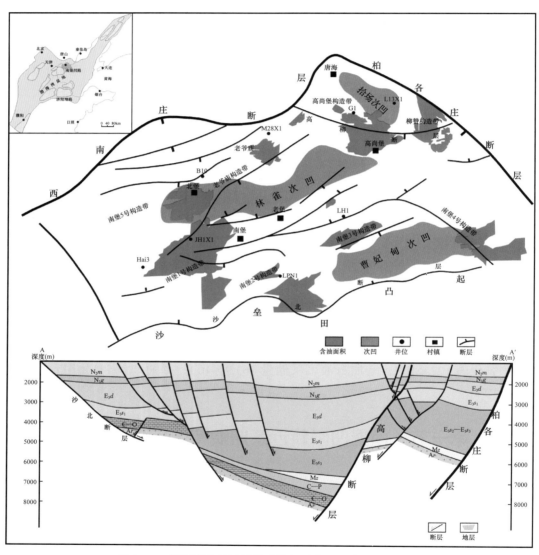

图 1.1.1　渤海湾盆地区域构造格架及南堡凹陷区域位置图

1. 地层特征

据钻井揭示，南堡凹陷地层从上到下依次发育有：第四系平原组（Qp）、新近系明化镇组（N_2m）和馆陶组（N_1g）、古近系东营组（E_3d）和沙河街组（E_3s）及中—古生界。其中新近系 N_1g 与上覆的 N_2m 地层呈整合接触，与下伏的 E_3d 呈不整合接触；N_2m 与上覆的 Qp 呈不整合接触。新近系馆陶组沉积时期，渤海湾湖盆整体下沉进入坳陷期，沉积了新近系馆陶组（N_1g）和明化镇组（N_2m），古近纪的凸起和凹陷控制了后期地层的沉积厚度。盆地内馆陶组和明化镇组均有分布，呈现北部和南部薄、中部厚的特点（图 1.1.2 和图 1.1.3），馆陶组地层厚度达 300～900m，明化镇组地层厚度 1000～2000m。新近系中新世馆陶组沉积时期火山活动强烈，玄武岩广布整个南堡凹陷。新近纪末期，地壳上升结束了坳陷的演化历史，使渤海湾盆地大部分地区进入准平原化阶段，接受了第四纪冲积平原沉积。

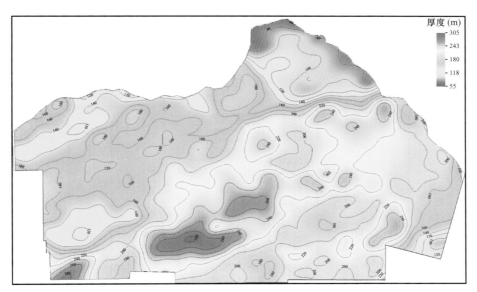

图 1.1.2　南堡凹陷新近系明下段Ⅲ油组地层厚度等值线图

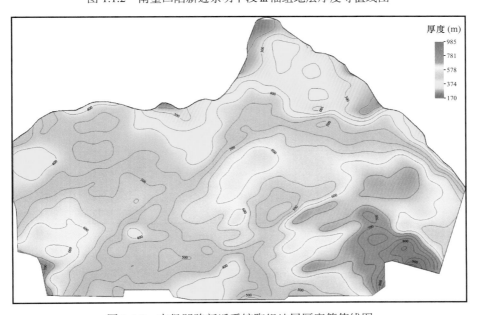

图 1.1.3　南堡凹陷新近系馆陶组地层厚度等值线图

新近系馆陶组和明化镇组为南堡凹陷主要含油气层系和主要生产层（图 1.1.4）。

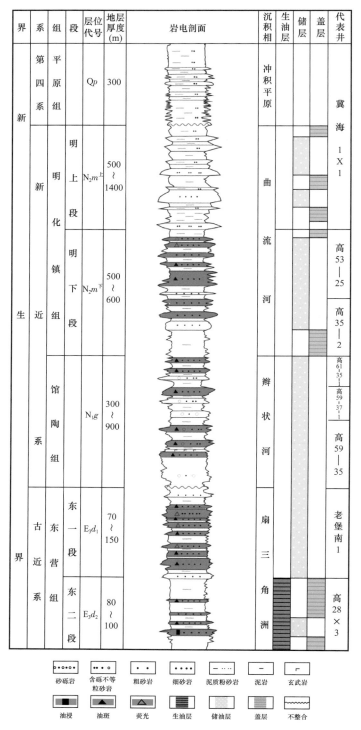

图 1.1.4 南堡凹陷地层综合柱状图

1）馆陶组（N₁g）

岩性为砾岩、砂砾岩、玄武岩、基性凝灰岩夹薄层灰绿色、灰色泥岩，以砂包泥为特征，电阻率曲线为块状高阻，自然电位曲线幅度差异明显。进一步细分为四个油组，从上到下依次为Ⅰ、Ⅱ、Ⅲ、Ⅳ油组，其中底部Ⅳ油组以块状高阻玄武岩与燧石砾岩发育为特征，为一级区域对比标准层（表1.1.1）。馆陶组厚度300～900m，与下伏东营组呈角度不整合接触。

表1.1.1　南堡凹陷新近系馆陶组标志层特征表

标志层岩性	厚度（m）	层位	分布地区	岩性及电性特征
石英燧石砾岩层	120～250	新近系底部	全区	燧石砾岩，自然伽马砂岩特征明显，电阻率曲线为块状高阻，并成尖峰刺刀状

2）明化镇组（N₂m）

岩性为块状砂岩与灰绿、灰黄色、棕红色泥岩互层，向凹陷南部增厚。电阻率曲线形态为高阻块状，自然伽马砂岩特征明显。厚度1000～2000m，与下伏馆陶组呈整合接触。根据岩电特征，明化镇组分为上、下两段。

（1）明化镇组下段（N₂m^下）。块状砂岩与红色、灰色、灰黄色泥岩互层段，以泥包砂为特征。下部为砂泥岩互层段，砂泥岩分异明显。电阻率曲线为低阻细锯齿与中等尖锋状电阻间互，自然电位曲线幅度差异明显。细分为Ⅰ、Ⅱ、Ⅲ油组。上部为块状砂岩集中段，电阻率曲线为高阻密集尖峰状，自然伽马砂岩特征明显。

（2）明化镇组上段（N₂m^上）。块状砂岩集中发育段，以砂包泥为特征。电阻率曲线为高阻密集尖峰状形态，自然伽马砂岩特征明显（图1.1.5）。

2. 构造特征

新近系构造形成于明化镇组沉积晚期的构造运动，是在明化镇组沉积时期至第四纪加速沉降坳陷背景下形成的叠加在深层构造变形基础上的新生性构造，断层数量多、规模小，常与控凹断层、控带断层相伴生，以北东向、北东东向为主，还发育近东西向和北西向断层，多呈雁行排列。

1）断裂特征

新近系的复杂构造变形样式主要为明化镇组沉积时期或沉积后期发育的构造样式组合，其断裂系统有基底卷入式和盖层滑脱式两种体系，根据主边界控凹断层或主干控带断层面状形态划分为铲式、平面式、坡坪式三种形态，根据次级断层组合方式分为18种具体组合样式（图1.1.6）。图1.1.7为南堡凹陷北东—南西向断裂剖面样式示意图。

从断层性质来看，主要发育正断层，具有分带展布、分段连接、分期发育特征；从走向上看，发育北东、北西、近东西的三组断裂带。根据这些构造在平面上的延伸与交接关系，分为帚状构造、正走滑叠瓦扇构造、梳状构造、走向平行相向倾斜式、走向平行相背倾斜式、走向平行同向倾斜式、走向雁列式、网状交织式等8种主要平面组合样式（图1.1.8）。

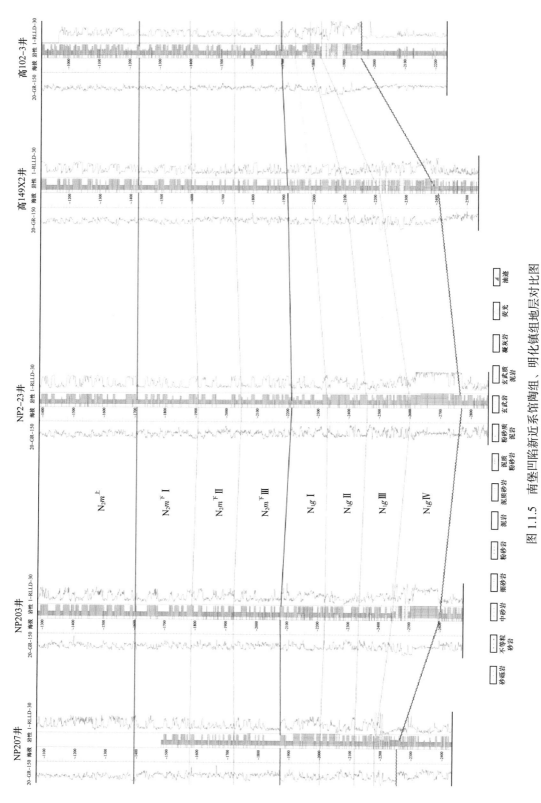

图 1.1.5 南堡凹陷新近系馆陶组、明化镇组地层对比图

断层类型	断层形态	剖面组合样式		平面组合样式		分布区域
		名称	组合形态	名称	组合形态	
基底卷入式	 平面式正断层	阶梯式(1)		平行式斜列式		沙北断裂带 南堡2号西断裂带
		多米诺式(2)		平行式斜列式	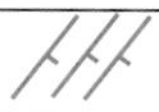	南堡庙北断裂带 沙垒田凸起
		堑垒式(3)		相向相背平列式		南堡2号东断裂带 南堡3号断裂带
		典型共轭式(4)		共轭交叉式		南堡1号断裂带 南堡2号东断裂带
	 铲式正断层	铲式扇(5)		同向分叉式		南堡5号断裂带
		"y"形组合(6)		梳状构造		大清河断裂带
		反"y"形组合(7)	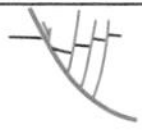	帚状构造		南堡1号断裂带
		复合"y"形组合(8)		相向平行式		南堡2号东断裂带 南堡4号断裂带北段 南堡5号断裂带
		共轭式"y"形组合(9)	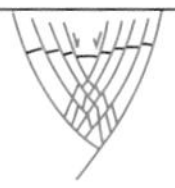	相向平行式交织式		南堡2号断裂带 南堡4号断裂带北段 南堡2号北断裂带
		复式"X"形组合(10)	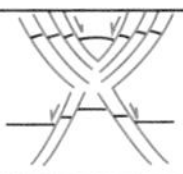	相向平行式	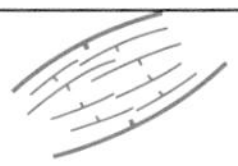	南堡2号东断裂带 南堡4号断裂带北段
		负花状构造(11)		走滑叠瓦扇		南堡4号断裂带
		多米诺式(12)	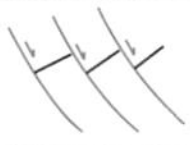	平行式斜列式		南堡3号断裂带西段 南堡2号西断裂带
		"入"形组合(13)		走向切割式		南堡4号断裂带中段 南堡高柳断裂带
	 坡坪式正断层	反向调节断层(14)		反向分叉式		柏各庄断层上盘
		同向调节断层(15)		同向分叉式		西南庄断层上盘 庙北断裂带
盖层滑脱式	平面式正断层	上凸式(16)		相向平行式		南堡4号构造带 南堡2号东断裂带
		下凹式(17)		相向平行式		柳南次凹 北堡次凹
	铲式正断层	阶梯式(18)	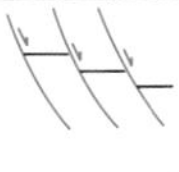	平行式斜列式		南堡3号断裂带 南堡2号西断裂带 沙北构造带

图 1.1.6　南堡凹陷新近系断裂剖面样式划分及分布图

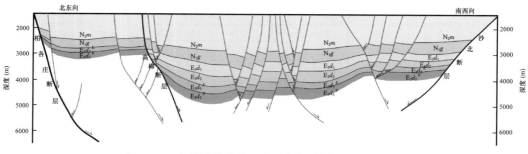

图 1.1.7 南堡凹陷北东—南西向断裂剖面样式示意图

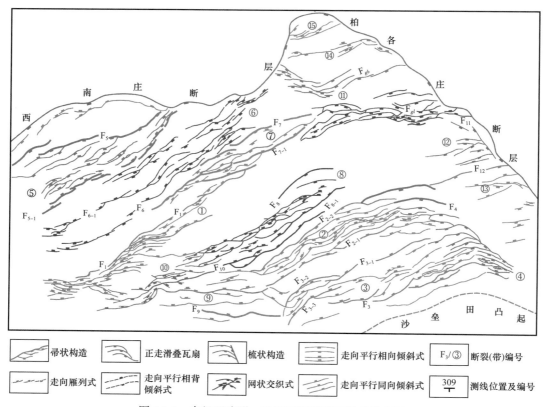

图 1.1.8 南堡凹陷明一段底面断裂平面样式分布图

①—1 号帚状张扭断裂带；②—2 号东共轭式断裂带；③—3 号断裂带；④—4 号叠瓦式张扭，断裂带；⑤—5 号复合
"y"形断裂带；⑥—庙北多米诺式断裂带；⑦—庙南复合"y"形断裂带；⑧—2 号北复合"y"形断裂带；⑨—2 号
西阶梯式断裂带；⑩—1～5 号反"y"形断裂带；⑪—高柳—高北同向叠接断裂带；⑫—大清河梳状张扭断裂带；
⑬—蛤北梳状张扭断裂带；⑭—拾场断裂带；⑮—拾场北断裂带

2）构造单元特征

南堡凹陷内可分为高尚堡、柳赞、老爷庙、南堡 1 号、南堡 2 号、南堡 3 号、南堡 4
号、南堡 5 号共 8 个亚二级构造带（图 1.1.9）。另外，在马头营凸起也发育馆陶组油藏。

（1）高尚堡构造带。

高尚堡构造带位于南堡凹陷北部，为中生界潜山背景上发育的披覆背斜构造带，有利面积 210km^2。以高柳断层为界，高浅北区断层不发育，发育较大规模的背斜 + 断鼻构造；高浅南区因多条北东向断层切割，发育复杂断块和断鼻构造（图 1.1.10）。

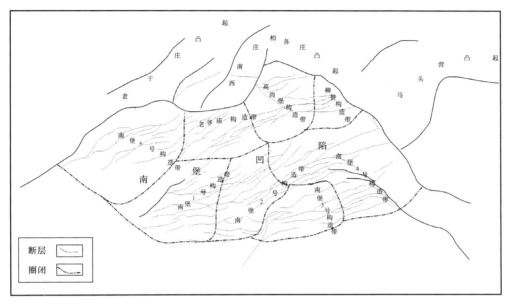

图 1.1.9　南堡凹陷及周边地区构造单元分布图

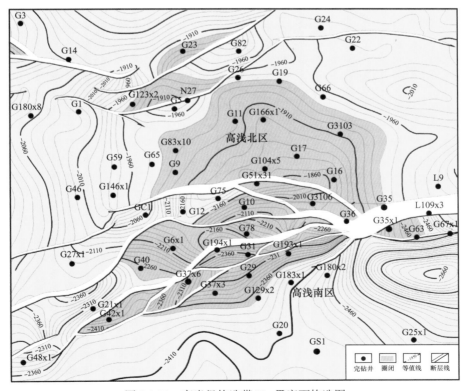

图 1.1.10　高尚堡构造带 N$_1$g Ⅲ 底面构造图

（2）柳赞构造带。

柳赞构造带位于凹陷东部，为中生界隆起背景上发育的背斜构造带，有利面积70km²。以高柳断层为界，南部区域是明化镇组和馆陶组主要油气富集区，因高柳断层派生断层切割发育复杂断块和断鼻构造，北部区域为一系列被柏各庄和近东西向断层相交分割的断鼻构造（图1.1.11）。

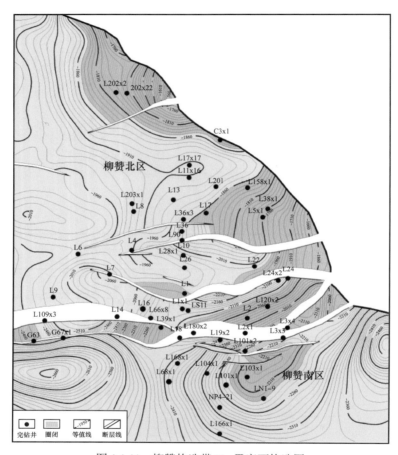

图 1.1.11　柳赞构造带 N_1gⅢ 底面构造图

（3）老爷庙构造带。

老爷庙构造带位于凹陷西北部，为西南庄断层下降盘被断层复杂化的滚动背斜构造，有利面积150km²，包括庙北背斜及庙南断鼻构造带（图1.1.12）。庙北背斜被一系列北东东向断层分割成多个断鼻、断块，庙南断鼻被北东东走向、雁列式排列断层复杂化。

（4）南堡1号构造带。

南堡1号构造带为一被断层复杂化的披覆背斜构造，新近系构造形态总体上继承了披覆背斜构造的特点，平面上具有三分性。北部1-1区位于南堡1号断层上升盘，为宽缓的断鼻，中部1-3区位于南堡1号断层下降盘，为复杂断块构造，南部1-5区为断鼻构造（图1.1.13）。

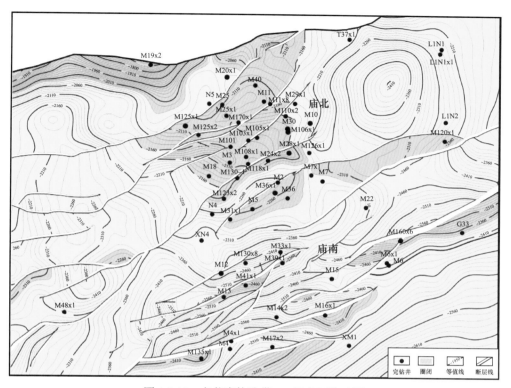

图 1.1.12　老爷庙构造带 N_1g Ⅲ 底面构造图

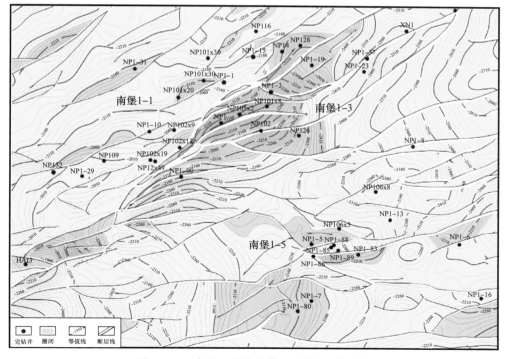

图 1.1.13　南堡 1 号构造带 N_1g Ⅲ 底面构造图

（5）南堡2号构造带。

南堡2号构造带为凹陷南部沙北斜坡上的潜山披覆构造。新近系发育东西两个大型背斜构造，西部主要受北东向西掉正断层控制，形成南堡2-1、南堡2-3等阶梯状断鼻构造，东部受北东向西掉正断层和北东向东掉正断层控制，形成垒、堑相间的花状构造，发育众多的反向屋脊断阶和断鼻（图1.1.14）。

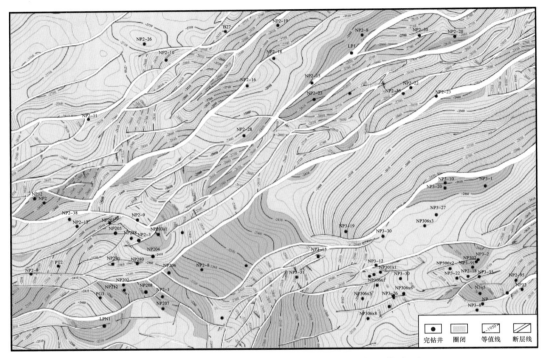

图1.1.14　南堡2号、南堡3号构造带 N_1gⅢ 底面构造图

（6）南堡3号构造带。

南堡3号构造带位于凹陷南部，为3号潜山背景上发育的披覆构造。沙河街组沉积时期受南堡3号断层控制，整体呈断背斜形态；东营组沉积时期3号断层活动强度变弱，受近东西向断层活动控制，发育断鼻构造；明化镇组沉积时晚期，受北东东向断层影响，构造进一步复杂化，发育一系列断鼻构造（图1.1.14）。

（7）南堡4号构造带。

该构造带为凹陷东南部的一个潜山披覆背斜。发育南北两组断裂带，整体形态呈"帚状"，西部呈"弧状"特征向南西向撒开，东部呈"收敛状"特征向南东向交汇到一起，形成断背斜圈闭。构造主体以堡古1大断层为界，西南侧为下降盘复杂断块区，东北侧为较简单的向东南抬升的鼻状构造（图1.1.15）。

（8）南堡5号构造带。

南堡5号构造带为西南庄断层下降盘逆牵引滚动背斜构造，主要发育东翼鼻状构造带、北堡背斜构造带和北部鼻状构造带，构造圈闭以断块、断鼻、断背斜为主要发育类

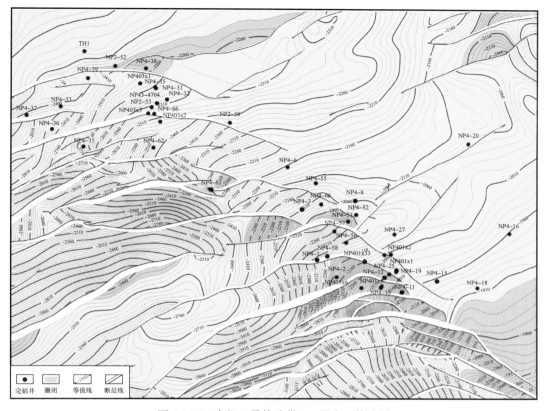

图 1.1.15　南堡 4 号构造带 N_1gⅢ 底面构造图

型。圈闭基本都发育在构造带的中高—高部位，条带状分布特征明显（图 1.1.16）。

3. 储层特征

新近系主要储层成因类型为河流相砂岩储层。馆陶组沉积时期为冲积扇—辫状河沉积体系，明化镇组沉积时期为曲流河沉积体系。

1）岩石学特征

岩石类型主要为砂砾岩、含砾不等粒砂岩、粗砂岩、中砂岩、细砂岩、粉砂岩及泥质岩类。部分岩石中含砾，砾石以石英为主，次为长石，砾径一般 2～5mm，最大 60mm。砂岩以长石岩屑砂岩和岩屑长石砂岩为主（图 1.1.17），岩屑和不稳定矿物含量偏高，成分成熟度中等—偏低，结构成熟度较低—中等，分选较差—较好。磨圆多为次圆—次棱角、次棱角—次圆，少量为次棱角，反映了近源沉积的特点。

2）储层沉积相

（1）沉积特征。

岩石颜色普遍较浅，反映了沉积时的弱还原—氧化环境。砂岩颜色有灰绿色、绿灰色、杂色、浅灰色、灰褐色、棕黄色等；泥岩颜色有灰绿色、绿灰色、褐灰色、杂色、暗紫红色等（图 1.1.18）。

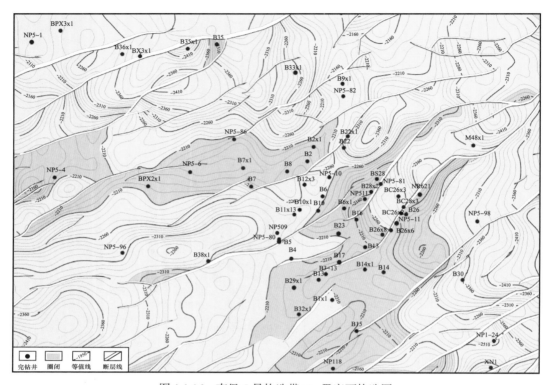

图 1.1.16　南堡 5 号构造带 N_1g Ⅲ 底面构造图

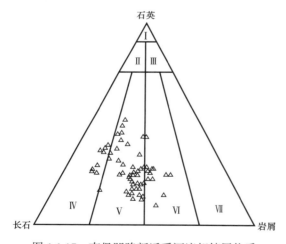

图 1.1.17　南堡凹陷新近系河流相储层物质
组分三角图

Ⅰ—石英砂岩；Ⅱ—长石石英砂岩；Ⅲ—岩屑石英砂岩；
Ⅳ—长石砂岩；Ⅴ—岩屑长石砂岩；Ⅵ—长石岩屑砂岩；
Ⅶ—岩屑砂岩

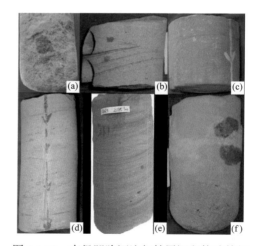

图 1.1.18　南堡凹陷河流相储层沉积构造特征
（a）—块状层理；（b）—板状交错层理；（c）—平行层理；
（d）—槽状交错层理；（e）—水平层理；（f）—冲刷充填

沉积构造体现了近物源河流相沉积快速堆积、高能和冲刷充填等沉积特点。主要发育块状层理、板状交错层理、平行层理、槽状交错层理、冲刷充填构造等类型（图1.1.18）。

概率曲线由具有牵引流特征的三段式组成（图1.1.19），滚动组分平均占总组分的40%，跳跃组分平均占总组分的26%。滚动组分与跳跃组分的拐点值平均在2.8ϕ，跳跃组分与悬浮组分的拐点值平均为5ϕ。

C—M图形由RS段、PQ段和QR段组成，具有明显的牵引流特征（图1.1.20）。

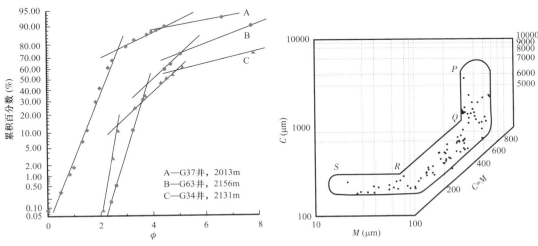

图1.1.19　南堡凹陷河流相储层概率曲线特征　　　图1.1.20　南堡凹陷河流相储层C—M图

（2）主要沉积相类型及特征。

馆陶组为辫状河流相沉积。馆陶组沉积时期，南堡凹陷由断陷期进入坳陷期整体稳定沉降阶段，受早期地势较陡影响，柏各庄凸起、西南庄凸起为主要物源，南部凸起为次要物源，沉积方向主要为南北、北北西和西南南走向，河道砂体在盆地内汇聚、沉积（图1.1.21）。主要发育砂质辫状河，属于低弯度游荡型泛滥河道沉积，主要沉积微相有河床滞留沉积微相、河道微相、心滩微相和泛滥平原泥微相，有时可有心滩边缘微相。河床滞留沉积微相一般为砾石沉积；河道微相沉积物是以底载形式搬运的砂层；心滩微相是分隔河道的或凸起于河底的大型砂体；泛滥平原泥微相为河水漫出主河道时形成的泥质类沉积，一般发育不好，并且易于被之后的河道迁徙侵蚀掉，主要沉积物为洪水淤积的粉砂岩和黏土（图1.1.22）。

明化镇组为曲流河相沉积。经历了馆陶组沉积之后，古地形、地貌逐渐被填平补齐，地势逐渐变缓，河流类型逐渐演化为曲流河沉积，为高弯度河流，河道较固定，条带状分布更为明显（图1.1.23）。曲流河分为边滩微相、河床滞留微相、废弃河道微相、天然堤微相、决口扇微相和河漫滩泥微相。河床滞留沉积微相一般为砾石沉积，位于河道沉积的底部；边滩微相是指在弯曲的河道之凸岸侧积形成的砂体；天然堤微相主要由粉砂和泥质组成，且呈现薄互层组合；决口扇微相主要由细砂岩和粉砂岩组成，砂体形态呈舌状；河漫滩泥微相为洪水泛滥时带来的河流悬浮沉积物堆积形成。废弃河道微相，洪水截弯取直使得原来的河道被废弃，并在砂岩上面沉积较纯净的泥岩（图 1.1.24）。

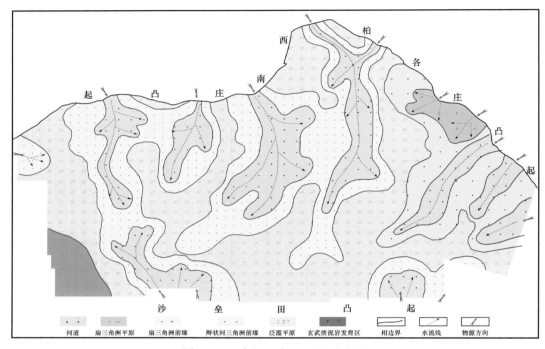

图 1.1.21　南堡凹陷 $N_1g\rm{II}$ 沉积相图

图 1.1.22　高 104-5 断块 N_1g13^3B 单砂层沉积微相图

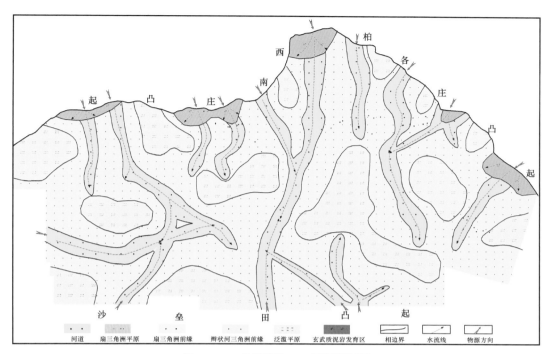

图 1.1.23　南堡凹陷 N_2m Ⅲ 沉积相图

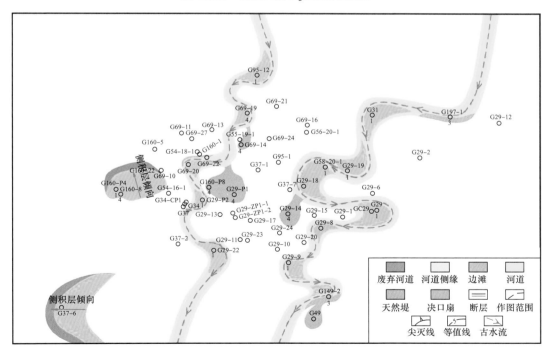

图 1.1.24　高 29 断背斜 N_2m Ⅲ 5S3 单砂层沉积微相图

3）储层物性特征

储层为疏松砂岩，胶结程度低，成岩作用弱，物性条件好。主要为高孔特高渗透—

高孔中渗透储层（表 1.1.2）。岩心分析资料显示，孔隙度集中分布在 25%～36%，峰值为 33%，平均为 28.2%；渗透率集中分布在 100～10000mD，平均为 2350mD，属高孔、高渗透储层（图 1.1.25）。

表 1.1.2　南堡凹陷新近系主力开发单元储层物性统计表

开发单元		油藏中部海拔（m）	物性			
			孔隙度分布区间（%）	平均孔隙度（%）	渗透率分布区间（mD）	平均渗透率（mD）
南堡陆地	高浅南区	−1840	18.0～34.2	29.7	101～10300	1232.0
	高浅北区	−1870	24.0～38.0	31.0	55～10000	1500.0
	柳赞南区	−1823	26.0～34.0	30.7	250～4000	1745.0
	老爷庙浅层	−1938	21.6～40.9	28.5	100～4995	642.4
南堡滩海	南堡 1-3 区	−1900	25.4～33.7	30.0	100～5840	1500.0
	南堡 2-1 区	−2000	16.4～36.2	30.3	16～9151	607.0
	南堡 2-3 区	−1980	25.0～35.0	31.0	100～10000	1588.0
	南堡 3-2 区	−2300	20.0～30.0	25.2	10～1000	384.8
	南堡 4-2 区	−2075	16.4～32.5	26.6	170～5773	1618.4

4）储层非均质特征

储层非均质指储层内部岩性和物性在三维空间的变化，对油水运动规律、油水空间配置关系、水驱油效果和剩余油分布规律有重要的影响。结合典型区块储层物性特征及砂体形态特征，在全区各井孔隙度、渗透率和有效厚度重新解释的基础上（图 1.1.25），主要通过渗透率变异系数（V_k）、渗透率突进系数（T_k）、渗透率级差（J_k），以及洛劳伦兹系数来衡量储层的非均质性。

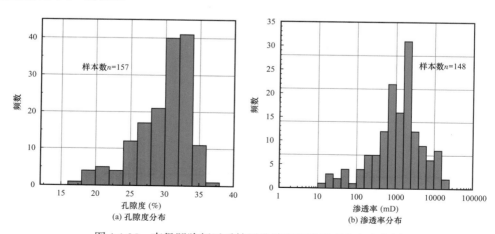

图 1.1.25　南堡凹陷新近系储层孔隙度和渗透率分布直方图

（1）层内非均质性。

受不同沉积水动力影响，不同相带具有不同韵律性和非均质性。明化镇组曲流河沉积储层以边滩和废弃河道为主，砂体韵律性主要为正韵律和复合韵律（图 1.1.26）；馆陶组辫状河沉积储层以心滩和河道沉积为主，砂体韵律性主要为正韵律、均质韵律和复合韵律（图 1.1.27）。统计表明，尽管处于不同区域不同层位，单砂体均表现为中等—强的层内非均质性。

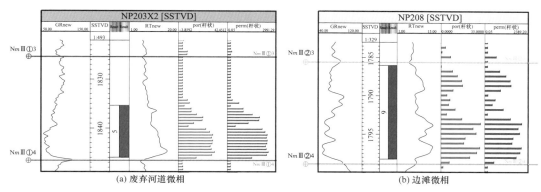

图 1.1.26　明化镇组曲流河主要沉积微相与韵律特征

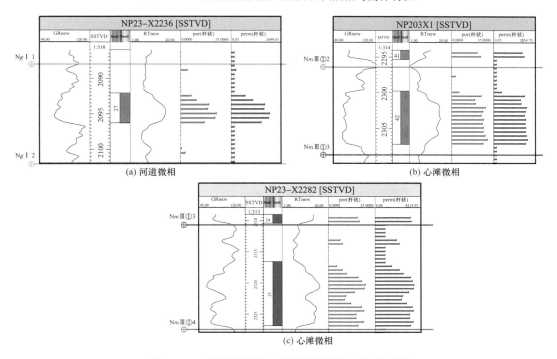

图 1.1.27　馆陶组辫状河主要沉积微相与韵律特征

（2）层间非均质性。

层间非均质性指各小层、单砂层之间的垂向差异性。主要通过研究它们之间的物性差异来描述层间非均质特征。层间非均质性反映的是相同断块层与层之间的物性差异和非均质性程度，非均质性越强，反映层与层之间沉积环境变化越大，各构造带新近系油藏均表现为中—强的层间非均质性（表 1.1.3）。

表 1.1.3　南堡凹陷新近系单砂体层间非均质参数表

油田	层位	渗透率（mD）			非均质参数			非均质性评价
		最大	最小	平均	变异系数	突进系数	级差	
老爷庙	N_2m	4037.9	6.2	329.5	0.8	3.8	12.3	强
	N_1g	2006.4	5.6	229.0	0.9	4.2	8.8	强
高尚堡	N_2m	1105.0	100.2	327.4	0.6	3.4	3.4	中
	N_1g	1211.0	25.1	406.2	0.8	3.5	13.0	强
柳赞	N_2m	2475.0	285.0	570.0	0.6	1.2	4.3	弱
	N_1g	1933.0	265.0	543.0	0.5	1.7	3.6	中
南堡 1 号构造	N_2m，N_1g	1265.0	15.2	310.6	0.8	8.6	82.2	强
南堡 2 号构造	N_2m，N_1g	780.2	30.5	146.3	0.7	5.3	25.6	强
平均					0.7	3.9	17.9	

（3）平面非均质性。

储层平面非均质性主要受微相类型控制，不同微相沉积储层物性差异较大。平面上岩石物性的变化，主要反映在孔隙度与渗透率的变化。辫状河主要发育河道微相和心滩微相（图 1.1.28 和图 1.1.29），受沉积时水动力和水体流动的影响，河道微相与心滩微相物性好，顺河道方向孔隙度和渗透率呈条带状分布且河道中部好于边部；心滩微相以快速垂向加积

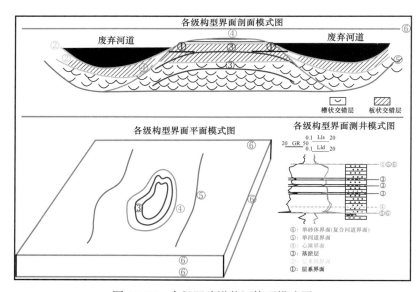

图 1.1.28　南堡凹陷辫状河构型模式图

为主，孔隙度、渗透率整体较河道微相要小，同时从心滩头部到尾部有由大变小的趋势（图 1.1.30 和图 1.1.31）。曲流河沉积储层在主河道方向呈条带状分布，主要发育边滩微相和河道微相（图 1.1.32 和图 1.1.33），孔隙度和渗透率由河道中心向河道边部由大变小，边滩为侧向加积形成，该类砂体最发育，孔隙度和渗透率数值也最大（图 1.1.34 和图 1.1.35）。

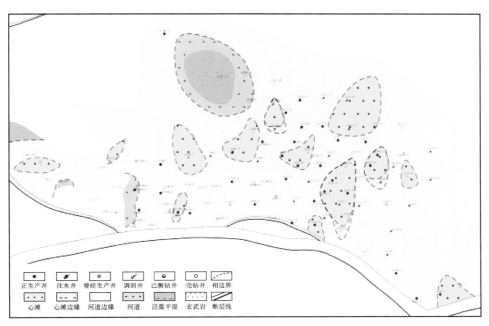

图 1.1.29　高 104-5 断块 N_1g12A 沉积微相图

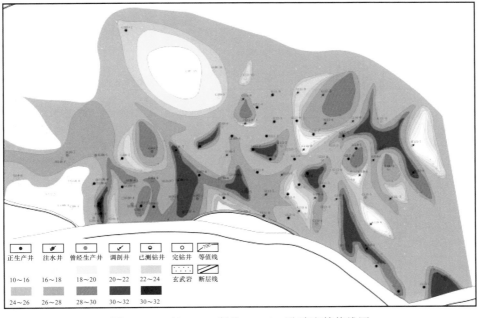

图 1.1.30　高 104-5 断块 N_1g12A 孔隙度等值线图

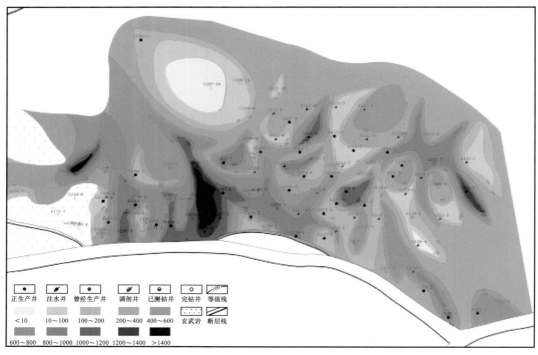

图 1.1.31 高 104-5 断块 N_1g12A 渗透率等值线图

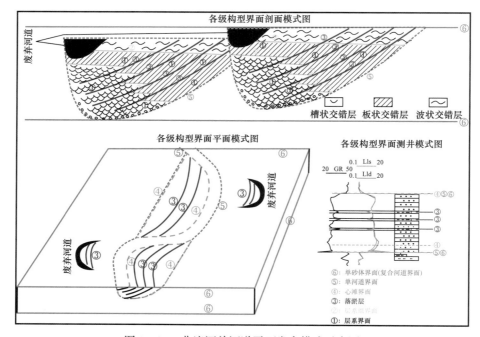

图 1.1.32 曲流河单河道平面发育模式示意图

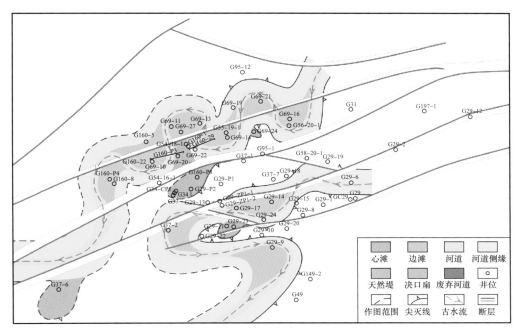

图 1.1.33　高 29 断块 $N_2mⅢ5S1$ 沉积微相图

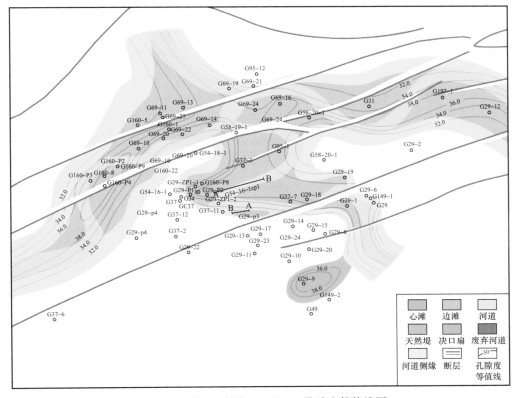

图 1.1.34　高 29 断块 $N_2mⅢ5S1$ 孔隙度等值线图

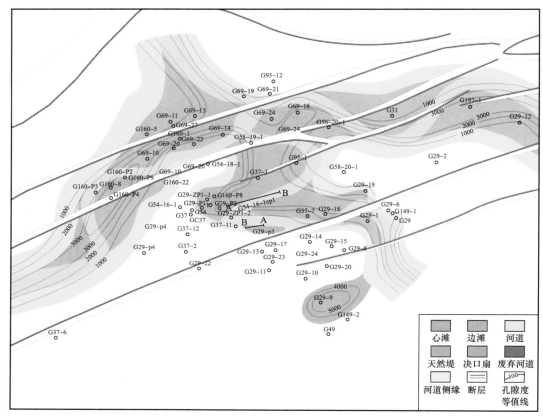

图 1.1.35　高 29 断块 N_2m Ⅲ 5S1 渗透率等值线图

（4）隔夹层分布特征。

隔夹层类型主要有泥质、钙质、物性和特殊岩性等，以泥质和物性类夹层多见。一般在单井和井间能够识别的有明显渗流遮挡作用的隔夹层分为 3 个层次，分别定义为"隔层"（小层间）、"薄隔层"（单砂层间）和"薄夹层"（单砂体内），分别对应构型的 6 级、5 级、4 级沉积界面（图 1.1.36）。隔层分布较稳定，将上下沉积砂岩体分开，属于不同期次河道之间的分隔，薄隔层的意义与隔层的意义相近，只是厚度上和稳定性上较隔层要差，薄夹层一般为单砂体内部夹层，辫状河沉积的薄夹层分布在心滩内部，为落淤层沉积（图 1.1.37），曲流河沉积的薄夹层分布在边滩内部，为多期侧向加积之间的泥质沉积（图 1.1.38）。

5）储层渗流特征

（1）相渗曲线。

新近系油藏整体表现为埋深浅、中高丰度、高孔高渗透、正常温压、多油水系统，储层渗流特征相似（图 1.1.39）。初始含水饱和度为 25.2%～37%，残余油饱和度为 27.5%～43%，两相共渗区为 32.8%～56.13%，均表现亲水油藏特征，驱油效率 36.82%～68.2%（表 1.1.4）。

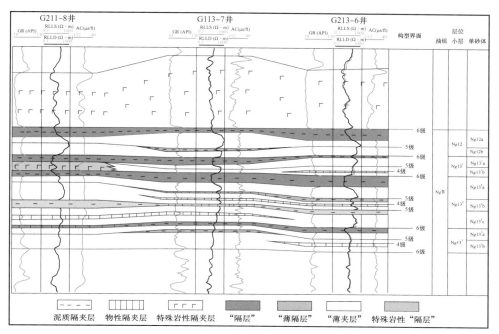

图 1.1.36　连井隔夹层分布与界面级次关系

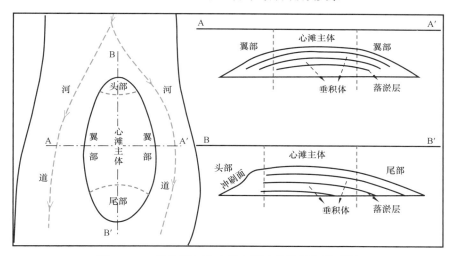

图 1.1.37　辫状河心滩内部夹层（落淤层）模式图

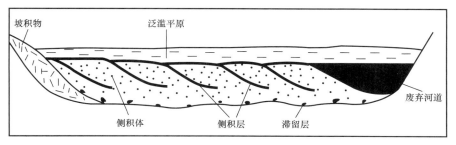

图 1.1.38　曲流河边滩内部夹层（侧积层）模式图

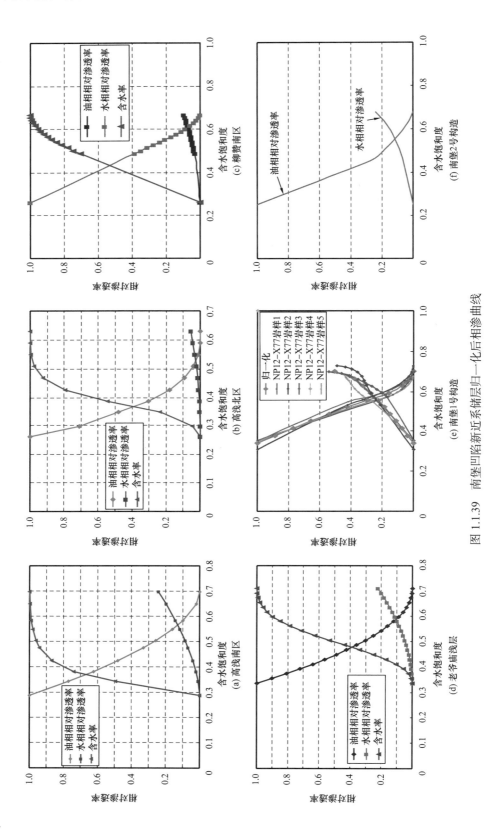

图 1.1.39 南堡凹陷新近系储层归一化后相渗曲线

表 1.1.4 南堡陆地新近系主要开发单元相渗特征统计表

油田	层位	束缚水饱和度（%）	残余油饱和度（%）	两相共渗区（%）	驱油效率（%）
高浅南区	N_2m，N_1g	26.7	36.5	36.80	50.20
高浅北区	N_2m，N_1g	28.5	30.0	41.50	58.00
柳赞南区	N_2m，N_1g	26.2	34.5	56.13	40.40
老爷庙浅层	N_2m	37.0	30.2	32.80	55.40
	N_1g	31.7	27.5	40.80	68.20
南堡 1 号构造	N_1g	36.0	36.8	42.50	36.82
南堡 2 号构造	N_1g	25.2	43.0	41.40	57.50

（2）油层岩石润湿性。

润湿性是互不相溶的两相流体与岩石表面接触时，每一种流体对固体表面的相对流散能力。相对流散能力大的一相称为润湿相，岩相表面优先为该相所润湿。新近系除高尚堡馆陶组油藏为弱亲水外，其他均为亲水—强亲水油藏（表 1.1.5）。

表 1.1.5 南堡凹陷主要油藏主要黏土矿物含量、润湿性和敏感性统计表

油田	层位	主要黏土矿物含量	润湿性	储层敏感性
高尚堡	N_2m	高岭石 30.3%，伊/蒙混层 51.3%	亲水	无速敏、极强水敏、极强盐敏
	N_1g	蒙皂石 38.8%，伊/蒙混层 21%	弱亲水	中等偏弱的水敏、速敏，弱或者中等酸敏
柳赞	N_2m，N_1g	高岭石 52.3%，蒙皂石 29.3%	亲水	中等偏强水敏、弱速敏、弱酸敏
老爷庙	N_2m	蒙皂石 56.8%，高岭石 31.6%	亲水	强水敏、弱速敏、强酸敏
	N_1g	蒙皂石 22.7%，高岭石 52.9%	亲水	强水敏、弱速敏、强酸敏
南堡 1 号构造	N_1g	蒙皂石 83.93%	亲水	极强酸敏、强碱敏
南堡 2 号构造	N_1g	蒙皂石 37.1%，高岭石 27.1%	亲水—强亲水	弱水敏、无—中等偏弱速敏、中等盐敏、强碱敏、中等偏弱—强酸敏

（3）储层敏感性。

南堡凹陷各油田新近系储层的主要黏土矿物类型和含量差异较大，储层的敏感性也不同（表 1.1.5）。

6）储层时变特点

新近系油藏一般含油面积小、油柱高度低、边底水活跃、天然能量充足，但埋藏较浅，储层胶结作用弱，储层疏松。经过多年开发，油藏陆续进入了特高含水期，原储层内部结构发生变化，储层物性与渗流能力也随之改变，优势渗流通道发育，影响了水淹规律

与剩余油分布。本节通过相同层位、不同时期、不同水淹阶段取心资料，分析研究黏土矿物、储层物性、微观孔喉结构、毛细管压力和驱油效率等方面的差异和变化。

（1）黏土矿物变化。

水淹过程导致储层泥质含量变化和黏土矿物成分改变：地层水或注入水进入油层后，黏土矿物可能被冲走或重新聚集，黏土矿物的聚散有以下规律：① 水驱过程中，微观孔隙结构好的储层的黏土矿物更容易发生迁移，被剥落或冲散的黏土矿物可能在微观孔隙结构差的储层重新聚集，或者随地层水流带出，进而导致储层泥质含量的降低或升高；② 水驱导致黏土矿物的组成发生明显变化，对比研究区不同时期、不同水淹程度取心井相同层位的黏土矿物组成，可以得出随着水洗程度的增加，原来稳定附着颗粒表面的高岭石矿被冲掉，含量降低，水敏性极强的矿物，如蒙皂石向较稳定的伊/蒙混层转化，相对含量逐渐降低（表1.1.6）。

表 1.1.6　岩石矿物成分统计表

参数类别		水淹前			水淹后			变化
		最大值	最小值	平均值	最大值	最小值	平均值	
泥质含量（%）		8.50	2.20	4.62	6.10	2.14	3.88	降低
黏土矿物相对含量（%）	高岭石	91.00	50.00	80.00	82.50	34.70	68.70	降低
	蒙皂石	11.00	5.00	5.40	5.00	0.70	2.10	降低
	伊利石	8.00	2.00	4.35	6.70	1.00	2.98	降低
	绿泥石	25.00	3.00	8.12	23.80	4.30	8.30	不变
	伊/蒙混层	29.00	7.00	15.60	56.00	5.10	19.23	增加

（2）储层物性变化。

水淹导致泥质含量变化及黏土矿物成分改变，进而引起储层孔隙度与渗透率的变化。随着水淹程度的增加，孔隙度变化较小，中高渗透储层渗透率增幅明显，低渗透储层水淹后渗透率不变甚至减小（图1.1.40和图1.1.41）。

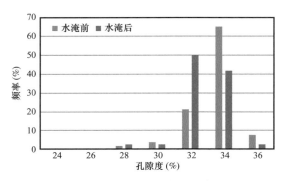

图 1.1.40　水淹前、后孔隙度频率直方图

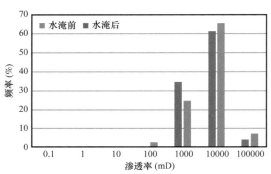

图 1.1.41　水淹前、后渗透率频率直方图

（3）微观孔喉结构变化。

水淹后，孔喉半径增大、孔喉连通性和渗滤性变好。水淹前最大孔喉半径在 40μm 以下，且以 10~20μm 为主，水淹后其分布范围为 20~100μm 且集中在 50~70μm 之间，最大孔喉半径变化率 25.41%~463.36%，且主要集中在 100%~400% 之间。水淹前平均孔喉半径分布在 2~8μm 之间、以 2~6μm 为主，水淹后其分布在 4~20μm 之间，变化率一般为 19.71%~804.13%。水淹前平均孔喉比分布范围为 5~9 且主要集中在 6~7 之间，水淹后其分布范围为 2~6 之间且主要集中在 4~5 之间，变化率一般为 6.69%~66.97%。水淹前平均配位数分布于 1.2~2.4 之间且主要集中于 1.8~2.1 之间，水淹后其分布于 0.3~1.5 之间且主要集中于 0.3~1.2 之间，变化率一般为 20.99%~82.9%。

（4）毛细管压力变化。

水淹前后黏土矿物和储层结构发生的变化，在毛细管压力曲线上有明显反映。水淹前孔喉半径最大值 25μm、平均值 4.47μm，水淹后孔喉半径最大值 63μm、平均值 12.21μm，排驱压力由 0.043MPa 降为 0.013MPa，中值压力由 0.27MPa 降为 0.07MPa（表 1.1.7）。

表 1.1.7　水淹前、后毛细管压力曲线参数变化表

井号	样品数	孔隙度（%）	渗透率（mD）	平均孔喉半径（μm）	孔喉半径中值（μm）	中值压力（MPa）	排驱压力（MPa）	测量年份
水淹前	20	31.0	1483	4.47	4.4	0.27	0.043	2000
水淹后	25	32.1	2650	12.21	8.9	0.07	0.013	2013

（5）驱油效率变化。

经受长期水洗后，水饱和度的增加和水流动的冲刷力都会使岩石表面的油膜变薄或被冲走，使润湿性向亲水转变，同时储层孔隙结构发生较大变化，孔喉半径明显增大，部分束缚水变为可动水。水淹后束缚水饱和度平均降低 10.5%，残余油饱和度降低 7.1%，两相共渗区增大 1.8%，驱油效率增加 6.7%（表 1.1.8）。

表 1.1.8　水淹前、后渗流特征参数变化表

类别	样品数	束缚水饱和度（%）	残余油饱和度（%）	两相共渗区（%）	驱油效率（%）
水淹前	7	25.5	35.1	39.4	52.8
水淹后	9	15.0	28.0	41.2	59.5
变化率（%）		−10.5	−7.1	1.8	6.7

4. 油藏特征

1）油气富集规律

新近系油藏的形成发生在明化镇组沉积后期的断裂运动，本期断裂运动形成的断裂体

系与东营组沉积时期主断裂断层纵向上实现搭接，围绕着上下贯通的主油源断层实现接力式油气运移，纵向主力断层提供疏导通道，侧向河道砂体提供疏导通道，油气在复杂断块高部位富集成藏（图 1.1.42）。随着在新近系形成的油藏的埋深越来越浅，在活动时期作为油气运移通道的断层，在稳定时期作为遮挡的封闭性越来越差，已形成油藏的轻质组分逃逸，同时与地表沟通的地层水对油藏进一步氧化造成原油稠化。从同一构造带来看，随着油藏埋深越来越浅，原油的黏度越来越大（图 1.1.43），从不同构造带来看，不同构造带相同深度断层封挡性和地层水氧化程度不一样，原油黏度差别较大（图 1.1.44）。

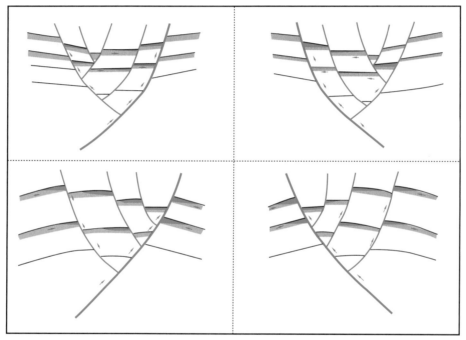

图 1.1.42　南堡凹陷新近系油气运移与富集模式图
（引自项目报告《南堡凹陷浅层断裂成因机制与低幅度构造分布规律研究》，2019 年）

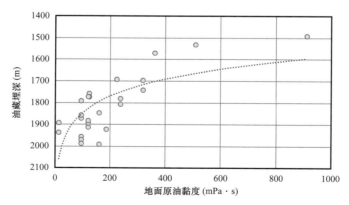

图 1.1.43　高浅南区原油黏度（地面 50℃）与埋深关系

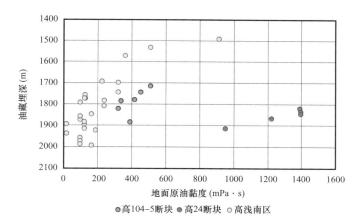

图 1.1.44 高尚堡新近系原油黏度（地面 50℃）与埋深关系

2）油层分布特征

（1）纵向分布特征。

油藏类型为层状构造油藏，顺断层纵向层状叠置，纵向上层数多，单层有效厚度 4～5m，具有多套油水系统，与边底水接触，不同层位、不同断块间没有统一的油水界面（图 1.1.45）。

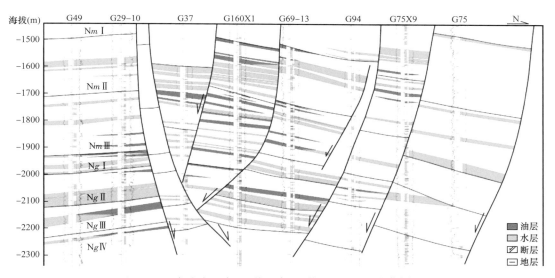

图 1.1.45 高浅南区高 49 井—高 75 井 N_2m、N_1g 油藏剖面图

（2）平面分布特征。

每个油砂体具有一个油水系统，油藏边界主要受断层和油水界面的影响，局部受储层变化影响，油藏分布在断棱高部位和低幅度构造高部位。含油面积较小，76% 的断块含油面积小于 1.0km²，面积小于 0.3km² 的油砂体个数占 96.1%（图 1.1.46）。高浅北区因断层不发育，油藏相对整装，含油面积 6.43km²（图 1.1.47）。

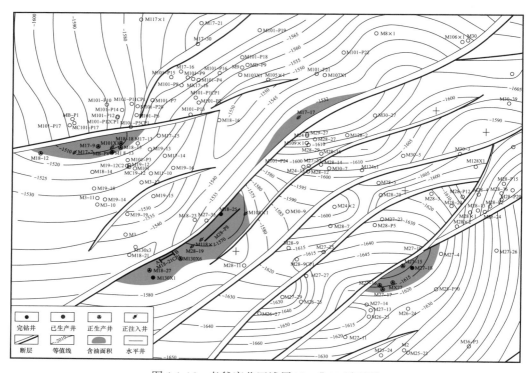

图 1.1.46　老爷庙北区浅层 N_2m Ⅰ 12 平面图

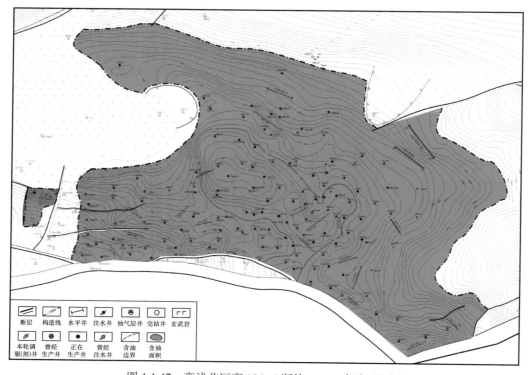

图 1.1.47　高浅北区高 104-5 断块 N_1g12 含油面积图

3）温压与流体特征

除马头营凸起唐 71×2 区为高温系统外（唐 71×2 断块油藏埋深 1220～1340m，油藏温度 80～110℃，温度梯度 7.1℃/100m），新近系油藏全部为正常温度与压力系统，油藏温度 50～101℃、温度梯度 2.9～3.7℃/100m，油藏原始压力 12.4～24.3MPa、压力梯度 0.94～0.99MPa/100m。原油以稀油为主，地下原油黏度 0.5～147.2mPa·s，仅高浅北区和唐 19-12 区为常规稠油，地下原油黏度 90～147mPa·s。天然气类型为溶解气，甲烷含量 68.65%～97.55%，相对密度 0.5697～0.96。地层水类型为 $NaHCO_3$ 型，矿化度 1302～3625mg/L。

二、南堡凹陷新近系油藏开发历程

1984 年以来，陆续投入开发 6 个油田 12 个区块，2007 年产油量达到峰值 $105×10^4t$。截至 2022 年底，日产液 20779t、日产油 1337t，综合含水率 83.6%，采出程度 21.5%，采油速度 0.63%，标定采收率 26.2%。

1. 南堡陆地新近系油藏开发历程

高 31 井 1983 年 5 月试油，5mm 油嘴求产，日产油 4.8t，日产水 $1.0m^3$，发现明化镇组油藏；高 37 井 1983 年 8 月试油，5mm 油嘴求产，日产油 21.7t，含水率 28%，发现馆陶组油藏。

南堡陆地新近系油藏于 1984 年投入开发，2007 年产油量达到峰值 $105×10^4t$。截至 2022 年底，日产液 9454t、日产油 720t，综合含水率 92.4%，采出程度 21.3%，采油速度 0.39%，标定采收率 25.7%。可分为 3 个开发阶段。

1）主力油藏陆续发现并投产，产量稳步上升阶段（1984—2002 年）

高浅南区最先发现并投入开发，之后老爷庙、唐南、柳赞南区、高浅北区陆续投入开发，截至 2002 年底，综合含水率 81.9%，采出程度 10.4%，采油速度 1.21%，标定采收率 18.4%。

高浅南区：1983 年 5 月发现，1985 年编制《高尚堡构造南翼浅层开发布井初步意见》。1986—1987 年，高 29 断块、高 36 断块、高 59-35 断块开发投产油井 15 口，初期日产油 5～20t，1990 年产油量达阶段峰值 $4.2×10^4t$。因边底水突进，1997 年产油量只有 $1.5×10^4t$。为改善开发效果，从 1998 年下半年到 2002 年，开展油藏特征再认识，编制《高浅南区滚动开发调整方案》，部署油井 10 口，建产能 $4.5×10^4t$，区块日产油由 1998 年 11 月的 80t 上升到 2002 年 4 月的 158t。截至 2002 年底，日产液 949t，日产油 127t，综合含水率 86.6%，采出程度 13.8%，采油速度 1.15%，标定采收率 15.9%。

老爷庙浅层：1985 年 6 月，庙 3 井试油发现馆陶组油藏。1987—1988 年，庙 101 断块实施开发井 5 口，之后陆续发现并开发了庙 11、庙 25×1、庙 8-2 等断块。1996 年，应用二次三维地震资料深化石油地质特征和油气富集规律认识，发现庙 28×1 富集区块，

1997 年滚动开发投产油井 13 口，日产油 130t。截至 2000 年底，共投产油井 24 口，最高日产油 210t。2001 年初，庙 17-15 井钻遇油层 13 层 53.2m，扩大了区块含油面积。截至 2002 年底，平均日产油 191t，含水率 76.6%，采出程度 8.9%，采油速度 1.27%，标定采收率 17.3%。

柳赞南区：1990 年 7 月，柳 21×1 井试油发现该油藏。1991—1993 年综合研究、编制初步开发方案，部署 8 口井，进一步证实该区富集高产。1994 年，全面开发，成为主力区块之一。主要稳产措施：层间接替、能量不足断块注水、适时提液。1998—2002 年开展综合研究、编制开发调整方案，部署调整井 8 口，其中柳南 2-6 井试油，3mm 油嘴求产，日产油 33.1t，发现 Ng 组低阻油层。截至 2002 年底，日产液 1983t，日产油 411t，综合含水率 79.3%，采出程度 13.5%，采油速度 1.88%，标定采收率 27.2%。

高浅北区：1991 年 5 月，高 104-5 井试油发现该油藏。1991 年 9 月，编制《高 104-5 断块滚动开发方案》。到 1995 年底，建产 10.5×10⁴t，日产液 484t、日产油 326t，综合含水率 32.6%。1999 年下半年，编制《高 104-5 断块油藏开发方案》，部署 23 口开发调整井，G106-5 井 Ng10 小层试油，发现馆Ⅱ、馆Ⅲ油藏。2000 年编制《高 104-5 区块边水调剖方案》，部署 8 口试注井，7 个多月注入堵剂 18516m³，累计增油 7000t。截至 2002 年底，日产液 2166t，日产油 303t，综合含水率 86.0%，采出程度 8.1%，采油速度 0.86%，标定采收率 15.0%。

2）水平井开发技术规模推广，产量快速上升阶段（2003—2007 年）

2002 年，确定了水平井技术推广应用的工作思路：即坚持经济效益为中心，努力降本增效；加强前期研究，为水平井技术的推广奠定坚实基础；突出重点，集中人力、财力、物力打歼灭战，力争近期有突破、中长期有规模；工作统一安排、整体部署，多专业、多部门联合实施；积极稳妥，全面推进工作，保证整体效益；水平井技术与其他常规技术并用，大幅度提高石油采收率。2002 年 10 月，第一口水平井 L102-P1 井完钻，水平段钻遇油层 304m，初期日产油 126.2t、日产气 3361m³，综合含水率 9.3%。截至 2007 年底，综合含水率 92.3%，采出程度 14.9%，采油速度 2.24%，标定采收率 23.1%。其中，水平井井数占比 40.8%，产量占比 51.4%。

高浅南区：2003—2004 年，总体评价开发潜力，在高 63-1 断块部署 3 口定向井，平均钻遇油层 117.1m/15.7 层，均获高产；2004 年 5 月，在高 29 北断块部署评价井 G160×1 井，钻遇油层 132m/22 层，初期日产油 32.9t。2005—2007 年，开展精细地质研究并编制《高南浅层油藏二次开发潜力分析及开发调整方案》，主力小层主要采用水平井开发，年产油量提高为原来的 5.4 倍。截至 2007 年底，日产液 12578t，日产油 776t，综合含水率 93.8%，采出程度 15.9%，采油速度 2.95%，标定采收率 25.8%。其中，水平井井数占比 31.8%，产量占比 40.3%。

高浅北区：2003 年下半年以来，边水调剖、提液、解堵和防砂等措施已趋于完善和配套，结合边底水驱常规稠油油藏特点，编制《高尚堡油田高 104-5 区块开发与调整方案》，研究部署水平井和侧钻水平井，产量大幅上升。采油速度从 0.8% 提高到 2.7%，水驱油状况明显改善，采收率显著提高。截至 2007 年底，日产液 18530t，日产油 1050t，综合含水率 94.3%，采出程度 14.6%，采油速度 2.66%，标定采收率 19.0%。其中，水平井井数占比 48.4%，产量占比 78.7%。

柳赞南区：2002 年，针对含油井段长、油层多、储量丰度高、天然能量充足、油水边界不统一等特点，确立了柳 102 区块细分五套层系的开发思路，2003 年部署新钻井 8 口（水平井 5 口），建产能 6×10^4t。2005 年柳赞油田总体开发调整方案在该区部署新钻油井 51 口（水平井 6 口），设计注水井 18 口（新钻 10 口），新建能力 18×10^4t，实施后区块日产油量提高为原来的 2 倍。截至 2007 年底，日产液 8199t，日产油 400t，综合含水率 95.1%，采出程度 20.2%，采油速度 1.67%，标定采收率 34.9%。其中，水平井井数占比 13.1%，产量占比 7.3%。

老爷庙浅层：在含油面积和地质储量增加后，为提高采油速度和采收率，选择主力小层采用水平井开发。2004 年部署水平井 4 口，2005 年加大水平井推广应用力度，水平井、侧钻水平井的应用领域不断扩大，钻探和投产效果越来越好。2007 年底，投产水平井 28 口，日产油量提高为原来的 1.2 倍，但后期因含水上升、新储量投入不足，导致产油量持续下降。截至 2007 年底，日产液 2789t，日产油 375t，综合含水率 86.5%，采出程度 11.5%，采油速度 1.75%，标定采收率 18.9%。其中，水平井井数占比 40.1%，产量占比 51.8%。

3）二氧化碳吞吐技术全面推广，强化"两率管理"保产量阶段（2008 年至今）

该阶段，基本没有新区块投入开发，面对老区自然递减大、产量下降的严峻形势，2008 年开始，相继开展调流控水筛管完井、水平井化学堵水、水平井 ACP 控水等控水技术研究与试验，初期控水增油效果较好，但措施有效率低（70% 以下）、部分井降水明显但增油效果不好、单井投入大、经济有效率低，技术与经济方面均达不到要求。为此，在大量论证和调研基础上，开始了二氧化碳吞吐提高采收率技术的研究与实践，2010 年下半年，首先在普通稠油油藏水平井开展先导试验，2012 年开始在稀油油藏和定向井开展试验，均取得良好效果，该项技术逐步发展为浅层油藏该阶段提高采收率主体技术。截至 2022 年底，在 16 个油藏应用 3214 井次，注入二氧化碳 122×10^4t，减少产水 501.6×10^4m³，取得显著经济与社会效益。

高浅南区：2009 年编制《高浅南区层系井网归位研究》，部署了一批调整井，并实施提液措施，油藏采油速度和采出程度不断提高。自 2010 年开始，开展二氧化碳吞吐试验并陆续推广，先后实施 477 井次，有效率 89.5%，平均单井实施 4 轮次，提高采收率 3 个百分点，平均单井次增油 285t，有效期 195d，换油率 0.88，产出投入比 2.64，减少产水 68.0×10^4t，降低含水率 20%。截至 2022 年底，日产液 2623t，日产油 90t，综合含水率 96.6%，采出程度 29.1%，采油速度 0.32%，标定采收率 31.0%。

高浅北区：通过水平井开发，区块进入特高含水期，剩余油挖潜成为主要任务。经过论证与试验，明确了"以二氧化碳吞吐为主体技术、适量部署调整井，新老协同提高油藏采收率、控制递减率"的技术路线，先后实施 1532 井次，有效率 93.3%，平均 5～6 轮次，提高采收率 5 个百分点，平均单井次增油 360t，有效期 207d，换油率 0.96，产出投入比 3.43，少产水 221×10⁴m³，降低含水率 25%。截至 2022 年底，日产液 2920t，日产油 383t，综合含水率 86.9%，采出程度 22.3%，采油速度 0.63%，标定采收率 29.1%。

柳赞南区：2007 年起进入产量递减阶段。采取的主要稳产措施：调整柳南 3-3 和柳 25 注水开发井网，2007—2008 年产量保持平稳，2010 年开展精细油藏描述并编制方案，完善注采系统。2012 年以来主要依靠二氧化碳吞吐技术进行剩余油局部挖潜，实施 132 井次，有效率 96.2%，提高采收率 1.7 个百分点，平均单井次增油 328t，有效期 248d，换油率 0.90，产出投入比 2.7，减少产水 21.6×10⁴t，降低含水率 20%。截至 2022 年底，日产液 1943t，日产油 42t，综合含水率 97.9%，采出程度 26.6%，采油速度 0.12%，标定采收率 26.7%。

老爷庙浅层：2009 年进入高含水开发阶段，虽采取了补孔、提液、二氧化碳吞吐和新钻井等措施，产量仍然持续下降，目前保持低采油速度开发。该阶段，二氧化碳吞吐为主体措施，先后实施 308 井次，有效率 95.1%，平均单井次增油 239t，有效期 226d，换油率 0.88，产出投入比 2.49，少产水 36.95×10⁴m³，降低含水率 20%。截至 2022 年底，日产液 737t，日产油 54t，综合含水率 92.7%，采出程度 16.2%，采油速度 0.14%，标定采收率 17.1%。

2. 南堡滩海新近系油藏开发历程

2005 年 7 月，NP1-3 井试油发现南堡 1 号构造馆陶组油藏；2007 年 4 月，NP203×12 井试油发现南堡 2 号构造馆陶组油藏；2007 年 10 月，P3-2 井试油发现南堡 3 号构造明化镇组与馆陶组油藏。截至 2022 年底，日产液 11325t、日产油 618t，综合含水率 94.5%，采出程度 22.4%，采油速度 1.58%，标定采收率 28.4%。前后经历了 3 个开发阶段。

1）油藏发现与试采阶段（2005—2007 年）

2005 年 7 月，NP1-3 井发现馆陶组油藏，先后有 7 口井进行试采，早期依靠天然能量开采，初期平均单井日产油 44.8t、日产水 36.6m³。在此基础上，井震相结合、动静相结合，开展油藏特征再认识，进一步落实了各区块储量规模与滚动开发潜力。截至 2007 年底，日产液 236m³，日产油 167t，综合含水率 29.2%，采出程度 1.9%，采油速度 0.98%，标定采收率 25.0%。

2）主力区块发现，原油产量快速上升阶段（2008—2013 年）

该阶段南堡 1-3 区、南堡 2-1 区、南堡 2-3 区、南堡 3-2 区、南堡 4-2 区五个区块被发现并投入开发。到 2013 年底，日产液 1253m³，日产油 436t，综合含水率 65.2%，采出程度 11.4%，采油速度 2.56%，标定采收率 20.8%。

主力油藏开发历程：

南堡 2-3 区：2009 年 1 月至 2012 年 12 月为试采与产能建设阶段，继 2007 年 NP203×1 井发现 Ng Ⅰ 油藏以来，2008 年 11 月 NP23×2217 井试油发现 Ng Ⅱ 油藏，2010

年通过油藏再认识，发现更多优质储量。2010年，编制《2011年南堡2-3区馆陶组开发方案》，采用定向井和天然能量开发，初期平均单井日产油72.8t，含水率6.8%。开发特点总体表现为采油强度大、产量递减快、井网不完善。截至2013年底，日产液457t，日产油130t，综合含水率71.6%，采出程度11.7%，采油速度1.80%，标定采收率25.0%。

南堡3-2区：南堡3-2区2007年10月发现，2011年11月试采，之后投产6口油井，初期日产油97.2t、含水率8.1%，2012年7月试采末期，日产液129.2t、日产油100.1t、综合含水率22.5%，累计产油2.4×10⁴t。2012年8月至2013年10月投入开发建设，以定向井为主、主力油层采用水平井开发。2013年编制《南堡3-2区中浅层精细油藏描述与注采调整方案研究》《南堡3号构造整体开发初步方案与滚动开发综合研究》，实施后日产油由97.0t上升到144.2t，综合含水率由22.5%上升到49.5%。到2013年底，日产液244m³，日产油113t，综合含水率53.7%，采出程度4.2%，采油速度2.18%，标定采收率20.0%。

3）加密调整稳产上产阶段（2014—2022年）

该阶段陆续对投入开发的油藏开展精细油藏描述、编制开发调整方案并组织实施，有力保证了稳产上产。到2022年底，日产液11325m³，日产油648t，综合含水率94.5%，采出程度22.4%，采油速度1.58%，标定采收率28.4%。

南堡2-3区：2013年1月至2016年6月为开发调整阶段，明确定向井与水平井相结合、天然能量开发为主、分三段开发（NgⅠ4—NgⅠ6、NgⅡ1—NgⅡ6、NgⅡ7—NgⅣ），老井以层间接替、井网完善为主，局部开展气体吞吐，实施后油井生产与综合含水率趋于稳定。2016年7月，开始综合治理，老井主体措施为层系归位、实时提液与气体吞吐。2017—2021年开发调整，部署采油井28口，新建产能5.64×10⁴t。截至2022年底日产液4652t，日产油277t，综合含水率94.0%，采出程度23.1%，采油速度1.61%，标定采收率31.2%。

南堡3-2区：2015年开展《浅层天然水驱油藏不同单元水驱潜力分析与技术对策研究》，指导剩余油挖潜。2016年发现明化镇组油藏，2017—2018年新钻井14口（水平井12口）。2019年编制《南堡3-2区浅层油藏开发调整方案》，部署开发井28口（水平井18口）。2021年编制《南堡3-2区浅层油藏2022年开发调整方案》，部署油井3口。该阶段产量总体呈上升趋势，日产油提高为原来的2.4倍，之后进入稳产、递减阶段。截至2022年底，日产液5419.0m³，日产油280.2t，综合含水率94.8%，采出程度38.6%，采油速度3.35%，标定采收率40.9%。

3. 开发特点

1）天然能量状况

新近系油藏边底水比较活跃，水体倍数大于100倍的储量占比98.6%（图1.1.48）。水体倍数高，天然能量充足，除老爷庙浅层天然能量较充足外，其他开发单元天然能量均为充足（图1.1.49）。2022年底动液面保持在600m左右。

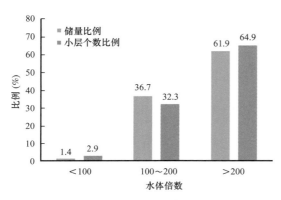

图 1.1.48 南堡浅层油藏水体倍数分布图

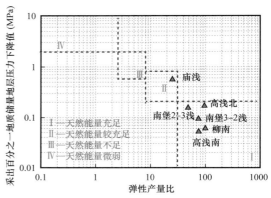

图 1.1.49 南堡浅层油藏天然能量分级图

2）含水变化状况

不同含水阶段含水具有不同特点，含水率由低到高，含水上升速度变缓。低含水阶段含水上升速度为 9.0%/a，中含水阶段含水上升速度为 2.9%/a，高含水阶段含水上升速度较小，陆地和滩海差别不大（图 1.1.50）。

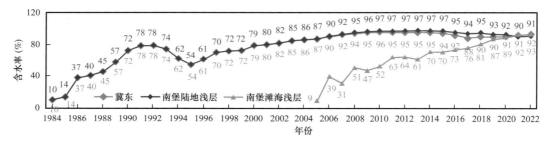

图 1.1.50 南堡凹陷浅层油藏综合含水率变化曲线

3）储层优势渗流通道分布特征

储层平均孔隙度 30.5%，平均渗透率 1209.5mD，变异系数 0.69，突进系数 3.8，属高孔高渗透率储层且平面非均质性强，易形成优势渗流通道。

通过天然水驱开发前后岩心分析化验数据和测井解释物性综合分析，明确了不同开发阶段储层时变规律。以高浅北区高 104-5 断块 Ng12 为例，属高孔高渗透储层、以辫状河河床和心滩沉积为主，原始平均孔隙度 29.5%，平均渗透率为 927mD。天然水驱开发后平均孔隙度变为 30.1%，变化较小，渗透率增至 5760mD，增大近 5 倍，增幅明显；中值孔喉半径增大达 2.7 倍，平均孔喉半径可达 33.8μm，最大孔喉半径可达 72.6μm 以上（图 1.1.51 和图 1.1.52）。

以储层时变规律为基础，研究储层过水倍数与储层参数变化的相关关系，建立相应特征储层时变公式，计算现今储层大孔道渗透率值、中值孔喉半径与最大孔喉半径大小，明确不同类型优势渗流通道的物性、孔隙结构参数并对大孔道分类定量评价（表 1.1.9），典型区块优势渗流通道分布特征如图 1.1.53 和图 1.1.54 所示。

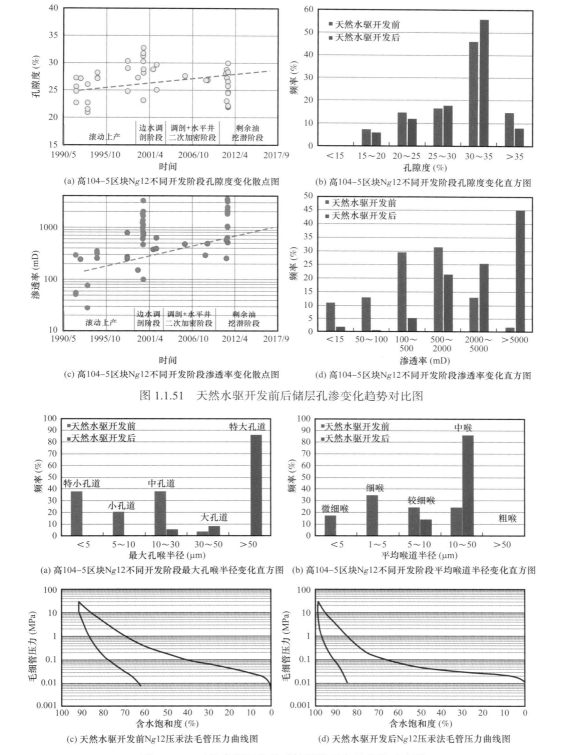

(a) 高104-5区块Ng12不同开发阶段孔隙度变化散点图

(b) 高104-5区块Ng12不同开发阶段孔隙度变化直方图

(c) 高104-5区块Ng12不同开发阶段渗透率变化散点图

(d) 高104-5区块Ng12不同开发阶段渗透率变化直方图

图 1.1.51 天然水驱开发前后储层孔渗变化趋势对比图

(a) 高104-5区块Ng12不同开发阶段最大孔喉半径变化直方图

(b) 高104-5区块Ng12不同开发阶段平均喉道半径变化直方图

(c) 天然水驱开发前Ng12压汞法毛管压力曲线图

(d) 天然水驱开发后Ng12压汞法毛管压力曲线图

图 1.1.52 天然水驱开发前后储层孔喉半径变化对比图

表 1.1.9　优势渗流通道分类表

优势渗流通道类型	平均渗透率（mD）	中值孔喉半径（μm）	最大孔喉半径（μm）
I	>1000	5～25	20～100
II	500～1000	3～5	10～20
III	50～500	<3	<10

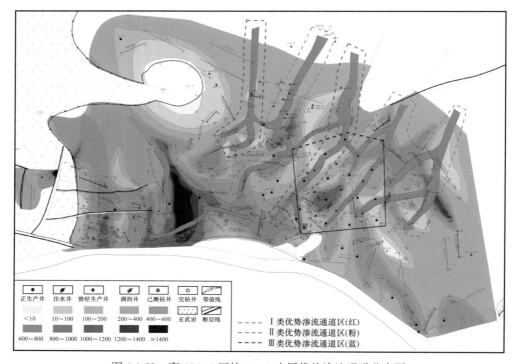

图 1.1.53　高 104-5 区块 Ng12 小层优势渗流通道分布图

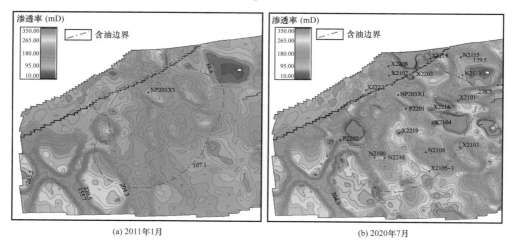

(a) 2011年1月　　　　　　　　　　　　(b) 2020年7月

图 1.1.54　南堡 2-3 区 NgII6 小层优势渗流通道分布图

4）剩余油分布状况

常规稠油油藏平面上剩余油主要富集于断层根部、水淹路径绕流区（图1.1.55）。纵向上，剩余油主要富集于单砂体顶部、隔夹层下部、层顶井间局部滞留区（图1.1.56）。剩余油以残留型为主，占59.6%。滞留型其次，占40.4%。主要分布在水淹路径绕流区、油层顶部，占滞留型剩余油的69.9%（表1.1.10）。

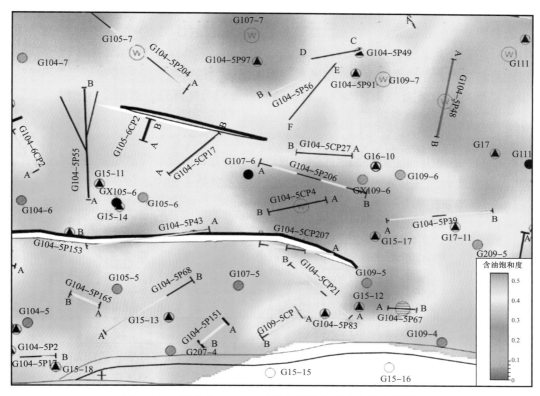

图 1.1.55　高浅北 Ng12 小层剩余油饱和度分布图（局部）

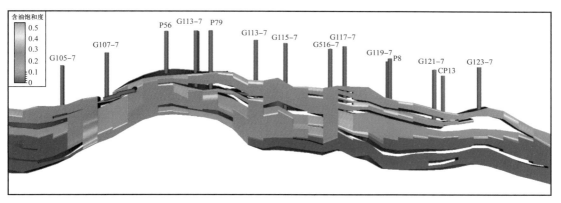

图 1.1.56　高 104-5 断块 Ng12 小层纵向剩余油饱和度分布图

表 1.1.10   高 104-5 断块主力层剩余油类型与分布统计表

层位	地质储量（10^4t）	采出程度（%）	剩余地质储量（10^4t）								不同类型比例（%）	
			小计	残留型	滞留型						残留型	滞留型
					合计	隔夹层控制	油层顶部	断层根部	水淹路径绕流区			
Ng6	152.65	13.70	131.69	80.99	50.70	0	30.36	13.05	7.30		61.5	38.5
Ng8	178.87	25.38	133.47	78.48	54.99	2.27	19.24	6.09	27.39		58.8	41.2
Ng10	79.83	9.27	72.43	41.79	30.64	7.51	4.04	11.15	7.95		57.7	42.3
Ng12	430.99	28.45	308.39	186.88	121.51	26.46	22.18	17.81	55.05		60.6	39.4
Ng13^1	142.60	35.55	91.90	61.39	30.51	1.43	8.89	1.98	18.21		66.8	33.2
Ng13^{2+3}	443.68	25.60	330.08	186.50	143.58	15.43	47.69	23.50	56.97		56.5	43.5
合计（平均）	1428.62	23.68	1067.96	636.03	431.93	54.49	131.53	75.37	170.54		59.6	40.4

稀油油藏平面上剩余油主要位于断层根部、构造高部位，存在未动用、差动用滞留剩余油；纵向上因物性差异，层内动用不均形成滞留剩余油，顶部剩余油相对富集（图 1.1.57 和图 1.1.58）。剩余油以滞留型为主，占比 55.9%，主要分布在断层根部、油层顶部，占滞留型剩余油的 92.3%（表 1.1.11）。

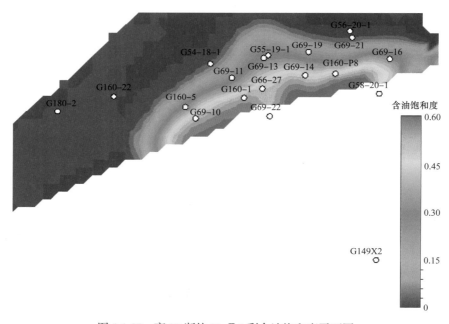

图 1.1.57   高 29 断块 Ng II 6 剩余油饱和度平面图

图 1.1.58　高 29 断块 Ng Ⅱ 6 剩余油饱和度剖面图

表 1.1.11　稀油油藏剩余油类型与分布统计表

油藏类型	断块	层位	地质储量（10⁴t）	采出程度（%）	剩余油（10⁴t）					不同类型比例（%）	
					小计	残留型	滞留型			残留型	滞留型
							正韵律顶部、断层根部	井网不完善	水淹路径绕流区		
稀油油藏	高 63−10	Nm Ⅱ 4	47.01	35.8	30.19	14.81	14.26	0.28	0.85	49.1	50.9
	高 29	Ng Ⅱ 6	34.50	30.8	23.86	10.43	13.19	0.10	0.14	43.7	56.3
	柳 102	Nm Ⅲ 12−1	159.30	31.2	109.60	46.97	57.03	4.22	1.42	42.9	57.1
	合计（平均）		240.81	32.0	163.65	72.21	84.48	4.60	2.41	44.1	55.9

第二节　二氧化碳吞吐技术发展历程

　　二氧化碳吞吐是利用二氧化碳注入油藏，使原油体积膨胀、黏度降低，降低地层渗流阻力、增加油藏驱动能量，达到提高油藏采收率的目的。

　　二氧化碳吞吐提高采收率技术研究始于 20 世纪 50 年代，当时北美一些石油公司研究发现二氧化碳具有强化采油潜力，但经济上不可行。20 世纪 70 年代末，国外认识到二氧化碳具有改善原油物性、提高石油采收率功能，随即开始二氧化碳采油技术研究与现场实施：1981 年，威尔明顿油田首次开展了 4 井次二氧化碳吞吐提高重质油采收率试验，原油产量增加 2～3 倍；1984 年，威尔明顿油田等稠油油藏开展二氧化碳吞吐技术采油试验；1988 年，得克萨斯州 12 个油藏开展了二氧化碳吞吐技术规模实施；在 1989—1994 年间，阿巴拉契亚盆地油藏定向井开展了数百井次的二氧化碳吞吐，增油效果显著[1-3]。我国二氧化碳采油技术应用晚于国外，室内研究一直没有停止，但受气源制约没有规模化应用，进入 21 世纪以来，我国定向井注二氧化碳提高采收率技术开始快速发展，并显示一定效果，如大庆、江苏、胜利、吉林等油田相继开展了二氧化碳吞吐先导试验[4-8]。水平井二氧化碳吞吐技术研究始于 2006 年，美国俄克拉何马州塔尔萨大学 Chunhong Wang 与 Gaoming Li 两位学者探索水平井出水问题解决方案，并基于数值模拟方法，提出了注气吞吐技术措施。之后，国内外石油技术人员开始关注和思考水平井二氧化碳吞吐的技术可行性、降水增油原理和作用机制[1-3]。

冀东油田新近系油藏，含油面积小、非均质性强、边底水活跃、高效驱替井网构建难度大，历经定向井、水平井规模开发，大孔道发育、剩余油高度分散，整体进入特高含水开发阶段，如何经济有效地提高其原油采收率成为开发实践中亟须解决的问题。在大量调研、探索和深入评价基础上，2010 年提出以水平井为重点的二氧化碳吞吐提高采收率理念，随后组建团队，开始探索二氧化碳吞吐提高采收率技术，通过十几年的持续攻关和实践，形成配套技术系列并取得良好应用效果。十多年来，3000 多井次的现场实施，显著改善了特高含水油藏的生产状况，有效抑制了含水上升，增加了原油产量和可采储量。二氧化碳吞吐提高采收率技术发展经历了三个主要阶段。

一、二氧化碳单井吞吐阶段（2010—2013 年）

2002 年以来，针对制约油田改善开发效果的关键问题，结合复杂断块油藏的特点，冀东油田大胆探索常规水平井和侧钻水平井开发，在先导试验基础上，2004—2007 年开始在新近系油藏规模推广应用，2007 年水平井年产油量达到峰值 $60.5 \times 10^4 t$。随着开发时间的延长，水平井含水率上升、产油量下降，由于缺乏科学控水思路和有效控水技术，大部分水平井陆续进入特高含水生产，年产油量由 2007 年的峰值产量降至 2010 年的 $20 \times 10^4 t$，平均单井产油量由高峰期的 8t/d 降至 2010 年 12 月的 2.7t/d。截至 2010 年底，累计完钻水平井 270 口，开井 211 口，日产液 $17283 m^3$，日产油 525t，单井平均含水率 97.3%，71.5% 的井（包括因高含水停产井）含水率 90% 以上、单井日产油 1.7t，累计产油 $180.8 \times 10^4 t$。

分析认为，水平井含水率快速上升的主要影响因素有水平段所在构造位置、储层平面非均质性、水平段井眼轨迹、生产制度等。在构造方面，当水平井段处于较低部位且距边底水较近或水平段由低部位向高部位延伸时，易因边底水过早侵入水平段或 A 点使含水率快速上升；在水平段井眼轨迹方面，因地质认识出现偏差或钻井工程原因，部分水平段钻至油藏相对较低部位，这些位置易早于其他井段出现底水锥进和边水侵入，从而导致全井含水率快速上升；在储层非均质性方面，主要是影响水平段不同位置的产液情况，边底水往往首先从渗透性好的主产液段突破进入井筒而导致全井含水率快速上升；在生产制度方面，采液强度过大时，叠加前述因素影响，会加快平面上边水突进和纵向上底水锥进速度，导致水平井含水率快速上升。同时认为，尽管大部分水平井已特高含水，但油藏总体地质储量采出程度只有 17.3%，标定采收率只有 21%，提高采收率和原油产量潜力巨大，攻关其关键技术对冀东油田具有重要的现实意义和长远意义，对同类油藏开发具有积极借鉴作用。

基于上述形势与分析，从 2008 年开始，冀东油田组织探索水平井控水技术。2008 年，在新钻水平井完井方面研究并试验了调流控水筛管技术，采用带有喷嘴型控水阀的控水筛管调控各段流量，采用扩张式封隔器和遇油/水膨胀封隔器等工具进行分段，实现了水平段相对均匀产液，有效控制了高渗透段（主产液段）边底水侵入而导致的水平井含水上升速度，延长了低含水采油期，试验 15 井次，平均单井产油 6000t，较常规筛管完井增油 1500t，含水率平均下降 10 个百分点。2009 年上半年，针对老井研发了以"高分子团簇在油湿孔隙中收缩，在水湿孔隙舒张"为特征的溶液型堵剂（HWSO-1）、胶粒型堵剂（HWSO-2）等两种选择性化学堵水体系，试验 15 井次，单井增油 400t，平均降水 10 个百分点。2009 年下半年，针对老井研究并试验了以"在筛管完井水平井管外环空形成高强度阻流环，以便为筛管完井水平井分段挤堵剂创造井筒条件"为目标的 ACP 放置技术，试验 14 井次，平均单井增油 500t、少产水 $2000m^3$。三项水平井控水技术试验成果分析表明，措施有效率偏低（70%）；部分井增油效果不明显、降水效果明显，单井成本高、经济有效率低（55%）。

2010 年，冀东油田提出以水平井为重点的二氧化碳吞吐提高采收率的理念，实现水平井控水增油，基本思路为"通过向水平井注入液态二氧化碳，二氧化碳进入主产液段，在生产中随着地层压力降低液态二氧化碳生成气泡，利用贾敏效应封堵水流通道，遇到原油产生溶胀、降黏、增能等效应，实现高含水井控水增油"，同年 11 月在 G104-5P11 井和 G104-5P25 井试验，平均增油 933t，含水率平均降低 30 个百分点，初步证明水平井二氧化碳吞吐提高采收率技术路线可行、应用前景良好，可以开展进一步研究。

2011 年，开展水平井二氧化碳吞吐增油机理研究。首先，采用室内实验、理论分析等手段，开展了二氧化碳吞吐过程的地层原油增溶膨胀驱油效果、泡沫油流效应、泡沫水效应、控水驱油渗流特征、原油沥青质沉积等研究，揭示了水平井二氧化碳吞吐驱油机理，为二氧化碳吞吐设计提供支持。其次，开展了二氧化碳吞吐控水增油物理模拟；选择典型井开展油藏数值模拟研究，完成单井模拟模型建立、生产动态历史拟合、剩余油分布、参数评价和效果预测。通过上述研究，初步明确了二氧化碳吞吐降水增油机理，明确了主控因素的敏感性特征和对吞吐效果的影响规律，为后期先导试验提供了理论支撑。这期间，同步开展了注采配套技术研究，研究形成两种二氧化碳吞吐生产一体化管柱，实现了"抽油泵采油井在不动管柱情况下，注入二氧化碳、焖井、放喷、生产"的目标；研究明确了井筒腐蚀机理和影响因素并形成二氧化碳吞吐采油系列防腐技术[9-10]。

2010—2011 年，开展水平井首轮二氧化碳吞吐先导试验。累计实施 32 井次，有效率 94%，降水增油效果显著，平均单井初期增油 7t/d、单井累计增油 600t，产液量下降 65.5%，综合含水率由 96.9% 降至 53.4%、下降了 43.5 个百分点，经济有效率 79%，技术经济指标明显好于前述水平井控水技术[9-10]。

2012 年，开展多轮吞吐技术研究与实验。针对首轮吞吐失效的油井，开展多轮吞吐潜力分析，从剩余油特征、多轮吞吐可行性、多轮吞吐各种参数敏感特性等分析，明确了多轮吞吐机理和主控因素敏感特征。研究认为，首轮吞吐后油藏中残留部分二氧化碳，通过再次或多次注入，逐步扩大二氧化碳波及范围，挖潜"新波及区域内"的剩余油。先后在首轮井失效后进行了 45 口井二轮吞吐、8 口井三轮吞吐试验，有效率 95.9%，单井平均阶段增油 548t，换油率 1.56，经济有效率 78%。这期间，在稀油油藏试验并应用该技术，效果良好，此后规模推广应用；综合油藏特点、储层及其流体特征，结合二氧化碳吞吐动态影响因素分析，确立了二氧化碳单井吞吐适宜的油藏条件和开发效果评价指标体系；开展 QHSE 方法研究，针对二氧化碳吞吐过程中存在窒息、低温冻堵、井喷等风险，确立了风险识别方法和井控要求、质量管理方法，形成了风险消减与控制方法、明确了应急要求等；建立并完善了二氧化碳吞吐节点控制管理体系，提出了"四提前，四到位，四要有，四合理"日常管理模式。

2012 年底，认真总结三年来的研究与实践。其一，认为吞吐效果总体较好，但随轮次增加，二氧化碳吞吐的有效率、单井增油、换油率呈下降趋势；其二，明确了储层非均质性强、优势渗流通道发育、水平段存在水窜通道或位于储层下部、高部位井强采干扰为多轮吞吐的不利因素，实践中暴露出"多轮吞吐效果变差、二氧化碳利用效率低"的问题。

2013 年，提出以"先堵剂封堵地层大孔道，后进行二氧化碳吞吐"为要点的二氧化碳吞吐复合增效理念，旨在优化二氧化碳注入剖面、扩大其有效波及体积、提高其利用率、改善多轮吞吐效果。开展封堵体系和技术研究，形成 WT 凝胶堵剂及木质素等堵剂复合的水平井二氧化碳吞吐剖面改善技术（强堵）、微泡暂堵的水平井封堵剖面改善技术（弱堵）。实施 24 井次强堵 + 二氧化碳吞吐的复合增效，有效期较直接吞吐延长 42d；实施 2 口井弱堵 + 二氧化碳吞吐的复合增效，效果较差。26 口井的实施效果证实，二氧化碳吞吐复合增效技术可行，强堵 + 二氧化碳吞吐的复合增效技术延缓边底水突破时间、延长有效期的作用更加显著。

2013 年，建立了评价指标体系、选井模型、选井效果评价模型，实现了科学选井和方案主要要素设计的工具化和流程化。研究形成了单井注气量设计和工艺参数优化方法，为二氧化碳工艺设计提供了理论支撑。研究形成了"每轮次换油率≥临界换油率"为依据的水平井二氧化碳吞吐极限轮次设计方法，明确了多轮次吞吐的技术性和经济性。研究形成了二氧化碳吞吐动态监测技术体系，其中"液力输送 + 吸气剖面测试仪器"与"液力输送 + 产液剖面测试仪器 + 气举举升测试"技术有效解决了水平井二氧化碳吞吐两个剖面的测试难题。

2013 年底，总结以往 4 年来的工作，发现吞吐井和邻井之间存在响应，部分井二氧化碳吞吐后邻井出现受效现象；部分井二氧化碳吞吐效果受邻井生产制度影响；部分吞吐井的邻井存在气窜时，吞吐效果变差。同时也发现，同时实施吞吐的井组（如蚕 2×1 区块 6 口水平井组成的井组），其降水增油效果好于单井吞吐；尽管随着吞吐轮次增加而增油效果变差，但井间仍有大量剩余油未动用，增油潜力依然可观[11]。这些发现对创新下阶段技术发展理念具有重要启发和指引。

二、二氧化碳协同吞吐阶段（2014—2018 年）

2014 年，基于系统论和协同学思想，并受前述单井吞吐过程中一些现象的启发，提出了二氧化碳协同吞吐理念，以其为指导确定了下阶段重点研究任务与实践目标，主要包括构建协同吞吐理论架构、设计多井协同吞吐系统、揭示多井吞吐系统的协同作用和协同增效机理、通过多井协同吞吐显著改善控水增油效果和经济效益。

理论研究方面。首先，提出了多井协同吞吐系统的概念，将其定义为：以井组架构、油藏条件、吞吐技术方案为要素，由各单井吞吐单元为系统结构，发挥二氧化碳协同吞吐系统的整体效应、各要素及各井单元的协同效应，以降水增油为目的的一种采油工程系统。其次，研究了多井协同吞吐系统的要素、系统结构，明确了系统的有序无序、整体性、开放性、不稳定性、全生命过程的非线性等特征，提出了以"油藏条件、井组架构、相邻子系统波及体积重合率、流动平衡度"为系统的序参量。最后，初步揭示了协同作用机理，主要包括协同吞吐系统的系统演化动力、自组织特征和协同作用原理，明确了协同吞吐系统竞争与协同的系统演化动力的表现形式、自组织过程特征及其相关原理、协同效应和整体效应发挥的作用机理。

室内实验与先导试验方面。在协同吞吐理念指导下，开展了基于三维多井物理模型实验的协同作用机理研究。设计 5 口井，模型中心设置 1 口直井监测压力变化，低、中、高部位各 1 口水平井用于二氧化碳吞吐，边部设置 1 口直井监测边水影响。实验结果证实了协同吞吐系统较单井吞吐可实现更大幅度降水和增油的预期，明确了不同吞吐井数、不同组合下的协同作用机理。采用数值模拟方法，研究了主控因素及其对协同效果的影响，明确了协同吞吐的协同机制。在高浅北区 3 个井组系统开展了协同吞吐先导试验，分别采用定向井与水平井混合井网协同吞吐模式（高、中、低部位同时吞吐）、水平井组且连线平行于构造等深线的协同吞吐模式，实施后吞吐井含水率平均降低 60 个百分点、有效期 320d、邻井含水率降低 50 个百分点、有效期 200d。

2015 年，研究形成多井协同吞吐方案设计方法。（1）建立了多井协同吞吐潜力评价方法和流程，确立了区块优选原则；建立了潜力评价与选井选层方法。（2）明确了多井协同吞吐方案设计程序，即"数值模拟模型建立→历史拟合→剩余油分布分析→产液剖面及优势渗流通道分析→协同井组结构设计→协同吞吐参数优化与设计→实施方案设计→效果预测"。（3）明确了影响吞吐效果的主要油藏工程参数及其优化方法，主要包括协同吞吐的井网井型、合理井距、吞吐用量、注入速度、焖井时间等。

2017 年，为了更好指导生产，进一步深化机理研究。（1）开展了水平井二氧化碳吞吐复合增效技术提高采收率三维物模实验。结果表明，采用复合增效具有"封堵优势渗流通道、平衡水平段注入压力"等作用，有利于扩大二氧化碳对剩余油的波及、原油与二氧化碳接触和返排，改善控水增油效果。（2）应用油藏数值模拟软件开展封堵体系封堵机理表征。在强堵体系封堵机理表征模型中，建立了"3 相"9 组分模型，表征了聚合物交联反应、泡沫生成和破灭反应的机理；在弱堵体系封堵机理表征模型中，泡沫被看成一种独立的气相液膜，同时考虑起泡剂的吸附增效作用，通过不同组分间化学反应描述了泡沫生成、破灭机理。（3）建立了二氧化碳吞吐堵剂复合增效的典型模型，明确了"优势渗流通道级差、堵剂注入量、堵剂封堵能力等因素"为复合增效的主控因素，提出了封堵半径、残余阻力系数等封堵效果主控因素定量表征指标和"综合指数"指标的评价方法，绘制了优势渗流通道分级及堵剂优选图版，建立了堵剂优化设计方法。（4）开展了基于二氧化碳直接吞吐和堵剂复合二氧化碳吞吐的剩余油饱和度分布研究，进一步明确了以"凝胶部分封堵高渗透带，迫使二氧化碳向高渗透带两侧渗流，扩大了二氧化碳波及范围"为特征的二氧化碳吞吐凝胶堵剂复合增效机理。（5）编制了吞吐井含水率与有效期关系曲线，建立了"开口宽度、特征含水、含水上升率"等三个特征值对吞吐效果的表征方法，研究了含水率特征与优势渗流通道级差、井段占比的定性关系，编制了二氧化碳吞吐效果分区图版，提出了四个分区的分类标准和堵剂复合增效方法。

同年，为了进一步提高规范化与科学化水平，开展了堵剂复合二氧化碳吞吐方案及参数优化研究。（1）明确了其设计方法为"地质模型建立→网格划分→历史拟合→生产动态模型→模型历史拟合→开发状况及剩余油分布规律研究→堵剂复合二氧化碳吞吐方案优化设计→效果预测"。（2）在堵剂复合二氧化碳吞吐方案优化设计中，提出了多因素正交试验设计方法，结合正交试验结果、堵剂选择策略，以及优化方法，设计优化各单井方案。

2017 年，为保障协同吞吐多轮次实施效果和经济效益，提出"人工能量与天然能量协同，人工介质与天然介质协同，井与藏协同，改变液流方向、扩大波及体积，挖潜未波及区域剩余油"的理念，建立了协同模式的升级版，基本思路是：以油藏为单元，设计由深部调驱井、二氧化碳吞吐井构成的协同吞吐井网，前者从宏观上封堵优势渗流通道，扩大波及体积、提高驱油效率，后者从局部调整二氧化碳注入剖面和流场、扩大其波及范围，实现增产增效。同时，采用数模方法开展了协同增效机理研究，明确了该协同模式具有压力平衡和有效扩大波及体积两方面效应。同年，在高浅北区开展了"深部调驱 + 二氧化碳吞吐"协同吞吐模式试验。在方案设计中，通过层系归位重构协同吞吐井网，制定了深部调驱 + 二氧化碳吞吐合理技术政策，部署 7 口调驱井用于封堵优势渗流通道和改变液流方向、4 口调剖井用于封堵边部优势渗流通道、35 口井用于二氧化碳吞吐。实施后，油藏综合含水率下降 16 个百分点，动液面下降 130m，单井平均增油 3t/d，累计增油 $6 \times 10^4 t$。这一研究与实践成果在油藏上实现了由井组协同向油藏整体治理的升级，为特高含水油藏持续有效提高采收率、增产增效提供了支持。

截至 2022 年，规模实施协同吞吐，累计实施 1076 井次，累计增油 $37.4 \times 10^4 t$，增加可采储量 $68.3 \times 10^4 t$。有效率 93%，平均单井增油 348t、有效期 230d、换油率 1.0、投入产出比 2.5。

值得指出的是，协同吞吐主要应用于单井已实施多轮吞吐的井组（平均 4 轮），与相应轮次的单井吞吐相比，单井多增油 100t、有效期延长 80d、含水率多降低 20 个百分点。在水平井协同吞吐实施过程中，鉴于多轮吞吐后，水平段含水率更高、高含水段更多、大孔道更发育、井筒附近剩余油减少并更加分散，广泛采用了二氧化碳吞吐复合增效技术，与相应轮次未采用复合增效技术的吞吐效果相比，单井多增油 320t、有效期增加 120d、含水率多降低 30 个百分点。

三、二氧化碳吞吐精准挖潜阶段（2019—2022 年）

2018 年底，总结发现多轮吞吐之后，水平井产液剖面极不均匀，即使采用了堵剂复合增效措施，一些井段和区域仍然未动用且潜力可观。20 口井产液剖面显示，90% 的井水平段产液剖面极不均匀，平均产液段长度只有 26.6%，且大部分在跟端附近出水（占70%），趾端、中部各占 10%。相对均质油藏，A 靶点为主要出水部位，剩余油在 B 靶点处富集。平面非均质性强的油藏，高渗透水平段产液速度高、边水侵入速度快，低渗透水平段边水侵入速度相对较慢；纵向非均质性强的油藏，底水易从高渗透水平段形成锥进，纵向非均质性会加快水脊发展速度。同时说明，以往笼统注入的方式，使堵剂进入主要出水段、二氧化碳进入剩余油相对富集段的可控性差，导致吞吐技术与经济指标可控性降低，风险上升。

2019 年，提出以"精准测试、精准分段、精准堵水、精准注气、精准吞吐、精准协同"为要点的水平井精准挖潜理念。技术路径：通过水平井测试资料明确水平段含油饱和度、出水位置等特征；下入分段注入管柱，对出水段采用堵剂进行深部封堵与封口，对含油饱和度相对高的井段精准注入二氧化碳；平面上优选井，组成协同吞吐系统开展精准吞吐。

2019—2021 年，研究形成筛管完井水平井精准挖潜主体技术。研究形成了由水平井产液剖面测试、水平段潜力分类评价、筛管外准确有效分段、筛管内精准堵水与精准注气技术组成的筛管完井水平井精准挖潜主体技术。同年，开展二氧化碳吞吐精准挖潜技术首次试验，试验井为五轮吞吐失效后的 G104-5P85 井，施工流程为"水平段测试与评价→依据测试评价结果分段→建立 ACP 实现筛管外环空分段→对高含水段注入交联聚合物堵剂→对低含水段进行二氧化碳吞吐"，开井后，含水率由 100% 下降至 30%，日产油由 0 上升至 6t，有效期 2a，增油 2600t，初步验证了精准挖潜理念的正确性和技术路径的可行性[12-13]。

2022 年，进一步发展完善了以"液力输送 + 吸气剖面测试仪器、液力输送 + 产液剖面测试仪器 + 气举举升测试"为主体的吸气剖面、产液剖面的测试工艺技术；进一步研究完善了以"腐蚀环监测、四十臂井径成像结合电磁探伤"为主体的油套管腐蚀监测与检测方法，建立了不同缓蚀效率情况下的油套管剩余强度和完整性评价方法，为长期二氧化碳吞吐设计提供理论支撑。

截至 2022 年底，水平井二氧化碳吞吐精准挖潜技术实施 49 口井、80 井次，这批井之前已平均实施 6 轮吞吐，与相同轮次的单井或协同吞吐效果相比，平均多增油 250t，含水率平均下降 75 个百分点，有效期平均增加 100d。

综上所述，经过十几年的潜心研究与大量实践，二氧化碳吞吐技术不断升级，生产实践中遇到的新矛盾、新问题不断得到有效解决，应用规模逐步扩大，创造了显著的经济和社会效益。

第三节　二氧化碳吞吐技术体系

一、二氧化碳吞吐技术体系架构

经过十多年的研究与实践，形成了以"二氧化碳单井吞吐、二氧化碳多井协同吞吐、二氧化碳吞吐复合增效、二氧化碳吞吐精准挖潜、二氧化碳吞吐注采配套"技术为主要内容的二氧化碳吞吐技术体系，其架构可概括为"一体两翼""三维度""四层级""八门类组合式"。

"一体两翼"（图 1.3.1）："一体"为单井吞吐、多井协同吞吐与精准挖潜技术；"两翼"分别为注采配套技术（基本翼）和复合增效技术（增效翼）。二氧化碳单井吞吐理念的知识来源于水平井控水技术研究实践、二氧化碳吞吐室内实验和矿场实践；其作用机理为"通过井筒向油藏注入液态二氧化碳，在生产中随着油藏压力降低，进入其中的液态二氧化碳生成气泡，利用贾敏效应封堵水流通道，遇到原油产生溶胀、降黏、增能等效应增强其流动性，实现高含水井控水增油"；其选井选层依据二氧化碳吞吐选井方法与二氧化碳吞吐选井效果评价方法；其参数优化设计包括吞吐时机、注气速度、焖井时间、开井后采液速度、极限吞吐轮次等。二氧化碳协同吞吐理念的知识来源，既有系统论、协同学等通用性基础学科的思想与理论，也有多井系统的三维物理模型实验与数模分析；作用机理为发挥协同吞吐系统的协同效应和整体效应，实现系统的整体涌现性和协同放大性，即通过多种控水增油模式联动扩大系统波及体积、挖潜井间剩余油、实现更大幅度的降水增油目标；其多因素敏感特征涵盖地质油藏、协同方式、工艺技术等因素的敏感特征；其选井选层方法包括协同吞吐区块优选原则、潜力评价方法；其协同模式既有不同位置、不同井网井型的井组多井系统协同模式，也有以"深部调驱 + 二氧化碳吞吐相结合"为特征的区块多井系统协同模式。二氧化碳吞吐精准挖潜理念的知识来源于水平段出水规律和剩余油特征、二氧化碳吞吐复合增效技术和筛管完井水平井分段吞吐技术实践；作用机理，依据剩余油潜力大小对水平段分段并进行特征描述，结合经济评价，优选目标井段，通过"精准分段、精准堵水、精准注气"，使二氧化碳高效利用、波及更多剩余油，实现多轮次吞吐后的增产增效目标；其工艺技术主要为"水平段产液剖面精准测试、筛管外 ACP 精准分段、管内精准堵水与注气"。"两翼"之一的注采配套技术（基本翼），为"一体"提供最基本的技术保障，主要包括注采一体化管柱、水平井二氧化碳注入管柱、注入管柱流场分析方法、管柱服役性能评价方法、动态监测技术、二氧化碳吞吐 QHSE 方法。"两翼"之一的复合增效技术（增效翼），其机理是二氧化碳吞吐过程中，采用堵剂复合后，堵剂主要进入水区和优势渗流通道，使二氧化碳的有效波及体积扩大而提高原油采收率；其封堵体系主要包括"弱堵、中堵、强堵"三类堵剂，主要依据二氧化碳吞吐效果分区图版和分区吞吐优化设计方法优选。

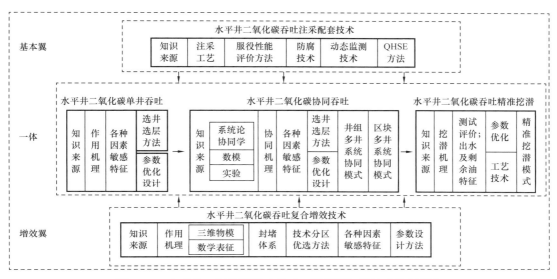

图 1.3.1　水平井二氧化碳吞吐的"一体两翼"的技术体系架构

"三维度"（图 1.3.2）：分别为系统维、轮次维、技术维。系统维度上，由低到高为单井子系统、井组多井协同系统、区块多井协同系统；轮次维度上，由低到高为第一轮次、第二轮次、第三轮次…第 N 轮次；技术维度上，由低到高为注采配套技术、复合增效技术、精准挖潜技术。

"四层级"（图 1.3.3）：主要是借用物联网系统理念构建。第一层为"感知层"，主要包

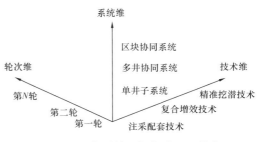

图 1.3.2　水平井二氧化碳吞吐技术"三维度"体系架构

括：水平井高含水特征、前测试与评价技术、后测试与评价技术等。第二层为"网络层"，主要包括：单井吞吐系统、井组多井协同吞吐系统、区块多井组协同系统。第三层为"处理层"，其目的是充分发挥二氧化碳吞吐降水增油效应、多井协同放大效应、堵剂复合增效作用、精准挖潜进一步提效的作用；在此层内，针对网络层的具体系统，锚定"充分发挥特定效应和作用"的目标，通过数模分析与物模实验，开展影响因素分析，明确主控因素和敏感特征，最终形成方案与参数设计方法、选井选层方法。第四层为"应用层"，主

要包括：二氧化碳吞吐选井选层、协同系统建立、参数与方案优化设计、关键工艺技术应用。在四个层级中，涉及一系列的公用方法和技术，如参数优化方法、方案优化方法、注采配套技术、复合增效技术、精准挖潜技术等。

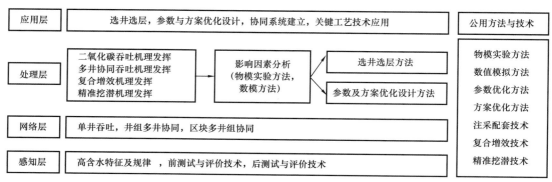

图 1.3.3　水平井二氧化碳吞吐技术的"四层级"体系架构

"八门类组合式"（表 1.3.1）：基于冀东油田二氧化碳吞吐研究过程中所涉及的方法、理论成果和关键技术而建立，主要包括系统分析类、分析评价类、研究方法类、机理研究类、影响因素敏感度特征类、选井选层方法类、参数及方案优化设计方法类、通用技术与方法类等。影响因素敏感度特征类中所涉及的具体因素见表 1.3.2。

表 1.3.1　水平井二氧化碳吞吐八类别组合式的技术方法体系

系统 分析类	分析 评价类	研究 方法类	机理 研究类	影响因素敏 感度特征类	选井选层 方法类	参数及方案优 化设计方法类	通用技术 与方法类
（1）单井子系统； （2）井组多井系统； （3）区块多井系统	（1）高含水特征及规律； （2）二氧化碳吞吐控水驱油渗流特征； （3）前测试与评价技术； （4）后测试与评价技术	（1）物模实验方法（6井系统的三维物理模型协同吞吐实验方法）； （2）数模分析方法（2井系统、6井系统的协同效应的数模分析方法，区块多井复合增效特征数模分析方法）； （3）系统论、协同学视域下协同吞吐系统理论内涵和机制	（1）二氧化碳吞吐控水增油机理； （2）多井协同吞吐系统协同放大机理； （3）堵剂复合二氧化碳吞吐增效机理及机理表征模型； （4）精准挖潜进一步控水增油机理	（1）二氧化碳单井吞吐主要因素敏感特征； （2）多井协同吞吐地质、协同方式、工艺等因素敏感特征； （3）堵剂复合增效的主控因素及敏感特征	（1）二氧化碳吞吐选井方法； （2）二氧化碳吞吐选井效果评价方法； （3）协同吞吐区块优选原则及协同吞吐潜力评价方法； （4）复合增效技术选择方法	（1）吞吐时机、注气速度、焖井时间、开井后采液速度、极限吞吐轮次设计方法； （2）井网井型、合理井距、协同方式、吞吐用量设计方法； （3）单元多井协同吞吐油藏工程参数设计方法	（1）选井选层方法； （2）物模实验方法； （3）数模分析技术； （4）参数优化方法； （5）方案优化方法； （6）注采配套工艺； （7）复合增效技术； （8）精准挖潜技术

表 1.3.2　二氧化碳吞吐作用原理及影响因素体系

分类	作用原理及影响因素体系
二氧化碳吞吐控水机理	驱离井筒附近的水；原油体积膨胀；微观泡沫调驱效应；重力分异驱替；降低原油黏度；补充地层能量提高动用；改善流度比扩大波及体积；溶解气驱作用；降低界面张力；分子扩散和弥散；萃取和气化原油中的轻烃；混相效应；提高渗透率/解堵
单井吞吐影响因素	地层倾角；隔夹层位置；油层有效厚度；沉积韵律；非均质（洛伦兹系数）；投产含水；产水段长度；产水段位置；产水段非均质程度；水平段位置；吞吐时机（含水率）；周期注气量；注气速度；焖井时间；开井后采液速度；平行井距离；平行井采液速度；吞吐轮次
协同吞吐影响因素	协同井组井距；吞吐井构造位置；地层倾角；气窜通道；不同位置井二氧化碳注入比例；井间干扰；采液强度；吞吐轮次
复合增效影响因素	构造位置；储层厚度；非均质程度/水窜通道规模；出水段长度；生产段水洗程度；堵剂类型；段塞用量

二、二氧化碳单井吞吐

1. 二氧化碳单井吞吐控水增油作用机理

二氧化碳单井吞吐，主要是利用其溶胀作用有效降低剩余油饱和度，利用其降黏作用改善油水流度比，利用泡沫贾敏效应的暂堵作用控制水的流动，实现自助控水增油。

二氧化碳吞吐过程可降低油水界面张力，提高洗油效率。随着二氧化碳在原油中不断溶解，油水界面张力逐渐减小；当界面张力很低时，储层孔隙内的残余油可以有效流动；溶解二氧化碳的地层水可以将岩石表面附着的原油冲洗下来。

二氧化碳吞吐过程可改善油水流度比。二氧化碳与储层原油、地层水分别作用后，原油黏度降低、流度增加，地层水黏度增加、流度减小，两者流动能力接近，水驱波及系数增大，有助于驱油。经过二氧化碳萃取后，储层原油密度增大，二氧化碳溶于水后地层水密度降低，油水重力分异作用减弱，减缓了水的突进。

二氧化碳对原油的溶胀作用可有效降低剩余油饱和度。基于吞吐过程不同阶段油样PVT 高压物性等实验研究，随着二氧化碳注入量和吞吐次数的增加，原油膨胀性和体系能量都大幅度增大，原油黏度、密度、张力都大幅度降低；基于微观渗流机理研究和实验，饱和二氧化碳地层水在二氧化碳析出后，随着压力缓慢下降，气体膨胀产生的能量使得气泡和地层油一起流动，对剩余油形成推力作用，可以反向驱替近井地带的残余油。

二氧化碳泡沫贾敏效应会产生显著的堵水效果。基于二氧化碳在地层水中溶解与再释放的相关实验研究，二氧化碳与地层水的溶解性随压力增加而增加；当压力降低后，二氧化碳气泡从地层水中逸出并分散在孔道中，产生了附加阻力（贾敏效应），从而使得岩石渗透率下降；分散气泡越多，在孔道里产生的附加阻力越大，岩石渗透率降低的幅度也越大。

二氧化碳可萃取原油轻质组分，有效动用孔隙中的残余油。基于实验结果分析，二氧化碳与储层原油充分作用，体系内发生物质和能量交换，原油中部分轻质组分被二氧化碳抽提和汽化。二氧化碳对地层油中烃组分的抽提作用，对 C_1 最明显，其次是 C_6—C_{15} 和 C_{17}—C_{36}；二氧化碳对胶质沥青组分的抽提初期增加，而后趋于减少，地层剩余油中会产生一定程度的沥青质沉淀。

二氧化碳吞吐会形成地层内部溶解气驱。向油藏注入大量二氧化碳，一部分气体与储层原油互溶，另外的气体二氧化碳以压能的形式储存能量。开井生产后，随着地层压力逐渐降低，原油中脱出大量二氧化碳气体，体积膨胀形成了类似于天然气驱的溶解气驱，少量二氧化碳进入储层孔隙形成残余气，占据了原油存储空间，有助于驱替原油。

2. 二氧化碳吞吐选井方法

1）二氧化碳吞吐选井方法

单井吞吐选井方法主要是利用层次分析方法建立。其通用流程为：（1）统计分析待评估井的"构造位置、含油饱和度、原油黏度、地层压力、压力系数、油藏温度、地层倾角、油层有效厚度、沉积韵律、非均质性（洛伦兹系数）、隔夹层位置、水平段长度、产水段位置、产水段非均质程度、投产含水、水平段位置、累计产液量、通道级差"等18个因素指标，分析系统中各因素间的关系，建立系统递阶层次结构；（2）基于数值模拟和矿场统计结果，以各因素对应的最大最小增油量的差值、最大最小增油量比值为基础，建立地质、流体、开发各因素间的判断矩阵；（3）由判断矩阵计算被比较元素的相对权重，并进行判断矩阵的一致性检验；（4）计算系统的总排序权重，对评价井进行排序，完成二氧化碳吞吐选井。

通过对比分析快速选井方法计算得分的排序与数模计算的典型模型增油量的排序，发现两者呈现很好的正相关性，证明了该方法的可行性。

该方法在分析过程中，需要对同一层次的各元素按重要性进行两两比较，构造两两比较的判断矩阵。对于两个元素中哪一个更重要、重要程度如何，专家主要基于数模软件计算的增油量、降水量数据，通过主观判断按重要程度予以赋值。该方法在构造两两比较的判断矩阵时，存在较多的定性分析和主观判断，没有通过数学方法建立赋值与增油量的直接关联，选井结果与吞吐效果间的直接关联不够明确，因此，该方法适用于矿场二氧化碳吞吐井的初选。

2）二氧化碳吞吐选井效果评价方法

二氧化碳吞吐选井效果评价方法是基于层次分析法和模糊综合评判方法建立的，克服了"层次分析法所建立的选井方法与二氧化碳吞吐效果直接关联不够明确"的问题。其通用流程为：（1）应用模糊综合评判方法对快速选井方法中18个因素权重系数进行必要修正，得到更为客观的各因素权重系数；（2）应用隶属度计算方法计算各因素的隶属度；（3）依据各因素权重和隶属度进行排序。

通过对比分析二氧化碳吞吐选井效果评价方法计算的排序与数模软件计算的典型模型增油量的排序，发现两者呈现很好的正相关性，证明了该方法的可行性。

二氧化碳吞吐选井效果评价方法在分析过程中，在构造两两比较的判断矩阵时，对于两个元素中哪一个更重要、重要程度如何，主要通过模糊综合评判方法计算得分来对重要程度赋值。赋值大小，主要是基于数模软件计算的增油量、降水量数据，采用隶属度函数计算确定，克服了专家主观判断的局限性、差异性等缺陷。该方法在构造判断矩阵时，通过数学方法建立了赋值与增油量的直接关联，给出的结果能更明确反映二氧化碳吞吐效果。适用于矿场二氧化碳吞吐实施井的复选和选井后的效果预测。

3. 二氧化碳单井吞吐工艺参数优化设计方法

单井吞吐效果主要影响因素。内在因素主要有构造位置、储层厚度、储层物性及非均质程度、投产初期含水、隔夹层、局部微构造、水窜通道、邻井干扰、水平段差异、地层倾角、沉积韵律等，这是选井阶段应当重点考虑的因素。对于多轮吞吐而言，处于构造较高部位、油层厚度大、隔夹层在中下部、反韵律储层、水平段位于储层中上部，吞吐效果均趋好。外在因素主要有二氧化碳注入量、注入速度、焖井时间、开井后的采液速度等，这是工艺设计阶段应当重点考虑的因素。

1）二氧化碳注入量设计及优化方法

定向井二氧化碳吞吐注入量设计采用圆柱体理论模型，水平井二氧化碳吞吐注入量设计采用椭圆柱体理论模型，注气量优化采用数模分析方法。研究表明，随着吞吐轮次的增加，需要的周期注气量逐渐增加，周期注气量与吞吐增油量呈正相关，开井后的含水率随注气量增加而降低。前2轮吞吐，适宜的注气量为300～500t；后续轮次吞吐中，随注气量增加，单位二氧化碳增油量先缓慢降低后快速上升，需要增大周期注气量。

2）注入速度设计及优化方法

注气速度设计主要原则：在注入压力低于破裂压力的前提下，在设备、井口、井内管柱承压能力范围内，采用尽可能大的注入速度，冀东油田注入速度一般为：4～6t/h。注气速度优化研究采用数模分析方法。研究表明，注气速度对吞吐后开井含水率无明显影响，注气速度对吞吐增油量影响也较小，在前3轮吞吐中，随着注气速度提高，增油量逐渐增多；第四轮吞吐未体现明显规律性。

3）二氧化碳吞吐焖井时间优化方法

焖井的作用是使注入的二氧化碳相态趋于稳定，不断溶解和萃取原油的轻质成分。焖井时间过短或过长，对吞吐效果和效益都不利。冀东油田综合考虑技术与经济因素将焖井时间优化为20～30d。（1）依据井底压力变化优化。焖井阶段井底压力变化呈"较快降落、缓慢线性下降、基本稳定"的三段式特征，最优的焖井结束时间应处于井底压力稳定阶段。（2）依据二氧化碳注入量优化。二氧化碳注入量不同，与原油接触所需时间不同，注入量越大，所需焖井时间越长。（3）依据数模分析优化。随着焖井时间增加，吞吐增油量略有增加，但吞吐后开井含水率表现为先降后升，前两轮拐点在15d，后两轮拐点在30d。（4）依据经济效益优化。冀东油田在20～30d时，二氧化碳在地层中的增溶、降黏、膨胀、堵水等作用发挥较充分，同时吞吐井全生命周期的经济效益最佳。

4）吞吐开井后采液速度优化方法

采液速度优化研究采用数模分析方法（考虑了16种情形吞吐四轮次，每轮次油层厚度3.3m、6.6m，每轮次吞吐时机含水率95%、99%）。主要认识：开井后采液速度对吞吐增油量影响明显。第一轮吞吐，随开井后采液速度提高，增油量逐渐增加。其余吞吐轮次中，随着开井后采液速度提高，增油量逐渐降低；在第四轮有效厚度3.3m、吞吐时机含水率0.99时，随开井后采液速度增大，增油量先降后升，拐点在10m³/d。为保证开井后较低含水率，吞吐后宜采用较小采液速度生产，以控制油层二氧化碳与原油的分离速度，冀东吞吐井日产液量一般在10～20t。

5）吞吐极限轮次设计方法

一般情况下，随着吞吐轮次增加，吞吐效果逐渐变差，单轮次吞吐增油量和换油率也逐渐降低。二氧化碳吞吐极限轮次的评价标准主要为两类，一是"单轮次吞吐增油效益≥单轮次吞吐投入"；二是"每轮次换油率≥临界换油率"，其中临界换油率通过"单轮次吞吐增油效益＝单轮次吞吐投入"计算。二氧化碳吞吐极限轮次设计方法就是通过理论计算满足"单轮次吞吐增油效益≥单轮次吞吐施工投入"条件或满足"每轮次换油率≥临界换油率"条件的最大轮次。当不满足"单轮次吞吐增油效益≥单轮次吞吐施工投入"条件或不满足"每轮次换油率≥临界换油率"时，该轮次吞吐不具有经济可行性。

三、二氧化碳协同吞吐

为提高剩余油潜力区乃至整个油藏的二氧化碳吞吐的整体效果与效益，冀东油田提出了二氧化碳协同吞吐理念，并形成了相应技术，应用结果表明协同吞吐较单井吞吐有更显著的控水增油效果。

1. 二氧化碳协同吞吐机理

协同吞吐以油藏为对象，以剩余油富集区为基本单元，通过层系井网构建实施井组注气吞吐，发挥协同作用，实现抑制边底水、挖潜剩余油的目的。具体为：针对生产层位相同、油层连通程度高、平面上相邻的多口油井组合成一个开发单元，通过集中有序注气，扩大二氧化碳在地层内的波及范围，有效动用井间剩余油，提高油藏整体吞吐效果。

1）基于系统论、协同学的协同吞吐系统及其特征

多井协同吞吐系统是"以井组架构、油藏条件、吞吐方案为要素，以各单井吞吐单元为系统结构，发挥二氧化碳协同吞吐系统的整体效应、各要素及各井单元的协同效应，以降水增油为目标"的一种采油工程系统，其特征：（1）复杂系统特征：油藏具有多孔介质特性、储层非均质性和油水关系复杂性，实施过程涉及注气、焖井、采油、生产、安全环保等多专业、多系统技术与管理。（2）层次性特征：单井吞吐系统→多井协同吞吐系统→区块协同吞吐系统。单井吞吐系统是多井协同吞吐系统的一个子系统，多井协同吞吐系统

是区块协同吞吐系统的一个子系统。（3）整体性特征：协同吞吐系统以井组架构、油藏条件、吞吐方案为要素，以各单井吞吐单元为系统结构，各要素和部分之间形成一个相互影响、相互联系和相互制约的有机整体。过程上体现为注气、焖井、采油三个阶段的有机联系，共同保障着"吞吐"的顺利开展和效果实现。（4）开放性特征：协同吞吐系统与外部环境进行着物质、能量和信息交换。物质交换主要体现在向系统内注入二氧化碳与堵剂，并从其内采出油、水；能量交换主要体现在注入过程中系统压力、能量逐渐提升，采液过程中系统压力降低、能量下降；信息交换主要体现在"吞"的过程中各子系统吞吐时间及次序组合，"吐"的过程中开井时间和次序组合。（5）不稳定性特征：注入二氧化碳过程的流动不均衡、波及不均衡，采液过程的流动不均衡、动用不均衡，各个参量变化造成吞吐系统扰动和控水增油效果差异。（6）全生命特征。协同吞吐系统的建立（系统生命的开始）→第一轮吞吐→系统退化→第二轮吞吐→系统退化…第 N 轮吞吐→系统退化→第 $N+1$ 轮吞吐→系统崩溃（体系生命终结）。（7）"有序与无序"特征："有序"主要体现为吞吐过程的有序化进程，即整个系统在"吞"的阶段的二氧化碳全面波及和"吐"的阶段的流体流动平衡，有效动用整个系统内剩余油；"无序"体现为吞吐过程的无序化的进程，即整个系统内在"吞"的阶段的非全面波及和"吐"的阶段的流体流动不平衡。（8）"非平衡相变"特征：不均匀波及相（由波及区、突进区与不波及区构成）→二氧化碳全面波及相；流动不平衡相（由流动区、突进区与不流动区构成）→流动平衡相。

2）基于系统论、协同学的协同吞吐系统协同作用原理

多井协同吞吐系统理论研究的出发点和落脚点是发挥系统的协同效应和整体效应、实现系统的整体涌现性和协同放大性，即相较于各单井吞吐，整个协同吞吐系统可实现更大幅度的降水增油。（1）协同吞吐系统的序参量和控制参量："油藏条件、井组架构、相邻子系统波及体积重合率、流动平衡度"四个序参量主宰着系统的宏观结构，序参量间的协同合作与竞争决定着系统从无序到有序的演化进程，最终形成一种有序的宏观结构；控制参量为吞吐方案及其实施过程参量，当这些物质流、能量流、信息流达到某个阈值时，系统内部通过自组织产生相变，最终实现整个系统有序化的转变。（2）协同吞吐系统演化动力——竞争：竞争促进发展。协同吞吐系统竞争表现在"吞"的过程中二氧化碳波及程度的竞争，"吐"的过程的流动平衡度的竞争。（3）协同吞吐系统演化动力——协同：协同形成结构。"协同"表现为单井吞吐子系统间的协调合作产生协同吞吐系统宏观的有序结构，即控制参量达到阈值时，单井吞吐子系统间的关联和子系统的独立运动从"均势"转变到"关联占主导地位"，由此出现单井吞吐子系统间的协同运动，形成宏观有序结构；同时"协同"也表现为序参量间的协调合作决定着系统的有序结构，即系统中每个序参量都包含一组微观组态，每个微观组态都对应着一定的宏观结构，每个序参量都企图独自主宰协同吞吐系统，但彼此因处于均势状态而相互妥协，协同一致共同控制协同吞吐系统，进而决定协同吞吐系统的宏观结构。（4）协同吞吐系统的协同效应：首先，系统序参量的竞争与协同能够实现"增加系统增油和降低系统含水"的目的；此外，单井吞吐子系统的

序参量（油水边界附近的子系统的二氧化碳阻水效率、优势渗流通道控制程度，中高部位的子系统的二氧化碳波及范围、流动平衡度）之间的相互竞争、役使与合作，最终构成一个每个子系统都不单独具有的、全新的有序模式；协同吞吐系统的协同效应是在系统内部与外部环境之间共同作用下产生的，两者之间时刻发生着物质、能量与信息的交换；系统的协同效应主要由其内部的自组织产生，这是协同吞吐系统产生协同效应的科学依据。（5）协同吞吐系统自组织过程特征：由于油藏条件等基础性因素的复杂性，吞吐方案实施前，系统处于无序的非稳定状态；实施过程中，当控制参量达到阈值时，协同吞吐系统从非稳定位置过渡到稳定平衡位置并形成新的序参量；系统中其他微观参量紧随序参量运动变化表现出"二氧化碳波及、驱动渗流、油水流动"等的竞争的有序化解，最终实现系统的广泛波及和流动平衡，达到一种宏观有序状态，形成协同吞吐系统的自组织活动。（6）协同吞吐系统自组织过程的自适应性、自调节性、支配性原理：自适应性体现在吞吐过程中二氧化碳分配及其浓度展布、油水流动等能够自动适应系统内部结构；自调节性体现在吞吐过程中系统可根据油藏条件、井组架构等自动调节二氧化碳分配与浓度展布、油水流动等。支配性原理体现在自组织过程中序参量的支配性作用，在吞吐方案等外部参量的作用过程中，在注气、焖井、开采过程中，序参量左右着系统演化的整个进程，决定着系统的有序结构的出现和降水增油功能的实现。（7）协同吞吐系统的整体涌现性和协同放大作用：协同吞吐系统是由多个单井子系统组成，多井协同吞吐系统的"降水增油"功能远大于多个子系统自身单独作用的简单叠加，其增油量明显大于单井分别吞吐增油总和、含水率明显低于单井子系统单独实施。如由高、中、低部位三口井构成的协同吞吐系统，低部位井主要立足于控制边底水突进，中高部位井立足于扩大波及、增能采油，整体降水增油效果明显好于三个子系统单独吞吐。

3）基于渗流力学微观驱油特征的协同吞吐机理

多井协同吞吐除具有单井吞吐控水增油机理外，还具有协同增效作用，如：平衡井间压力，抑制动态非均质性，减小井间平面干扰，扩大二氧化碳在地层内的波及体积，形成稳定的气液界面，充分发挥二氧化碳溶胀、改善流度比及泡沫贾敏效应，有效动用井间剩余油。二氧化碳协同吞吐的微观采油机理是补充地层能量与增强原油流动性，其宏观机理包括重力分异与扩大波及体积[14]。

4）基于三维多井物理模型实验的协同作用机理

三维物理模型设计 5 口井，其中模型中心设置 1 口直井，用于监测模型压力变化；同时模型低、中、高部位各 1 口水平井，用于二氧化碳吞吐；边部设置 1 口定向井注入，监测边水影响。实验模拟了边底水能量开采、注气＋焖井、二氧化碳协同吞吐＋边底水能量补充等三个阶段，研究了不同注入井数及位置吞吐的协同效应[15]。（1）协同单元内低、中、高部位井分别进行二氧化碳吞吐时，提高采收率幅度差异较大。中部位、高部位井降水增油效果好，采收率提高 11% 左右；低部位水平井靠近边水，边水突破早，控水增油效果差，采收率提高 2.88%。（2）协同单元内两个部位吞吐时，低＋中、中＋高二氧化碳吞吐可以注气压边水，实现低中部位、中高部位井间协同，控水增油效果较好，采收率提高 15% 左右。（3）协同单元内低、中、高三个部位同时吞吐时，可有效抑制边水，充分发挥协同作用，充分挖潜低、中、高部位的剩余油，采收率提高 18% 左右。（4）不同部位井的采出程度随着注入井数增加而提高。基于三维物模实验，低、中、高部位井构成的协同单元，其最优结构为三个部位井同时吞吐，次优结构为低 + 中、中 + 高的二氧化碳吞吐。

5）多井协同吞吐系统的作用机制和模式

多井吞吐系统的协同作用机制主要体现在四个方面，补充地层能量，平衡压力场；抑制气窜，使导致或加剧水窜或气窜的压力趋势面消失；抑制动态非均质性影响；减弱静态非均质性的影响。多井吞吐系统的协同模式主要包括井组之间协同、人工能量与天然能量协同、井与油藏协同、工艺与技术协同。井组之间协同吞吐模式主要通过生产层位相同、油层连通程度高、平面上相邻的多口油井组合，同时集中注气，扩大二氧化碳波及范围，动用井间剩余油，提高整体措施效果；人工能量与天然能量协同模式主要通过注采两端协同治理提高采收率，即注入端实施调剖调驱，封堵优势渗流通道，改变液流方向，扩大波及体积，采出端实施二氧化碳吞吐提高驱油效率。井筒与油藏协同模式主要通过井网重组，构建协同井网。工艺与技术协同模式主要通过井组内单井实施不同段塞设计方式，通过高部位驱油、低部位封堵等方式，改变流场调整，把控剩余油特征，提高井组吞吐效果。

6）二氧化碳协同吞吐机理的实践检验

冀东油田协同吞吐一般实施于经过单井吞吐和单井复合吞吐后（平均实施过 4 轮）的油藏和井组。基于 300 井次的效果分析，与对应轮次单井吞吐和单井复合吞吐相比，协同吞吐平均单井多增油 100t、有效期延长 80d、含水率降低 20 个百分点。一些具有不同系统结构特征的典型井组实践也证实了协同效应和协同机制，如蚕 2×1 断块多井协同吞吐实践证实了高部位、中部位、低部位的多井协同吞吐的降水增油效果明显好于单井吞吐；高浅北区多井协同吞吐实践证实了直井、水平井混合井网协同吞吐的降水增油效果明显好于单井吞吐等。

2. 多井协同吞吐潜力评价

1）协同吞吐区块优选原则

协同吞吐敏感因素主要有地层倾角、构造位置、储层韵律、井网井距、井间通道、注入量分配等。区块优选原则主要依据协同吞吐控水增油机理、协同吞吐因素敏感性分析，从地质和开发因素两个方面研究形成。（1）基于地质因素对协同吞吐效果的影响的优选原则：优先选择油层厚度较大、原油黏度较大的常规稠油油藏；优先选择地层倾角较大的油藏或者受微构造控制作用明显的协同井组。（2）基于开发因素对协同吞吐效果的影响的优选原则：优先选择受边底水影响弱的井组，对于靠近油水边界、存在水窜通道、来水方向明确的井组，可以考虑堵剂与协同吞吐协同挖潜剩余油；协同井距控制在120m以内，对于存在明显气窜通道的井组，井距可以适当放大；对于不同轮次的吞吐井，优先选择吞吐轮次较低的井；优先选择生产层位于储层中上部的井；优先选择协同井连线与构造等深线垂直的井组。

2）协同吞吐潜力评价模型

协同吞吐潜力评价模型采用层次分析法建立，其流程为：（1）统计待评估单元有效厚度、地层倾角、韵律、通道、井距、井网等地质油藏参数，分析系统中各因素间的关系，建立系统的递阶层次结构；（2）基于数值模拟和矿场统计结果，以各因素对应的最大最小增油量的差值、最大最小增油量比值为基础，建立地质、流体、开发等方面的各类因素间的判断矩阵；（3）计算各因素的相对权重，并检验判断矩阵的一致性；（4）计算各层次对于系统的总排序权重，对评价区块进行排序，同时综合考虑经济界限和环境敏感性等因素，完成二氧化碳协同吞吐潜力评价。

3. 多井协同吞吐方案设计方法

1）两井协同吞吐系统油藏工程参数设计方法

以两井系统为对象，采用数值模拟方法，研究协同吞吐的井网井型、合理井距、吞吐用量、注入速度、焖井时间等参数优化设计。井网井型设计着重研究了水平井与直井的混合井网、水平井井网，考虑了构造位置、储层韵律特征、距边底水远近等因素。（1）水平井井网设计：吞吐井连线平行于等深线，水平井受强边水影响，含水上升快，有效期短，效果比连线垂直等深线的井组差。（2）水平井与直井的混合井网设计：重点考虑"同一等深线、水平井＋直井"和"不同等深线、下水平井、上直井"两种情况，吞吐效果受储层韵律影响大，协同吞吐效果呈现"正韵律＞均质油藏＞反韵律"的特点。对于正韵律油藏，底水脊进对水平井含水上升影响大于直井（离边底水越近，突进越明显），直井吞吐效果略好于水平井；对于均质及反韵律油藏，水平井吞吐效果略好于直井。（3）合理井距设计：二氧化碳吞吐的影响半径主要集中在井眼附近60m范围内，对于气窜通道，可适当延长。（4）二氧化碳用量设计：包括系统总用量和各井之间的分配比例设计，总用量0.25～0.3HCPV为宜，二氧化碳换油率最高、单井增油量增加明显，超过0.3HCPV的增油量上升趋势不明显；各井间的用量分配影响协同效果，低部位井注得越多，增油效果越好。（5）注入速度：3～5t/h。（6）采液速度：开井初期8～10t/d，后期可提至10～15t/d。基于两口井协同单元数模研究，协同单元的理想结构：有地层倾角、构造高部位与低部位井构成的协同单元（低部位井注二氧化碳效果好）；平行于等深线且有气窜通道的两口井构成的协同单元；正韵律条件下的直井及水平井构成的协同单元。

2）多井协同吞吐系统油藏工程参数设计方法

采用数值模拟方法优化，通用的设计流程为："数值模拟模型建立→历史拟合→剩余油分布特点分析→生产段产液及优势渗流通道分析→协同井组结构设计→协同吞吐参数优化与设计→实施方案设计→效果预测"。协同吞吐参数优化与设计重点考虑了协同系统的二氧化碳总注入量、不同部位井的注入量分配比例、焖井时间、采液强度等要素。

4. 区块多井系统"深部调驱 + 二氧化碳吞吐"协同模式

区块多井系统协同吞吐模式主要解决了中高渗透砂岩油藏特高含水开发后期的油藏优势渗流通道发育、常规控水稳油效果差的问题，该模式以"人工能量与天然能量协同、深部调驱 + 二氧化碳吞吐相结合"为特征，在注入端采用深部调驱封堵优势渗流通道，在采出端进行二氧化碳吞吐，既能扩大驱替波及体积，也能提高驱油效率。

1）区块多井系统"深部调驱 + 二氧化碳吞吐"协同模式的降水增油研究方法

针对典型区块——高浅北 Ng12 油藏开展深部调驱 + 二氧化碳吞吐的数模研究，建立与实际油藏一致的模型，井距设置为 125m，网格步长为 10.0m×10.0m×0.5m，网格总数为 45×30×10=13500。采用注水 + 二氧化碳吞吐、深部调驱 + 二氧化碳吞吐的两种方案对比研究方法。结果表明，深部调驱 + 二氧化碳吞吐具有压力平衡和有效扩大波及体积两方面作用。

2）区块多井系统"深部调驱 + 二氧化碳吞吐"协同模式的有效扩大波及体积效应

通过调剖调驱封堵优势渗流通道，扩大油藏波及体积，挖潜绕流区剩余油。（1）深部调驱有效扩大平面波及范围。注水 + 二氧化碳吞吐方案注入水无法封堵优势渗流通道，平面波及系数仅为 0.493；采用深部调驱 + 二氧化碳吞吐方案，调驱井能够有效封堵优势通道，改变液流方向，平面波及系数扩大至 0.652。（2）深部调驱提高纵向波及系数。采用注水 + 二氧化碳吞吐生产三年后，油层顶部仍存在一定的剩余油；采用深部调驱 + 二氧化碳吞吐方案生产三年后，油层纵向上驱替较均匀，顶部剩余油较少。

3）区块多井系统"深部调驱 + 二氧化碳吞吐"协同模式的压力平衡效应

该协同模式可以抑制二氧化碳气窜，建立井间压力平衡，提高二氧化碳吞吐驱油效率，实现降水增油。（1）注入端注水过程中，采出端实施二氧化碳吞吐，注入水无法封堵优势渗流通道，二氧化碳吞吐容易气窜，无法实现憋压，不能实现二氧化碳吞吐降黏增油的作用。（2）若注入端进行深部调驱，通过注入大量调驱剂封堵注采井间的优势渗流通道，采出端进行吞吐能够形成高压区而不产生气窜，可有效增加二氧化碳与原油的接触，达到降黏增油的目的。

4）区块多井系统"深部调驱 + 二氧化碳吞吐"协同模式的实践检验

在高浅北的 Ng12 油藏开展了油藏整体协同吞吐试验，立足单砂体，通过层系归位重构协同吞吐井网[16]。在参数优化中，重点研究了深部调驱注入参数、二氧化碳注入参数、深部调驱与吞吐注入时机、采液速度等指标，形成了深部调驱 + 二氧化碳吞吐合理技术政策。在方案设计中，7 口调驱井用于封堵优势渗流通道和改变液流方向，4 口调剖井用于封堵边部优势渗流通道，35 口井用于二氧化碳吞吐。实施后，油藏综合含水率下降 16 个百分点，动液面下降 130m，单井平均增油 3t/d，累计增油 $6×10^4$t。

四、水平井二氧化碳吞吐复合增效技术

针对储层平面及纵向非均质性强、开发过程中易形成优势渗流通道而导致多轮吞吐效果变差、二氧化碳利用效率低等问题，研究形成水平井二氧化碳吞吐复合增效技术，其思路是采用堵剂封堵储层大孔道，之后进行二氧化碳吞吐。

1. 基于泡沫、耐冲刷凝胶、有机纤维复合凝胶的"弱堵、中堵、强堵"封堵工艺

泡沫弱堵工作液由水（或含固相颗粒水）和表面活性剂、处理剂组成，具有"一核一层三膜"结构（空气核、增黏水层、三个表面活性剂层）。粒径不小于 $25\mu m$，以"单胞胎"或"多胞胎"分散于连续相中，承压能力 12MPa，对储层伤害程度小，返排能力好。

耐冲刷弱凝胶由丙烯酰胺、丙烯酸、2- 丙烯酰胺基 -2- 甲基丙磺酸、交联剂和引发剂组成。其黏性模量和弹性模量分别为 11.2Pa、1.34Pa，具有较好封堵性能和耐冲刷性能，封堵率 92.3%；后续水驱 15PV 后，封堵率 90.1%。

有机纤维复合强凝胶由聚丙烯酰胺、纤维、交联剂组成。具有较好的注入性能，初始黏度 58mPa·s，其黏性模量和弹性模量分别为 25.6Pa、3.57Pa，对大孔道有良好的封堵效果，封堵率 99.5%；剖面改善效果好，级差 27 时，剖面改善率 82%。

2. 基于三维物理模型和数学模型的二氧化碳吞吐堵剂复合的研究方法和增效机理

1）基于三维物理模型复合吞吐实验的增效机理

三维物模实验模型采用露头样品筛选、封装，对侧割缝模拟水平井段，短割缝模拟优势渗流通道。在实验过程中对比注入堵剂和不注入堵剂的效果，明确了堵剂在油藏中的化学反应与封堵特性，以及堵剂对优势渗流通道封堵、平衡井段注入压力等特征。增效机理特征显示，在多轮吞吐后，采用注堵剂 + 二氧化碳吞吐的技术方法，堵剂主要进入水区、二氧化碳主要进入油区，有利于原油与二氧化碳接触和返排，控水增油效果较好。

2）强堵体系封堵和弱堵体系封堵机理的数学表征

表征方法主要是通过油藏数值模拟软件来开展。在强堵体系封堵机理表征模型中，建立了包含"水、起泡剂、凝胶、聚合物、交联剂、原油、氮气、二氧化碳、液膜"等"3相"9组分模型，表征了聚合物交联反应、泡沫生成和破灭反应的机理。在弱堵体系封堵机理表征模块中，泡沫被看成一种独立的气相液膜，同时考虑起泡剂的吸附增效作用，通过不同组分间化学反应来描述泡沫生成、破灭机理。

3）二氧化碳复合增效提高采收率效果

研究过程中，模型采用均质模型和不同渗透率级差的非均质模型，对比分析直接吞吐和堵剂复合吞吐的剩余油饱和度分布。直接吞吐时，二氧化碳沿高渗透条带发生气窜，带内物质的量浓度增大、剩余油饱和度降低，未波及高渗透条带两侧剩余油富集区；从第三轮次开始采用堵剂复合吞吐，累计产油增加，含水率降低，降水增油效果较好。级差倍数小于 5 时，泡沫封堵效果较好；级差倍数 5～10 时，凝胶好于泡沫封堵效果。

3. 堵剂复合二氧化碳吞吐效果分区图版和吞吐优化设计方法

堵剂复合二氧化碳吞吐效果分区图版，是依据含水率特征与优势渗流通道级差、优势渗流通道井段占比的定性关系而绘制。吞吐复合增效优化设计方法是基于图版四个分区的地质特征和研究实践而形成。（1）Ⅰ区特征为级差小于3、井段占比小于0.1。设计上，前五轮主要采用二氧化碳吞吐方式开发，随着轮次递增，逐步增加二氧化碳用量，五轮后开始实施堵剂复合吞吐增效。（2）Ⅱ区特征为级差3～5、井段占比0.1～0.15。设计上，前三轮主要采用二氧化碳吞吐，随着轮次递增，逐步增加二氧化碳用量，三轮后开始实施堵剂复合吞吐。（3）Ⅲ区特征为级差5～10、井段占比0.15～0.2。设计上，首轮采用二氧化碳吞吐，次轮后开始实施堵剂复合吞吐。（4）Ⅳ区特征为级差10～15、井段占比0.2～0.25。设计上，首轮即开始实施堵剂复合吞吐。

4. 堵剂复合二氧化碳吞吐增效的主控因素影响规律及参数设计方法

首先，明确了"优势渗流通道级差、堵剂注入量、堵剂封堵能力"等因素为二氧化碳吞吐复合增效的主控因素。其次，提出了封堵半径、残余阻力系数等堵剂主控因素定量表征指标和"综合指数"指标的评价方法，绘制了优势渗流通道分级及堵剂优选图版，建立了二氧化碳吞吐堵剂复合增效优化设计方法。

1）优势渗流通道级差的影响规律

基于模拟分析结果，随着优势渗流通道级差增大，产生气窜现象，二氧化碳吞吐增油量下降。优势渗流通道对二氧化碳吞吐第一轮、第二轮次产油量影响较大，对第三轮影响不明显。随着优势渗流通道级差增加，堵剂复合吞吐增油量呈现先上升再降低的趋势，在级差为10时增油量最高。

2）堵剂性能参数的影响规律和设计方法

基于模拟分析结果，随着堵剂注入量增加，复合吞吐增油量逐渐增加；当堵剂注入量高于450m³后，油量增幅变平缓。水平井二氧化碳注入量设计采用椭圆柱体模型，基于二氧化碳吞吐效果分区和优势渗流通道级差确定最优残余阻力系数和最优封堵半径。如针对Ⅳ区井且优势渗流通道级差在5～10时，采用强堵方案，封堵半径5m，封堵残余阻力系数大于15。

3）非主控因素的影响规律

基于模拟分析结果，地层厚度、渗透率、产液速度等因素为非主控因素，其影响规律为：随着油层厚度增加，二氧化碳吞吐堵剂复合后增油量逐渐增大，注堵剂后起到了降水增油效果，但厚度超过6m后，增幅逐渐减小；随着地层渗透率增加，二氧化碳增油量略有增加；随着产液速度增加，增油量先增加后降低，产液速度最优值为25m³/d。

5. 堵剂复合二氧化碳吞吐增效的方案设计方法

堵剂复合二氧化碳吞吐增效的方案设计方法，其通用程序为地质模型建立→网格划分→历史拟合→生产动态模型→模型历史拟合→开发状况及剩余油分布规律研究→堵剂复合二氧化碳吞吐方案优化设计→效果预测。其中，方案优化采用多因素正交试验设计方法，将凝胶和泡沫注入的关键参数作为试验的主要因素，同时将各个参数所对应的参数值作为各因素的水平数，并以此为基础建立正交试验方案；随后结合正交试验结果、堵剂选择策略及优化方法，设计各井堵剂复合二氧化碳吞吐优化方案。

五、水平井二氧化碳吞吐精准挖潜技术

针对水平井多轮次吞吐之后，进一步挖潜控水增油效果与经济效益变差、筛管完井水平井精准复合吞吐困难、区块综合挖潜难度大等问题，提出了水平井二氧化碳精准挖潜理念，攻关形成了相应的挖潜技术，实现了进一步提高采收率的目标。

1. 水平井出水规律

在均质油藏中，水平井 A 靶点为主要出水部位，剩余油在 B 靶点处富集；在非均质油藏中，水平井剩余油均在低渗透段富集。非均质性会导致水平井段不同部位产液速度差异，高渗透段采液速度高、边底水侵入快、见水早、含水上升快，低渗透段则采液速度低、边底水推进慢、含水上升慢。

2. 筛管完井水平井精准挖潜技术方法

主要解决筛管完井水平井出液段占比小、定位封堵和定位吞吐困难、挖潜难度大的问题，其基本思路为：重新构造水平井分段阻隔的井筒条件，实施"精准测试、精准堵水、精准注气、精准吞吐"；其实现方法主要有筛管外 ACP 分段的精准复合吞吐挖潜、可降解 ACP 暂堵保护出油段的精准复合吞吐挖潜。

3. 基于筛管外 ACP 分段的筛管完井水平井精准复合吞吐技术

该技术主要解决了筛管外无法分段、无法精准复合吞吐等问题，其技术原理为：水平井找水，明确水平段的渗透率、含油饱和度和出水区域；在出水段与非出水段之间建立筛管外 ACP，对管外环空及近井地带有效分隔；在管外 ACP 辅助下，下入管柱对出水段进行深部封堵与封口；在含油饱和度相对高的井段进行二氧化碳吞吐。定量注射 ACP 工艺技术主要包括双级 ACP 注入管柱、单级 ACP 注入管柱、配套工具和速凝化学堵剂体系，满足了水平井筛管外有效分隔出水段和出油段的需要，为精准堵水与注气提供了井筒条件。

4. 可降解 ACP 暂堵保护出油段的精准复合吞吐技术

该技术主要解决筛管完井 A 靶点附近出水、难以封堵问题。其技术原理为：（1）水平井找水，明确水平井出水段在 A 靶点附近；（2）替入可降解 ACP 对 B 靶点附近的潜力段进行保护；（3）挤入高强度堵剂，对 A 靶点附近地层实施深部封堵；（4）B 靶点附近井段 ACP 降解后，对该井段实施二氧化碳吞吐。

六、二氧化碳吞吐注采配套技术

1. 二氧化碳吞吐注采一体化管柱和注入工艺

二氧化碳吞吐注采一体化管柱主要解决不动管柱情况下实施二氧化碳吞吐、堵剂复合二氧化碳吞吐、二氧化碳协同吞吐的问题，满足注入二氧化碳、注入堵剂、焖井、放喷、生产等各个环节的需要。工艺管柱主要分为实现二氧化碳反注的管式泵注采管柱和实现正注的杆式泵注采管柱，前者是利用原有的井下管式泵管柱，从环空注入二氧化碳，在吞吐过程中井内原有管式抽油泵留在井内，后者利用杆式泵体上提出外套时形成的正注通道，从油管注入二氧化碳，在吞吐过程中井内杆式抽油泵留在井内。

2. 水平井二氧化碳注入管柱及流场分析方法

1）注入管柱

注入管柱主要有气密封油管管柱和连续油管管柱。气密封油管注入管柱有满足防返吐要求和测试要求两种结构，现场实施过程中存在泄漏风险大的问题。连续油管注入管柱是针对常规气密封油管施工复杂、多点连接后存在泄漏风险的问题而研究的，其结构为：气密封封隔器 + 插筒插管 + 防顶锚定器 + 反洗阀 + 连接器 +2.375in 连续油管 + 井口悬挂器，其技术特点为：插管结构设计解决了复杂工况下安全起管困难问题，密封插管与封隔器的分体结构设计解决了通径小、无法测试的问题。

2）注入管柱流场分析方法

流场分析方法主要包括井筒温度、压力、流速预测模型，计算结果与测试结果符合率较高。基于实际井的计算分析，明确了注气阶段液流场变化规律，井口压力、温度、井筒流速都随井深度增加而增加，在井筒水平段压力趋于一致。

3. 管柱剩余强度与服役性能评价方法

管柱剩余强度模型主要包括抗挤强度、抗内压强度、抗拉强度的设计方法，模型考虑了腐蚀速率、服役时间的影响因素。服役性能评价方法主要是在管柱剩余强度模型基础上研究的，模型考虑了腐蚀速率的影响，采用该方法对二氧化碳注入井评价分析获得不同缓蚀效率下的服役能力特征。

4. 二氧化碳吞吐采油防腐技术

1）二氧化碳腐蚀影响因素

二氧化碳腐蚀影响因素主要有温度、溶液化学性质、介质流速、溶液 pH 值、二氧化碳分压。（1）温度：在油气井中，点腐蚀易发生的温度范围是 $80\sim90℃$，露点和凝聚条件对其起决定性作用。（2）介质流速：腐蚀速率随流速增加而加快，介质流动出现湍流会诱发局部腐蚀，表现为"湍流破坏了表面形成的腐蚀产物沉积膜，且表面很难再形成保护性膜"。（3）pH 值：二氧化碳水溶液腐蚀性不由溶液 pH 值决定，主要是由二氧化碳浓度决定。（4）二氧化碳分压：二氧化碳分压对腐蚀现象的影响符合 NACE 和 API 的相关规定。冀东油田二氧化碳吞吐井腐蚀状况为：井口至液面以上油管腐蚀不明显，液面以下可见腐蚀痕迹，且随深度增加腐蚀逐渐严重。

2）采油防腐技术

冀东油田形成的二氧化碳吞吐井防腐技术主要有缓蚀剂防腐、有杆泵防腐、阻垢管和抽油杆防腐器防腐、双金属复合管和内衬有机管防腐、注气井的封隔器封隔 + 套管环空保护液防腐等系列防腐技术。

5. 水平井二氧化碳吞吐动态监测技术

水平井二氧化碳吞吐动态监测技术主要包括地层含油饱和度测试技术、水平井产液剖面测试技术、水平井吸气剖面测试技术、温度压力监测技术、腐蚀监测技术、井筒及管柱完整性测试技术。不同油藏的重点测试项目有所不同，稠油油藏应以找出水点为主兼顾饱和度测试，稀油油藏应以饱和度测试为主。在测试仪器选择方面，采用脉冲中子全谱散射或伽马测井（PNST）测试地层含油饱和度、连续涡轮流量六参数仪器测试产液剖面和吸气剖面、氧活化 + 氮气气举方式找出水点，确定潜力井段。采用管柱携带腐蚀环监测管柱腐蚀情况，采用四十臂井径成像结合电磁探伤组合技术监测套管腐蚀及完整性情况。

1）水平井产液剖面测试技术

水平井产液剖面测试技术解决了水平井有杆抽油举升管柱环空仪器下入困难、水平井段仪器行进困难的问题，该技术以"液力输送（或连续油管）+ 产液剖面测试仪器测试 + 气举举升模拟有杆泵生产状态"为特征，通过气举模拟有杆泵生产状态，在气举管柱内下入液力输送（或连续油管）+ 产液剖面测试仪器测试工具串，通过液力输送或连续油管实现测试仪器在水平段的行进测试。

2）水平井吸气剖面测试技术

水平井吸气剖面测试技术以"液力输送（或连续油管）+ 吸气剖面测试仪器"为特征，在注气管柱中下入液力输送（或连续油管）+ 吸气剖面测试仪器测试工具串，通过液力输送或连续油管实现测试仪器在水平段的行进测试。

6. 二氧化碳吞吐 QHSE 方法

二氧化碳吞吐 QHSE 方法主要是针对吞吐过程中存在窒息、低温冻堵、井喷等风险而制定的，主要包括风险识别方法、质量管理方法、风险消减与控制方法、井控要求、应急要求等。其中，风险消减与控制方法涵盖了场地、注入站场、井下作业、吞吐操作、健康风险、环境风险等方面。冀东油田在井下管柱防冻堵方面，形成了油管替入微泡、井口带保温套情况下用二氧化碳举出油管内液体等两种做法。

7. 二氧化碳吞吐 4×4 日常管理模式

冀东油田建立了二氧化碳吞吐节点控制管理体系，提出了"4 提前，4 到位，4 要有，

4 合理"管理模式。"4 提前"是指在吞吐施工前，提前熟悉两项设计，提前核实井口情况，提前回收空心杆电缆，提前做好简易封井。"4 到位"是指在注入与焖井过程中，监测施工过程到位，监测邻井压力到位，日常巡检到位，临时故障处理到位。"4 要有"是指在吞吐放压过程中，放压方式要有控制，气体要有计量，成分要有监测，制度要有变化。"4 合理"是指在生产管理中，开井初期要合理排液，见油液量要合理控制，套压控制要合理优化，资料录取要合理加密。

第四节　二氧化碳吞吐技术应用效果

一、总体应用效果

自 2010 年开始实施二氧化碳吞吐以来，截至 2022 年底，阶段累计实施 1092 口井、3214 井次，有效率 93%；全周期累计增油 $111 \times 10^4 t$，平均单井增油 350t，平均有效期 210d；注入二氧化碳 $122 \times 10^4 t$，平均单井注入 380t；平均换油率 0.91，投入产出比 3.05，取得显著经济和社会效益。

常规稠油油藏实施二氧化碳吞吐 2192 井次，有效率 94%，全周期累计增油 $84.3 \times 10^4 t$，平均单井增油 405t，平均有效期 211d；平均换油率 1.04，投入产出比 3.4。稀油油藏实施二氧化碳吞吐 1022 井次，有效率 91%，全周期累计增油 $26.7 \times 10^4 t$，平均单井增油 260t，平均有效期 200d；平均换油率 0.76，投入产出比 2.2。

从油藏类型来看，相对整装油藏实施效果略好于复杂小断块油藏；从油品性质来看，常规稠油油藏由于油水黏度比大，水驱滞留油、残留油饱和度相对较高，实施效果明显好于稀油油藏。

从井型来看，水平井由于单井控制储量多，泄油面积大，注入二氧化碳波及范围大，实施效果好于定向井。水平井实施二氧化碳吞吐 1678 井次，有效率 94.5%，全周期累计增油 $65.4 \times 10^4 t$，平均单井增油 425t，平均有效期 212d；平均换油率 1，投入产出比 3.5。定向井实施二氧化碳吞吐 1536 井次，有效率 92%，全周期累计增油 $45.6 \times 10^4 t$，平均单井增油 310t，平均有效期 200d；平均换油率 0.85，投入产出比 2.4。

二、单项技术实施效果分析

水平井单井二氧化碳吞吐实施效果：截至 2022 年底，累计实施单井吞吐 1074 井次，有效率 91%；全周期累计增油 $31 \times 10^4 t$，平均单井增油 290t，平均有效期 209d；注入二氧化碳 $34 \times 10^4 t$，平均单井注入量 316t；平均换油率 0.9，投入产出比 2.79，取得显著经济和社会效益。2013 年实施的 50 口水平井吞吐效果统计表明，控水增油效果随着吞吐轮次增加逐渐变差，同时每轮次吞吐效果还受油层厚度、构造位置、含水率等因素影响。（1）油层厚度增加，效果变好。油层厚度为 3～6m 时，单井平均增油量为 845.55t，厚度为 6～10m 时单井平均增油量为 1134.46t。（2）隔夹层影响不明显，有隔夹层的情况下单井增油量略优于无隔夹层的井。（3）构造较高部位的井单井增油量最多，达到了 984.67t；其次是位于断层根部的井，单井增油量达到了 912.86t。（4）水平段位于油层中部的井单井增油量最多，达到了 1209.8t。（5）投产初期含水率越低，单井吞吐增油量越高。（6）吞吐前含水率越高，单井吞吐增油量相对越多。

水平井二氧化碳吞吐复合增效技术实施效果：该技术在多轮次吞吐后（平均 3 轮）效果变差的井实施，与对应轮次单井二氧化碳吞吐相比，平均增油 320t，有效期比单井吞吐平均延长 120d，含水率降低幅度增加 30 个百分点。

协同吞吐效果：协同吞吐实施于经过单井吞吐和单井复合吞吐后的油藏和井组（平均实施于第四轮），与对应轮次的单井吞吐或单井复合吞吐相比，平均单井多增油 100t、有效期平均延长 80d、含水率平均降低 20 个百分点。（1）高部位与低部位多井协同吞吐模式在蚕 2×1 断块、高浅北等区块实施 30 个井组，含水率平均降低 70 个百分点，有效期平均 385d。其中：气窜井组实施协同吞吐后，含水率平均下降 60 个百分点，有效期平均 350d；邻井增油平均 100t，含水率平均下降 50 个百分点，有效期 200d；高部位井吞吐效果好于低部位井。（2）直井、水平井混合井网协同吞吐模式（高部位、腰部及低部位同时吞吐）在高浅北等区块实施 8 个井组，含水率平均降低 60 个百分点，有效期 320d；邻井含水率降低 50 个百分点，有效期 200d；水平井吞吐效果好于直井。（3）水平井连线平行等深线的协同吞吐模式实施 6 个井组，含水率平均下降 50 个百分点，有效期 320d。

水平井精准复合及调驱协同吞吐挖潜技术实施效果：（1）筛管完井水平井精准挖潜技术实施 49 口井，在已经过单井吞吐、复合吞吐、协同吞吐的井上实施，平均实施于第六轮，与相对应轮次效果相比，平均增油 300t，含水率平均下降 75 个百分点，有效期平均增加 100d。（2）深部调驱＋二氧化碳协同吞吐技术在已经过多轮次单井吞吐、协同吞吐的区块上实施，平均实施于第五轮，与上述技术对应轮次效果相比，平均单井增油 200t，含水率平均下降 30 个百分点，有效期平均增加 150d。如高浅北区 2017 年实施该技术，7 口调驱井用于封堵优势渗流通道和改变液流方向，4 口调剖井用于封堵边部优势渗流通道，35 口吞吐井，油藏综合含水率下降 16 个百分点，动液面下降 130m，单井平均增油 3t/d，累计增油 $6 \times 10^4 t$。

二氧化碳吞吐提高采收率技术具有巨大的应用潜力和需求，该技术在冀东油田经历了 10 余年发展，下一步重点解决好三方面问题：（1）复杂断块油藏砂岩储层非均质性强，水平段产液剖面差异大，导致二氧化碳有效作用井段比例低，精准挖潜技术还需进一步发展完善；（2）复杂断块油藏经长时间水驱及多轮次吞吐后剩余油分布极其复杂，精准定量刻画剩余油技术需要进一步攻关研究；（3）人工注水开发油藏二氧化碳协同吞吐、深层低渗透油藏压裂开发二氧化碳吞吐方案优化设计方法与工程技术需要持续攻关。

参 考 文 献

[1]伍晓妮.二氧化碳采油技术研究［D］.大庆：东北石油大学，2015.

［2］唐锡元.文留油田二氧化碳吞吐采油方案研究［D］.北京：中国地质大学（北京），2006.

［3］朱英斌.深层稠油直井注二氧化碳吞吐增油机理实验研究［D］.成都：西南石油大学，2016.

［4］梁福元，周洪钟，刘为民，等.CO_2吞吐技术在断块油藏的应用［J］.断块油气田，2001（4）：55-57.

［5］庞进，孙雷，孙良田.WC54井区CO_2吞吐强化采油室内实验研究［J］.特种油气藏，2006（4）：86-88.

［6］马涛，汤达祯，蒋平，等.注CO_2提高采收率技术现状［J］.油田化学，2007，24（4）：379-383.

［7］吴文有，张丽华，陈文彬.CO_2吞吐改善低渗透油田开发效果可行性研究［J］.大庆石油地质与开发，2001，20（6）：51-53.

［8］钱卫明，林刚，王波，等.底水驱稠油油藏水平井多轮次CO_2吞吐配套技术及参数评价——以苏北油田HZ区块为例［J］.石油地质与工程，2020，34（1）：107-111.

［9］李国永，叶盛军，冯建松，等.复杂断块油藏水平井CO_2吞吐控水增油技术及其应用［J］.油气地质与采收率，2012，19（4）：62-65.

［10］马桂芝，陈仁保，张立民，等.南堡陆地油田水平井二氧化碳吞吐主控因素［J］.特种油气藏，2013（5）：81-85，154.

［11］刘怀珠，李良川，吴均.浅层断块油藏水平井CO_2吞吐增油技术［J］.石油化工高等学校学报，2014，27（4）：52-56.

［12］肖国华，付小坡，王金生，等.水平井预置速凝堵剂管外封窜技术［J］.特种油气藏，2018（6）：34-38.

［13］宋显民，吴双亮，胡慧莉，等.浅层常规稠油油藏筛管完井水平井高含水综合治理技术［J］.石油天然气学报，2020（3）：143-154。

［14］赫尔曼·哈肯.协同学——大自然构成的奥秘［M］.凌复华，译.上海：上海译文出版社，2001.

［15］王志兴，赵凤兰.边水断块油藏水平井组二氧化碳协同吞吐注入量优化实验研究［J］.油气地质与采收率，2020，27（1）：75-80.

［16］轩玲玲，刘涛.调堵+CO_2吞吐提高采收率技术研究与应用前景//复杂油气田文集［M］.北京：石油工业出版社，2019.

第二章　二氧化碳单井吞吐

本章主要阐述单井二氧化碳吞吐驱油机理、选井选层方法、工艺参数设计及优化方法。通过对二氧化碳吞吐过程中原油增溶膨胀、泡沫油流效应、泡沫阻水效应、控水驱油渗流特征、原油沥青质沉积等实验及理论分析，揭示二氧化碳吞吐驱油机理，为吞吐设计提供理论基础；在二氧化碳吞吐驱油机理研究基础上，研究形成单井吞吐选井选层方法，建立了吞吐井位筛选评价体系；开展单井吞吐工艺参数设计及优化研究，明确了二氧化碳注气量、注气速度、焖井时间、采液速度、吞吐极限轮次等因素的影响规律、设计与优化方法。

第一节　二氧化碳单井吞吐驱油机理

一、二氧化碳对地层原油的增溶膨胀驱油机理

对地层原油增溶膨胀驱油是二氧化碳吞吐增加原油产量的重要作用机理。判断一个油藏是否适合通过二氧化碳吞吐增加产量，首先要明确在地层温度与压力条件下油藏原油高压物性及相态特征，然后分析其二氧化碳增溶膨胀驱油的潜力和适应性[1-3]。

1.地层原油基本相态特征

1）地层原油组分、组成分布与相图

地层原油组分与组成分布可通过色谱分析获得，据此可评价二氧化碳对其增溶膨胀驱油的潜力和适应性。原油中的轻组分（C_1+N_2）会影响二氧化碳在地层原油中的溶解，其含量越高越不利于二氧化碳增溶膨胀驱油；中间烃组分（C_2—C_6）含量越高越有利于二氧化碳增溶膨胀驱油（二氧化碳的临界特性与C_2接近）。

南堡凹陷新近系油藏原油组分与组成分布特点（表2.1.1）：气烃C_1+N_2含量17.8%，中间烃C_2—C_6含量10.2%，轻烃C_7—C_{10}含量17%，C_{11+}重质含量55%，属于普通黑油油藏地层流体组成。

表2.1.2是本次二氧化碳增溶膨胀驱油实验用的高浅北区G104-5P11井地层原油组分与组成数据。按简化的拟组分表征方式，气烃C_1+N_2含量22.647%，中间烃C_2—C_6含量7.637%，轻烃C_7—C_{10}含量10.044%，C_{11+}重质含量58.505%，属于普通黑油油藏地层流体组成。

表 2.1.1 　南堡凹陷浅层油藏地层原油组分、组成数据 　　　　　　　单位：%

组分	高浅北		高浅南		柳南		庙浅		平均	
	摩尔组成	质量组成	摩尔组成	质量组成	摩尔组成	质量组成	摩尔组成	质量组成	摩尔组成	质量组成
CO_2	1.167	0.298			0.58	0.13	0.04	0.01	0.45	0.11
N_2	0.539	0.088	0.33	0.04	0.67	0.09	0.65	0.12	0.55	0.08
C_1	22.108	2.060	6.60	0.49	4.23	0.33	35.93	3.74	17.22	1.66
C_2	1.017	0.178	0.46	0.06	1.77	0.26	4.28	0.83	1.88	0.33
C_3	0.425	0.109	0.68	0.14	2.62	0.57	2.25	0.64	1.49	0.36
$i-C_4$	0.175	0.059	0.48	0.13	1.58	0.45	0.92	0.35	0.79	0.25
$n-C_4$	0.272	0.092	0.98	0.26	2.70	0.77	0.92	0.35	1.22	0.37
$i-C_5$	0.393	0.165	1.00	0.34	1.96	0.70	0.78	0.36	1.03	0.39
$n-C_5$	0.372	0.156	0.94	0.32	1.98	0.70	0.11	0.05	0.85	0.31
C_6	4.983	2.432	2.72	1.06	3.61	1.53	0.61	0.33	2.98	1.34
C_7	2.212	1.234	4.75	2.12	5.85	2.88	1.07	0.67	3.47	1.73
C_8	3.325	2.067	7.34	3.65	7.22	4.06	2.69	1.87	5.14	2.91
C_9	2.609	1.834	5.66	3.18	5.13	3.23	3.57	2.80	4.24	2.76
C_{10}	1.898	1.478	5.35	3.33	4.77	3.34	2.87	2.49	3.72	2.66
C_{11+}	58.505	87.75	62.71	84.88	55.33	80.96	43.31	85.39	54.96	84.75

表 2.1.2 　G104-5P11 井的井流物组分、组成数据 　　　　　　　单位：%

组分	摩尔组成	质量组成
CO_2	1.167	0.298
N_2	0.539	0.088
C_1	22.108	2.060
C_2	1.017	0.178
C_3	0.425	0.109
$i-C_4$	0.175	0.059
$n-C_4$	0.272	0.092
$i-C_5$	0.393	0.165
$n-C_5$	0.372	0.156

续表

组分	摩尔组成	质量组成
C_6	4.983	2.432
C_7	2.212	1.234
C_8	3.325	2.067
C_9	2.609	1.834
C_{10}	1.898	1.478
C_{11+}	58.505	87.752

注：C_{11+} 性质为相对密度 =0.8823，相对分子质量 =264.62。

$p-T$ 相图是地层油相态特征的直观图像。南堡凹陷新近系油藏原油典型 $p-T$ 相图如图 2.1.1 所示。

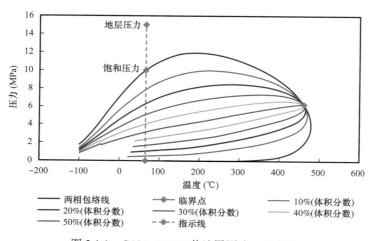

图 2.1.1　G104-5P129 井地层原油 $p-T$ 相图

图 2.1.2 是本次二氧化碳增溶膨胀驱油实验用的 G104-5P11 井地层原油 $p-T$ 相图，其特征表明地层原油为欠饱和的偏于重质的原油，地饱压差较大，可提供二氧化碳向其中加压注入时的增溶空间。

2）地层原油等组成膨胀和单次脱气 PVT 高压物性

地层原油等组成膨胀实验，主要用于评价地层原油在降压开采过程中的弹性能量强弱。通常用相对体积表征等组成膨胀过程中地层油气两相体积膨胀程度，相对体积随压力降低而增加则表示在溶解气析出过程中地层原油产生的弹性驱油能量强。地层油等组成膨胀程度越弱，通过加压注（吞）二氧化碳，地层油增溶后就会蓄积溶解气的弹性能量；在降压回采（吐）过程中，二氧化碳从地层油中不断逸出就会形成溶解气弹性驱油能量，同时还可能产生泡沫油流而有效降低原油黏度，二氧化碳增溶膨胀驱油的效果就更好。从表 2.1.3 给出的 G104-5P11 井地层原油等组成膨胀过程 PV 关系数据可以看出，当地层压力降到 4MPa 时，地层原油相对体积仅 1.35，表明其弹性膨胀能量很弱，有利于通过二氧化碳吞吐改善驱油效果而增加原油产量。

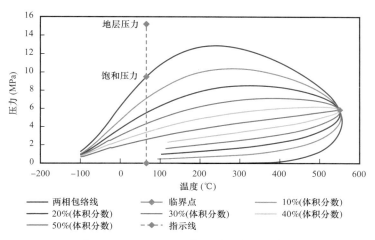

图 2.1.2　G104-5P11 井地层原油 $p-T$ 相图

表 2.1.3　G104-5P11 井地层流体地层温度下 PV 关系测试结果

压力（MPa）	相对体积	体积系数	密度（g/cm³）
15.0**	0.969682	1.086000	0.898300
13.0	0.975134	1.092106	0.893278
12.0	0.978982	1.096416	0.889766
11.0	0.983558	1.101540	0.885627
10.0	0.991514	1.110451	0.878520
9.5**	1.000000	1.119955	0.871065
8.0	1.020376	—	—
5.5	1.204428	—	—
4.0	1.348443	—	—

注：** 表示饱和压力。

　　地层原油单次脱气实验，目的是通过测定地层原油从高温高压状态降温降压到地面状态脱气后油气体积与组分组成、单次脱气气油比、原油体积系数与密度等高压物性的变化，分析和评价油溶解气量、从地层采至地面后体积收缩、原油密度和黏度变化。实验资料主要用于计算油气储量、判断原油品质等。其中原油密度和黏度等参数已成为筛选二氧化碳吞吐油藏的评价指标。从表 2.1.4 可以看出，高浅北区为低气油比欠饱和中等黏度原油油藏，在原始地层压力以下仍以单相流体存在，更适合采用二氧化碳吞吐（相对于以 CH_4 为主的干气和 N_2 气）。

表 2.1.4　G104-5P11 井主要数据

参数	取值
体积系数[*]	1.086
气油比（m^3/m^3）	33.775
气油比（m^3/t）	35.553
气体平均溶解系数［$mol/（m^3 \cdot Pa）$］	3.555
收缩率（%）	7.9
地层原油密度（g/cm^3）[*]	0.8983
20℃下脱气原油密度（g/cm^3）	0.95
脱气油摩尔质量（g/mol）	231.0146
饱和压力（MPa）	9.5
压缩系数（MPa^{-1}）	5.685×10^{-3}
地层压力下黏度（$mPa \cdot s$）	41.39

注：*表示地层温度和地层压力下的参数。

2. 地层原油加注二氧化碳增溶膨胀驱油机理

为研究不同比例二氧化碳对地层流体相态的影响，明确其增溶膨胀驱油作用，为数值模拟提供相态拟合基础参数，开展了室内实验：在地层压力下，将一定比例的二氧化碳气加入原油，按设计注入次数加气，每次加气后，逐渐加压，使注入气在原油中完全溶解并达到单相饱和状态；每次加入气体后，饱和压力和油气性质均会发生变化，测试和计算泡点压力、PV 关系、体积系数、密度等参数，分析注入二氧化碳对原油性质的影响规律[4-7]。

注入二氧化碳对地层油溶解气油比的影响如图 2.1.3 所示，随着注入量增加，溶解气油比逐渐增大，表明实验用 G104-5P11 井地层原油对二氧化碳具有较强的增溶潜力。

二氧化碳注入量对地层油饱和压力的影响如图 2.1.4 所示，注入二氧化碳后，实验用 G104-5P11 井原油饱和压力升高，但总体增幅较小，表明原油对二氧化碳溶解能力强、

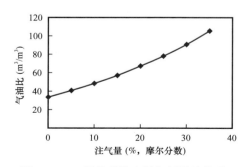

图 2.1.3　二氧化碳注入量与气油比关系

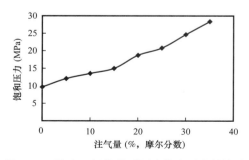

图 2.1.4　注入二氧化碳对原油饱和压力的影响

二者配伍性好。

注入二氧化碳对饱和地层油体积系数的影响如图 2.1.5 所示，注入二氧化碳后原油体积系数增大。

注入二氧化碳对饱和地层油密度的影响如图 2.1.6 所示，饱和地层油密度随注入量增加逐渐变小，有利于减弱二氧化碳在地层中的重力超覆现象。

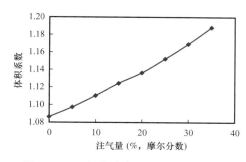

图 2.1.5　二氧化碳注入对地层原油体积
系数的影响

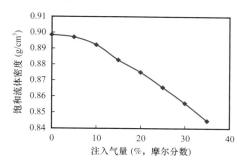

图 2.1.6　饱和压力下二氧化碳注入量与
原油密度关系

注入二氧化碳对饱和地层油黏度的影响如图 2.1.7 所示，原油黏度随注入量增加逐渐变小，有利于改善二氧化碳驱油的流度比，降低二氧化碳的气窜程度。

3. 注入气与地层油的混相机理及混相程度

1）注气过程地层油 p–T 相图动态变化

p–T 相图变化趋势可反映注入气与地层油混相程度，相图趋于轻质化的程度越显著，表明两者混相程度越高[7]。如图 2.1.8 所示，随注入二氧

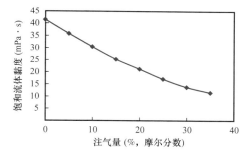

图 2.1.7　饱和压力下二氧化碳注入量与
原油黏度关系

化碳比例增加，相图从右向左偏移（轻质化），呈现从重质油体系向近临界流体转变的特征，显示二者具有一定程度的互溶混相特征，但未达到完全混相。

2）油藏流体注气多次接触混相机理

在注气驱替过程中，实现混相驱是提高石油采收率最有效的方法之一。在一定注气压力下，注入气能否实现混相驱采用注气多级接触拟三角相图来表征。

在 G104-5P129 井地层流体 PVT 相态实验和注气膨胀实验拟合基础上，模拟研究了两组不同注气压力下其地层流体注二氧化碳气的拟三角相图（图 2.1.9 和图 2.1.10）。对比图 2.1.9 和图 2.1.10 中的相包络线变化趋势，可得出以下认识：

在注入压力为目前地层压力（16MPa）时，地层原油能较好地增溶二氧化碳，同时二氧化碳也能抽提原油的中间组分，原油中较重质组分也被富化；随接触次数增加，富化的二氧化碳前缘气体与前缘地层油之间的增溶凝析和抽提作用逐渐减弱，直至相互远

离，泡点—露点两相包络线未能相交，说明在该压力下两者多次接触不能达到混相状态（图 2.1.9）。

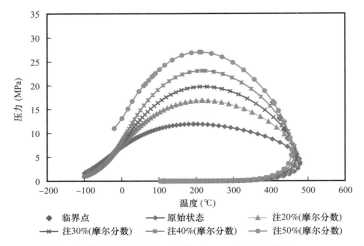

图 2.1.8　随注二氧化碳气量增加原油体系 p-T 相图变化（G104-5P129 井）

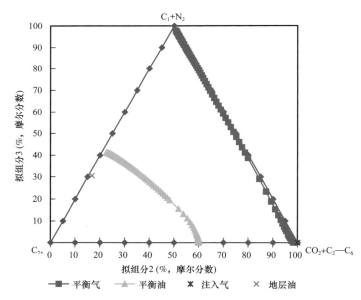

图 2.1.9　G104-5P129 井地层油注二氧化碳气拟三元相图（16MPa，65℃）

　　为明确地层原油与二氧化碳的混相压力，需不断提高注入压力，当其达到 62MPa 时，泡点—露点两相包络线基本相交，表明二者混相（图 2.1.10）。二氧化碳通过不断抽提原油的中间组分和较重质组分而被加富，富化的二氧化碳混合气不断向前继续与地层原油接触并不断被加富，最后形成富含中间烃的二氧化碳气，与地层油达到多级接触混相（向前接触混相或蒸发混相）。后缘的地层原油被二氧化碳抽提后，又不断与新鲜的二氧化碳接触、被抽提，形成高含重质烃的油相。

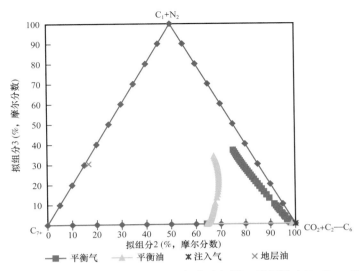

图 2.1.10　G104-5P129 井地层油注二氧化碳气拟三元相图（62MPa，65℃）

3）注入二氧化碳后地层油体系的 p-x 相图

在拟合 G104-5P11 井地层流体注二氧化碳膨胀实验结果基础上，模拟得到地层原油体系 p-x 相图（图 2.1.11）。由图 2.1.11 可见，二氧化碳一次接触的混相压力接近 80MPa、注入总量要达到 85% 以上，两者才能混相，G104-5P11 井二氧化碳吞吐驱油机理主要为非混相驱。

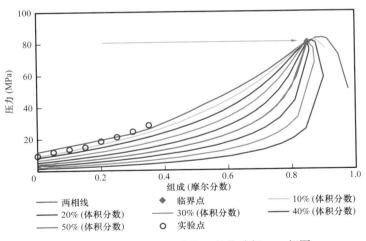

图 2.1.11　G104-5P11 井注二氧化碳气 p-x 相图

4）注气量增加在吞吐过程中释放的弹性膨胀驱油能量

随着注气量的增加，其在地层原油中的溶解量增加，在反向降压过程中，溶解气释放出来形成气体弹性膨胀驱油的能量也增加，可进一步提高驱油效率。图 2.1.12 展示了等组成膨胀过程中两相（地层原油与注入的二氧化碳气）体积膨胀倍数，当地层原油中溶解的二氧化碳气体达到 50%（摩尔分数）时，降压后气体释放后两相体积膨胀程度可达 3 倍以上。

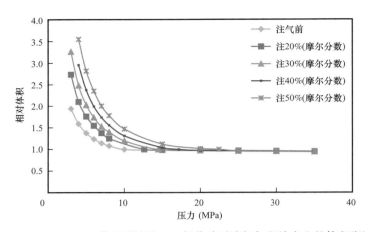

图 2.1.12　G104-5P129 井地层油注入二氧化碳后溶解气释放产生的体积膨胀效果

4. 注气驱相平衡模拟计算基本原理

前述有关注入气与地层原油混相程度的模拟研究的理论方法，是基于油气藏烃类体系相平衡物质平衡方程计算得到。运用相平衡物质平衡方程开展注气机理模拟研究的基本假设条件：（1）整个开采过程中，油气层温度保持不变；（2）油气藏开采前后，烃孔隙空间是定容的（忽略岩石膨胀的影响）；（3）孔隙介质表面润湿性、吸附和毛细管凝聚作用对油气体系相态变化的影响忽略不计；（4）开采过程中，油气藏任一点处油气两相间的相平衡可在瞬间完成。

运用相平衡方程开展注气相平衡计算涉及的热力学相平衡参数：

p，T——油藏压力、温度；

F_i——气液相逸度相等平衡条件目标函数（i=1，2，$\cdots$，n 为组分数）；

F_{n+1}——气液相组成归一化平衡条件目标函数 $\left[\sum\left(y_i-x_i\right)=0\right]$；

f_g，f_c——气、液相逸度；

x_i，y_i——气、液相中 i 组分的摩尔组成；

z_i——油气体系总组成；

K_i——平衡常数（$K_i=y_i/x_i$）；

n_g，n_l——气、液相摩尔分数；

Z_g，Z_l——平衡气、液相偏差因子（可由状态方程计算得到）。

油藏烃类体系注气相平衡计算模型是在等温闪蒸计算的相平衡条件方程组、热力学平衡条件方程组基础上建立的。

1）注气多次接触过程相态模拟

多次接触过程中，注入气体—地层原油之间通过传质引起的 PVT 相态特征和物性参数变化是认识其驱替机理和效果的主要因素。由于有些重要物性参数（如黏度、密度等）通过实验很难直接和准确得到，且实验过程中因测试工作量大油气接触次数往往受限，因此，注气过程驱替机理的研究必须通过对气驱油多次接触过程的相平衡模拟计算来实现。

（1）注气驱油前缘（向前）接触过程的相平衡计算原理。

假设向地层原油的连续注气过程可分解为离散的多次接触过程来实现，每次接触过程为有限的一定量气体与地层油接触。设每一次注入气与原油混合时的摩尔比例为 m，其中原油摩尔数设为 1，则注入气摩尔数为 m。设原油摩尔组成为 z_{oi}，注入气摩尔组成为 z_{ini}，则第一次接触后混合物的摩尔组成为：

$$z_i = \frac{mz_{ini} + z_{oi}}{m+1} \tag{2.1.1}$$

对于注气驱前缘（向前）接触混相过程，第一次接触闪蒸平衡后的气相与新鲜原油混合比例仍为 m，于是，向前接触混相过程中，第 k 次接触时油气体系混合物组成为：

$$z_i = \frac{my_i^{k-1} + z_{oi}}{m+1} \tag{2.1.2}$$

式中 y_i^{k-1}——接触 $k-1$ 次后的平衡气相组成。

故由第 k 次闪蒸相平衡的各组分热力学逸度相等，以及物质量归一化模型构成的相平衡方程组为：

$$\begin{cases} F_1(x_i, y_i, p, T) = f_{1l} - f_{1g} = 0 \\ F_2(x_i, y_i, p, T) = f_{2l} - f_{2g} = 0 \\ \cdots\cdots \\ F_n(x_i, y_i, p, T) = f_{nl} - f_{ng} = 0 \\ F_{n+1}(x_i, y_i, p, T) = \sum \dfrac{\left(my_i^{k-1} + z_{oi}\right)\left(K_i - 1\right)}{\left[1 + (K_i - 1)n_g\right](m+1)} = 0 \end{cases} \tag{2.1.3}$$

（2）注气驱油后缘（向后）接触过程的相平衡计算原理。

对于后缘（向后）接触混相过程，注入新鲜气按比例 m 与平衡后的液相接触，对于第 k 次接触，其混合物组成为：

$$z_i = \frac{mz_{ini} + x_i^{k-1}}{m+1} \tag{2.1.4}$$

式中 x_i^{k-1}——接触 $k-1$ 次后的平衡液相组成。

因此，第 k 次向后接触闪蒸平衡计算模型为：

$$\begin{cases} F_1(x_i, y_i, p, T) = f_{1l} - f_{1g} = 0 \\ F_2(x_i, y_i, p, T) = f_{2l} - f_{2g} = 0 \\ \cdots\cdots \\ F_n(x_i, y_i, p, T) = f_{nl} - f_{ng} = 0 \\ F_{n+1}(x_i, y_i, p, T) = \sum \dfrac{\left(mz_{ini} + x_i^{k-1}\right)\left(K_i - 1\right)}{\left[1 + (K_i - 1)n_g\right](m+1)} = 0 \end{cases} \tag{2.1.5}$$

基于上述方程组（2.1.3）和方程组（2.1.5），同时选择基于范德华理论的适合于多组分混合体系相平衡计算的状态方程，通过编程即可实现注气驱油多次接触过程的相平衡模拟计算，得到油气两相间传质引起的 PVT 相态特征和物性参数（油气组成、露点压力、泡点压力、界面张力、黏度、密度等）变化规律，明确混相或非混相驱油机理。

2）注气驱过程 p–x 相图模拟计算

注气引起的地层原油饱和压力变化和相态转变关系用 p–x 相图表征。注气过程中油气烃类体系完整的 p–x 相图模拟计算，是在油藏温度条件下有限泡点、露点压力测试基础上，运用气液相平衡热力学原理，结合热力学状态方程模型，通过模拟计算获得的。基于 p–x 相图和其他实验，可以有效研究混相机理和混相类型。

在油气田开发过程中，地层原油饱和度分布是关注的重点，需要建立以体积等比例关系为基础的 p–x 相图计算方法，该方法的构建过程如下：

取物质的量为 1mol 的油气体系为基础，在某一温度、压力下达到气液平衡，设平衡气相的体积为 V_g，液相体积为 V_l，液相相对体积为 V_{rl}，并定义：

$$V_{rl} = \frac{V_l}{V_g + V_l} \tag{2.1.6}$$

则 V_{rl} 反映一定温度、压力下，油气体系中平衡液相体积占体系总体积的比例。由经验 Z 因子状态方程 $pV=ZnRT$，可将式（2.1.6）改写为：

$$V_{rl} = \frac{Z_l n_l}{Z_g n_g + Z_l n_l} \tag{2.1.7}$$

因所研究的油气体系总量为 1mol，有 $n_g+n_l=1$，则 $n_l=1-n_g$，代入式（2.1.7）并解得：

$$n_g = \frac{Z_l(1-V_{rl})}{V_{rl}Z_g + Z_l(1-V_{rl})} \tag{2.1.8}$$

把式（2.1.8）代入前述热力学平衡计算模型中可得：

$$\begin{cases} F_1(x_i, y_i, p, X) = f_{1l} - f_{1g} = 0 \\ F_2(x_i, y_i, p, X) = f_{2l} - f_{2g} = 0 \\ \cdots\cdots \\ F_n(x_i, y_i, p, X) = f_{nl} - f_{ng} = 0 \\ F_{n+1}(x_i, y_i, p, X) = \sum \dfrac{\left[z_{oi} + X(z_{ini} - z_{oi})\right](k-1)\left[Z_l + (Z_g - Z_l)V_{rl}\right]}{K_i\left[z_{oi} + X(z_{ini} - z_{oi})\right] + (Z_g - K_i Z_l)V_{rl}} = 0 \end{cases} \tag{2.1.9}$$

相平衡方程组（2.1.9）即为按体积等比例关系实现 p–x 相图计算的热力学模型。据前述液相相对体积定义，在方程组（2.1.9）的 F_{n+1} 式中，当 $V_{rl} \to 1$ 时，即对应于相图中泡点线的计算；当 $V_{rl} \to 0$ 时，即对应于露点线的计算；当 V_{rl} 在 0~1 范围内取任一值（如 0.1，

0.2，…，0.5）时，则得到 $p-x$ 相图中以体积等比例关系表示的液量等比例线的计算结果。图 2.1.9 至图 2.1.11 即是在实验基础上用上述相平衡模拟方法计算得到。

二、二氧化碳吞吐过程形成泡沫油流效应

一些稠油油藏开采实践表明，溶解气驱过程中，气体在气相饱和度较低时就开始流动，但流度很低且随气相饱和度增加提高得并不明显，原因是地层中形成了泡沫油流，气相呈分散气泡随油相一起流动所致。研究发现，地层中一旦形成泡沫油流，会显著降低稠油黏度，改善稠油流动性而提高采收率。可以利用泡沫油流改善稠油油藏注气吞吐驱油效果[8-11]。

泡沫油流是一种油包气的分散相，其性质比较复杂，其构象与常规泡沫有一定相似性。从热力学角度讲，泡沫油和常规泡沫一样并不稳定，油气两相经过一段时间后会发生分离。泡沫油的性质不仅依赖于压力和温度，还依赖于其所处的流动条件与流动过程，其性质主要体现在：① 压缩性：由于气体压缩性比液体压缩性大很多，相当体积分数的气体掺混并分散于油相时，该分散相总的压缩性主要由气相来控制，包含有分散气泡的原油的压缩性要比单相原油的压缩性大。② 黏度：如果将泡沫油气液分散相作为一种拟单相流体来研究时，其表观黏度会有所降低，Smith 曾推导出常规稠油泡沫油的表观黏度为 $100\sim500\mathrm{mPa\cdot s}$，直接测量单相原油的黏度为 $1700\sim3500\mathrm{mPa\cdot s}$。③ 稳定性：泡沫油体系属于热力学不稳定体系，分散的气泡对其异常的生产特性起着重要作用，气泡稳定性是泡沫油稳定性的前提，气泡成核、生长、合并和破裂过程均对泡沫油稳定性有影响，主要影响因素有原油组成、表面张力、原油黏度、温度、压力及其衰竭速度等。

Bora 认为，溶解气驱油藏中气泡的形成一般包括四个过程[8-11]：（1）过饱和状态。当原油中溶解气量比平衡条件下的溶解气量多时，系统就处于非平衡态，非平衡程度用过饱和度来描述。由亨利定律可知，系统饱和压力与溶解气浓度成正比，过饱和度为平衡压力与系统压力之差。（2）气泡形成。Bora 通过实验研究发现，油藏中过饱和度超过某一临界值时，就会引起气泡成核，微粒杂质及多孔介质壁面可作为气泡成核的位置，对于水湿模型，水滴位置也可以形成气泡核。（3）气泡合并。Bora 通过实验观察，总结出气泡合并过程：在快速衰竭实验的气泡运移及慢速衰竭实验两个相邻气泡变大的过程中，气泡相互靠近；当气泡相接触时，合并开始（两个气泡的液膜不断变薄）；当气泡液膜达到临界厚度时，两个气泡完成合并。（4）气泡分裂。Bora 在实验中观察到的气泡分裂现象主要以卡断形式为主，发生在两个相邻的孔隙中和气流流经的孔喉处，从这点来看，气泡分裂可能是一个重要机理。气泡成核、合并、分裂的过程决定了气泡大小分布。

在泡沫油溶解气驱中，生长的气泡将长期分散于油相中，泡沫油特性的主要影响因素：（1）过饱和度。在一定温度、压力下，当溶解气量超过相应的平衡值时，气体在液相体系中处于过饱和状态。在多孔介质中，平衡压力和系统压力之间的差别由毛细管力和非平衡现象引起，在低渗透油藏中毛细管力作用对过饱和的影响非常显著。（2）临界气相饱

和度。在溶解气驱过程中，临界气相饱和度是一个重要参数，微小气泡数量增加可使其变大，气油界面张力增大则会使其降低。（3）原油黏度。在泡沫油溶解气驱条件下，脱气原油黏度越高，泡沫油流越稳定，具体表现为分散气泡所占体积增加，泡沫油流持续时间大幅度延长。（4）压力衰竭速度。压力衰竭速度高，有利于气相保持分散状态和提高原油采收率。压力衰竭速度高，产生的过饱和度就高，压力梯度也就越高，从而有利于产生更多气泡、有利于气泡分裂成更小的气泡。（5）溶解气油比。原油中溶解气含量对采收率有着重要影响，高溶解气油比产生高饱和压力，从而有利于溶解气驱（提高衰竭压差，增加溶解气驱作用时间）。

G104-5P129井地层原油实验。实验步骤：（1）模拟目前地层温度，测试压力从25MPa开始逐步降压，观测不同压力下出现泡沫油的压力范围；（2）模拟目前地层温度，测试不同压力下泡沫油流的稳定时间；（3）模拟目前地层压力，测试不同温度下泡沫油流稳定时间。测试结果如图2.1.13至图2.1.16所示。由于该井原油黏度较低，压力衰竭过程中油中析出的二氧化碳形成较弱的泡沫油流且稳定时间较短，在低于泡点压力附近，气泡很快与原油分离，形成稳定泡沫油的时间也较短。

图2.1.13　30℃时降压观测泡沫油实验图

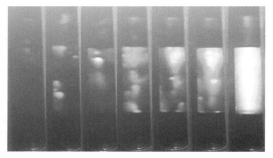

图2.1.14　50℃时降压观测泡沫油实验图

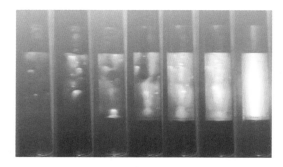

图2.1.15　65℃时降压观测泡沫油实验图

图2.1.16　长细管二氧化碳驱替常规稠油过程采出的泡沫油实验图

三、二氧化碳吞吐过程的控水增油效应

冀东油田的实践证明，二氧化碳吞吐可产生比较显著的控水增油效果，其机理可通过

二氧化碳在地层水中溶解、再释放过程对地层水高压物性的影响研究和气泡水阻水实验测试来研究[11-12]。

1. 二氧化碳在地层水中的溶解度

1）注气压力对二氧化碳在地层水中溶解度的影响

注入过程中，随着二氧化碳在地层水中溶解量增加，增溶膨胀作用将可动地层水驱替至地层深部，使近井区含水饱和度降低；吐气过程中，溶解的二氧化碳气释放出来并形成类似"汽水"的泡沫水，泡沫水产生贾敏效应阻止地层水向井流动而起到控水作用。从图 2.1.17 和图 2.1.18 可看出，在地层温度下，气油比和体积系数随着饱和压力增加逐渐增加，高压下增加幅度更显著。

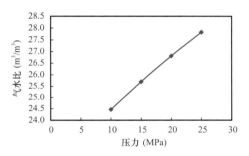

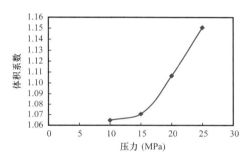

图 2.1.17　模拟目前地层温度 65℃下地层水饱和二氧化碳不同压力下气水比变化　　图 2.1.18　模拟目前地层温度 65℃下地层水饱和二氧化碳不同压力下体积系数变化

2）地层水矿化度对二氧化碳溶解度的影响

从图 2.1.19 和图 2.1.20 可看出，随地层水矿化度增加，二氧化碳溶解气水比、地层水体积系数有所降低，说明地层水矿化度会影响二氧化碳增溶膨胀、形成泡沫水的控水效果。

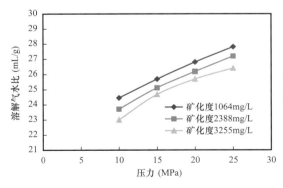

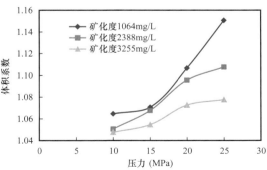

图 2.1.19　二氧化碳在不同矿化度地层水中溶解气水比变化　　图 2.1.20　二氧化碳溶解后不同矿化度地层水体积系数变化

2. 降压过程中二氧化碳从地层水中释放对气水两相体积的影响

吐气过程中，溶解在地层水中的二氧化碳释放量较大时，更易形成泡沫水，泡沫水产生的贾敏效应会降低水相渗透率，有效阻止地层水向井流动，起到控水增油效果。

吐气过程中地层水的二氧化碳释放量可通过等组成膨胀 PV 关系实验测定。从图 2.1.21 至图 2.1.24 可以看出，降压到 10MPa 之后二氧化碳释放量会显著增加，会产生较强的"气泡水"贾敏效应。

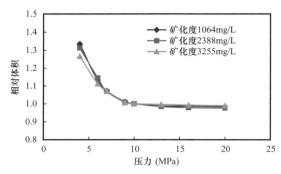

图 2.1.21　饱和压力 10MPa 下不同地层水矿化度　图 2.1.22　饱和压力 15MPa 下不同地层水矿化度
　　　　　　PV 关系曲线　　　　　　　　　　　　　　　　　PV 关系曲线

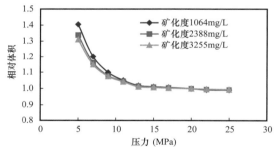
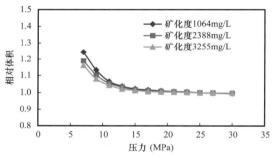

图 2.1.23　饱和压力 20MPa 下不同地层水矿化度　图 2.1.24　饱和压力 25MPa 下不同地层水矿化度
　　　　　　PV 关系曲线　　　　　　　　　　　　　　　　　PV 关系曲线

3. 降压过程中二氧化碳气泡水阻水机理及效果实验观测

以高浅北区（原油饱和压力 9.5MPa，气油比 35～45，地层原油黏度 41.39mPa·s）二氧化碳吞吐控水增油效果分析为基础，通过长细管填砂渗流模型实验研究其控水增油机理。

1）实验设计

为认识二氧化碳控水机理，结合该区块生产实际，对可能出现的二氧化碳从水中逸出后在储层孔隙中产生的附加阻力现象（贾敏效应）进行室内实验研究。实验采用采出端可观测的长细管填砂渗流模型（表 2.1.5），模拟地层压力 15MPa、温度 65℃条件下，测试饱和二氧化碳的地层水在压降过程中二氧化碳气泡析出后的泡沫水流动状态与产生的渗流阻力（图 2.1.25）。

表 2.1.5　细管参数表

直径（mm）	长度（cm）	孔隙体积（cm³）	孔隙度（%）	渗透率（D）
4.4	2000	119.91	39.43	10.8

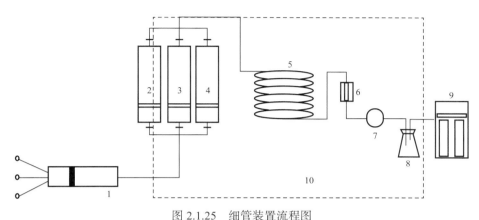

图 2.1.25　细管装置流程图

1—驱替泵；2—死水（死油）；3—活水（活油）；4—注入气；5—细管；6—观察窗；
7—回压阀；8—分离器；9—气量计；10—恒温空气浴

实验方案设计：向细管中注入纯地层水至压力 15MPa，接着注入饱和有二氧化碳的地层水驱替纯地层水，饱和量为长细管孔隙体积 2PV；关闭入口阀门，控制回压，从 15MPa 逐步降至 5MPa，每次降低 2.5MPa，共降低四次，对衰竭全过程录像并测试压差和流量。

2）实验结果分析

气泡水流状态观测。通过录像观测（图 2.1.26），在降压过程中，细管中发生了明显脱气。开始是形成"汽水"效应；随着降压过程进行，细管中脱出的气泡越来越多，分散在水相中的气泡逐渐增大，符合前述预测结果。

气泡水贾敏效应实验测试：先向细管饱和纯地层水至压力 15MPa，注入饱和二氧化碳活水 1.5～2PV，待出口流量和进出口压差稳定后记录流量和压差，计算 15MPa 下细管渗透率 K_1。将配样器压力降至 10MPa，排出分解出的气体，关闭入口阀门，回压调至 10MPa，降压至出口没有流出物，管中有很多分散在水中的气泡，继续向细管饱和活水，待出口流量和进出口压差稳定后记录流量和压差，计算 10MPa 下细管渗透率 K_2。将配样器压力降至 5MPa，并排出分解出的气体，关闭入口阀门，回压调至 5MPa，降压至出口没有流出物，可见管中有更多分散在水中的气泡；继续向细管中饱和活水，待出口流量和进出口压差稳定后记录流量和压差，计算 5MPa 下的细管渗透率 K_3（表 2.1.6）。

结果显示：二氧化碳从地层水中脱气后，原本的单相流体变成了两相流体，且气相分散于液相中。对比 K_1、K_2，分散气泡在孔道中产生了附加阻力（贾敏效应），使岩石渗透率下降；对比 K_2、K_3，分散气泡越多，在孔道中产生的附加阻力越大，岩石渗透率降低幅度越大。

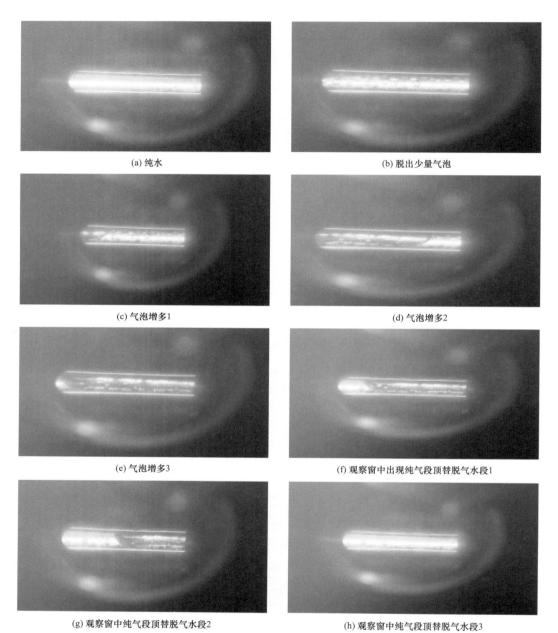

(a) 纯水

(b) 脱出少量气泡

(c) 气泡增多1

(d) 气泡增多2

(e) 气泡增多3

(f) 观察窗中出现纯气段顶替脱气水段1

(g) 观察窗中纯气段顶替脱气水段2

(h) 观察窗中纯气段顶替脱气水段3

图 2.1.26　长细管填砂渗流模型二氧化碳气泡产生的渗流阻力效应图示

表 2.1.6　不同压力下细管渗透率值

K_1（D）	K_2（D）	K_3（D）
3.516	3.183	2.016

产生贾敏效应的理论分析如下：

（1）气泡（或油柱）处于静止状态。

当气泡（油滴）半径大于毛细管孔道半径后，气泡变成柱状，对壁管产生一种挤压力。

柱形曲面产生指向管心的毛管力为 p_1：

$$p_1 = \frac{\sigma_{gw}}{r} \qquad (2.1.10)$$

式中　σ_{gw}——气液两相界面张力，N/mm；

　　　r——柱形曲面的曲率半径，mm。

球形曲面产生的毛细管力为 p_2：

$$p_2 = \frac{2\sigma}{R} \qquad (2.1.11)$$

式中　σ——两相界面张力，N/mm；

　　　R——球形曲面的曲率半径，mm。

（2）珠泡流动到孔道窄口的遇阻情况。

当珠泡流动到孔道窄口时遇阻，珠泡欲通过狭窄孔喉，界面变形，前后端弯液面曲率不同，随着阻力增加，产生毛细管效应附加阻力 p，见式（2.1.12）。

$$p = 2\sigma\left(\frac{1}{R'} - \frac{1}{R''}\right) \qquad (2.1.12)$$

式中　σ——两相界面张力，N/mm；

　　　R'——孔道狭窄处珠泡曲率半径，mm；

　　　R''——孔道处珠泡曲率半径，mm。

液滴通过孔道狭窄处时变形产生附加阻力的现象称为"液阻效应"，气泡通过窄口时产生附加阻力效应的现象称为"气阻效应"，或称贾敏效应。推而广之，可将固相微粒运移至窄口时堵塞喉道的效应称为"固阻效应"。

由以上分析看出，两相流动时，特别是当一相连续，另一相可能不连续且呈分散状于另一相时，由于岩石中孔道大小不一、孔喉很多，各种阻力效应十分明显。

四、二氧化碳吞吐控水驱油渗流特征

通过岩心高压水驱油、高压二氧化碳驱油过程相渗曲线及两相渗流机理对比分析，研究二氧化碳吞吐控水增油的有效性，同时为二氧化碳吞吐方案设计数值模拟研究提供实验基础数据。

1. 实验设计

实验装置：为更好地反映出二氧化碳吞吐驱油过程渗流特征，采用高温高压岩心驱替实验装置进行实验（图2.1.27），其主要技术指标，室温至180℃，常压至50MPa。

图 2.1.27　高温高压岩心驱替实验装置

实验流程：（1）岩心准备完成后，装入夹持器，用酒精、石油醚进行清洗，烘干抽真空；（2）饱和地层水并记录；（3）油驱水至束缚水状态，记录驱出地层水、计算束缚水量；（4）测试束缚水状态下的油相渗透率；（5）水（气）驱油至残余油饱和度，记录不同含水（气）饱和度条件下的水（气）相、油相渗透率。

2. 二氧化碳驱油两相渗流特征分析

1）相渗曲线归一化分析

为获得具有代表性实验数据，选取高浅北区储层物性相近的两个标准圆柱岩心开展地层温度压力条件下二氧化碳驱油流动实验，处理后得到归一化相渗曲线（图 2.1.28）。

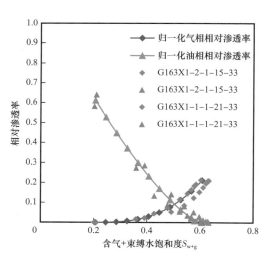

图 2.1.28　气驱油的相渗实验数据归一化油气相渗曲线

由图 2.1.28 可见，二氧化碳驱油过程中，随着含气饱和度增加，油相渗透率快速降低，气相渗透率呈现初期缓慢增加、后续增速加快的特征，交点含气＋束缚水饱和度略大于 50%。气相相渗曲线"抬头"趋势增强，具有一般高渗透常规稠油油藏非混相气驱相渗特征，有利于二氧化碳在注入过程中越过近井区剩余油墙向油层深部推进，从而更充分地与地层原油接触[8]。

实验岩心物性参数及结果（气驱油相渗）见表 2.1.7。可以看出，二氧化碳驱残余油饱和度平均 38.3%，气驱油效率平均 51.88%，属中等范围，有利于二氧化碳吞吐后采油时驱替近井区剩余油。

表 2.1.7　实验测试岩心物性参数及测试结果（气驱油相渗）

井号	岩心编号	长度（cm）	直径（cm）	孔隙度（%）	渗透率（mD）	束缚水饱和度（%）	残余油饱和度（%）	驱替效率（%）
G163X1	2-1-15-33	5.06	2.42	32.66	2606	20.83	36.80	53.52
G163X1	1-1-21-33	4.99	2.43	32.07	2755	20.04	39.79	50.24

2）二氧化碳驱油渗流特征

（1）油气分流曲线。

基于贝克莱—列维尔特一维渗流理论，根据平均油气相对渗透率、地层原油黏度、气体黏度，可计算出二氧化碳驱油过程油气分流曲线（图 2.1.29）。二氧化碳气驱前缘含气饱和度呈现典型的"F"形曲线，表明二氧化碳呈现较强的非混相驱特征，由于二氧化碳气体流度比大，一旦突破，油井含气会快速上升，后期也不具备提液驱油潜力，这可能意味着采用二氧化碳吞吐驱油更适合。

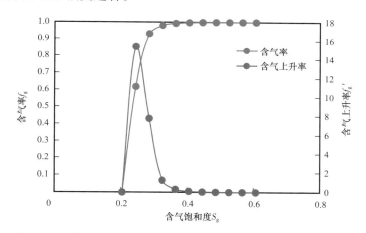

图 2.1.29　岩心气驱油含气率和含气上升率与含气饱和度关系曲线

根据贝克莱—列维尔特（Buckley-Leverett）方程，可得到两相区内任一点位置。

$$x - x_0 = \frac{f_g'\left(S_g\right)}{\phi A}\int_0^t q\mathrm{d}t \tag{2.1.13}$$

式中　x——两相区任一点位置，cm；

　　　x_0——两相区的初始位置，cm；

　　　$\int_0^t q\mathrm{d}t$——两相区形成（$t=0$）到 t 时刻渗入两相区的总量（或从 0 到 t 采出的油气

　　　　　总量）；

　　　S_g——含气饱和度；

　　　ϕ——岩心孔隙度；

　　　A——岩心横截面积，cm^2。

由式（2.1.13）可以得到各个时刻地层内各点饱和度的分布。其中 t 时刻的前缘位置可以表示为：

$$x_{\mathrm{f}} - x_0 = \frac{f_{\mathrm{g}}'\left(S_{\mathrm{gf}}\right)}{\phi A}\int_0^t q\mathrm{d}t \qquad （2.1.14）$$

由于 $\mathrm{d}f_{\mathrm{g}}/\mathrm{d}S_{\mathrm{g}}$—$S_{\mathrm{g}}$ 曲线的多值性，由式（2.1.14）得到的曲线前缘部分会出现多值情况，这显然不符合实际，因此需确定两相区前缘含气饱和度 S_{gf}，S_{gf} 值确定之后，S_{g} 变化区域就确定了。在 f_{g}—S_{g} 曲线上，过点 $\left(S_{\mathrm{gi}}, 0\right)$ 作 f_{g} 的切线交于 A，过 A 点作横轴垂线，与横轴交点即为前缘含气饱和度。

确定了前缘含气饱和度，由式（2.1.14）即可确定 t 时刻前缘位置。孔隙度取岩心实际值 32.365%，横截面积为 4.616cm^2，驱替速度为 0.08cm^3/s，根据式（2.1.14）求 t=10s 时的含气饱和度分布（图 2.1.30）。可见，二氧化碳非混相驱油前缘含气饱和度 25% 左右，呈现明显非活塞驱特征。

（2）二氧化碳驱油渗流阻力。

油气两相单向流动时两相区的渗流阻力表达式：

$$\Omega = \frac{\mu_{\mathrm{g}}}{KA}\frac{\left(x_{\mathrm{f}} - x_0\right)}{f_{\mathrm{g}}'\left(S_{\mathrm{gf}}\right)}\int_0^{f_{\mathrm{g}}'\left(S_{\mathrm{gf}}\right)}\frac{f\left(S_{\mathrm{g}}\right)}{K_{\mathrm{rg}}}\mathrm{d}f_{\mathrm{g}}'\left(S_{\mathrm{g}}\right) \qquad （2.1.15）$$

式中　Ω——渗流阻力，MPa/（cm^3/s）；

μ_{g}——气相黏度，mPa·s；

K——渗透率，mD；

K_{rg}——气相相对渗透率。

式（2.1.15）中积分数值可用图解法求出，其中 $f_{\mathrm{g}}'\left(S_{\mathrm{gf}}\right)$ 值由含气率与含气上升率、含气饱和度之间的关系曲线求得。在 $S_{\mathrm{gf}}<S_{\mathrm{g}}<1-S_{\mathrm{or}}$ 区间内，给定任意 S_{g} 值，由相对渗透率曲线求出 $f_{\mathrm{g}}\left(S_{\mathrm{g}}\right)/K_{\mathrm{rg}}$、$f_{\mathrm{g}}'\left(S_{\mathrm{g}}\right)$，于是可以作出 $f_{\mathrm{g}}\left(S_{\mathrm{g}}\right)/K_{\mathrm{rg}}$—$f_{\mathrm{g}}'\left(S_{\mathrm{g}}\right)$ 关系曲线（图 2.1.31）。基于 $f_{\mathrm{g}}\left(S_{\mathrm{g}}\right)/K_{\mathrm{rg}}$—$f_{\mathrm{g}}'\left(S_{\mathrm{g}}\right)$ 关系曲线可进一步确定不同渗透率范围岩心气驱油的渗流阻力大小。

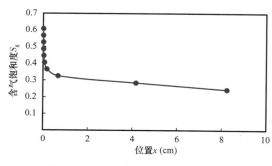

图 2.1.30　岩心的含气饱和度分布图

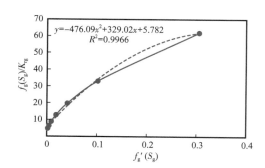

图 2.1.31　岩心的 $f_{\mathrm{g}}\left(S_{\mathrm{g}}\right)/K_{\mathrm{rg}}$—$f_{\mathrm{g}}'\left(S_{\mathrm{g}}\right)$ 关系曲线

基于实验测试结果，计算岩样渗流阻力为 0.009MPa/（cm³/s）。受气相流度比大的影响，气驱渗流阻力小，易产生气窜。这进一步表明，二氧化碳在注入过程中快速越过近井区剩余油墙向油层深部推进，充分与地层油接触，产生增溶膨胀降黏作用，有利于二氧化碳反向吐出时驱替近井区剩余油。

3）水驱油相渗曲线特征分析

为了便于对比研究，用同样的两个岩心实验测试水驱油相渗曲线。

处理后得到归一化水驱油相渗曲线，如图 2.1.32 所示。可见，在水驱油过程中，随着含水饱和度增加，油相渗透率快速降低，水相渗透率缓慢增加，交点含水饱和度略大于 50%。水相相渗曲线"抬不起头"，呈现一般高渗透常规稠油油藏水驱相渗特征。

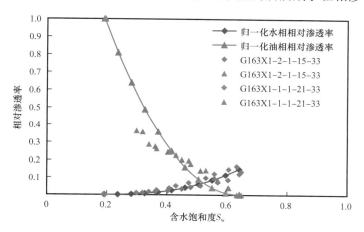

图 2.1.32　水驱油的相渗实验数据归一化油水相渗曲线

实验岩心物性参数及测试结果（水驱油相渗）见表 2.1.8。水驱残余油饱和度约为 35%，水驱油效率约为 55%，属中等范围。冀东常规稠油油藏水驱油效率与二氧化碳驱油效率接近。

表 2.1.8　实验测试岩心物性参数及测试结果（水驱油相渗）

井号	岩心编号	长度（cm）	直径（cm）	孔隙度（%）	渗透率（mD）	束缚水饱和度（%）	残余油饱和度（%）	驱替效率（%）
G163X1	2–1–15–33	5.06	2.42	32.66	2606	19.49	35.13	56.36
G163X1	1–1–21–33	4.99	2.43	32.07	2755	18.92	36.63	54.82

4）水驱油渗流特征

（1）油水分流曲线。

根据平均油水相对渗透率、地层原油黏度、水黏度，计算油水分流曲线，如图 2.1.33 所示。水驱前缘含水饱和度呈现典型"S"形曲线，见水初期具有一定携油能力，见水后含水率上升快且携油能力减弱。

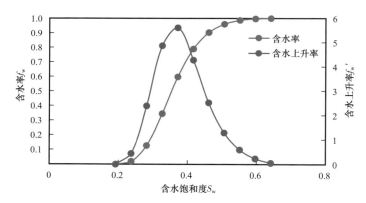

图 2.1.33　岩心水驱油含水率和含水上升率与含水饱和度关系曲线

根据贝克莱—列维尔特（Buckley-Leverett）方程，t 时刻水驱前缘位置可以表示为：

$$x_f - x_0 = \frac{f_w'\left(S_{wf}\right)}{\phi A} \int_0^t q \mathrm{d}t \qquad (2.1.16)$$

在 f_w—S_w 曲线上，过点（S_{wi}，0）作 f_w 切线交于 A，过 A 点作横轴垂线，与横轴交点为前缘含水饱和度。确定了前缘含水饱和度，由式（2.1.16）确定 t 时刻前缘位置。孔隙度取岩心实际值 32.365%，横截面积为 6.616cm^2，驱替速度为 0.08cm^3/s，根据式（2.1.16）求 t=10s 时的含水饱和度分布（图 2.1.34）。可见，水驱油前缘含水饱和度为 42%，呈现非活塞驱特征，略好于二氧化碳非混相驱。

（2）油水两相区渗流阻力。

与前述二氧化碳驱油渗流阻力分析过程相似，建立岩心的 $f_w\left(S_w\right)/K_{rw}$—$f_w'\left(S_w\right)$ 关系曲线（图 2.1.35），由此得到岩样水驱油的渗流阻力为 4.74MPa/（cm^3/s）。水驱渗流阻力大于二氧化碳驱油渗流阻力，有利于渗流阻力较低的二氧化碳突破水障，降低含水饱和度并抑制水的产出。

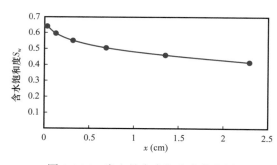

图 2.1.34　岩心的含水饱和度分布图

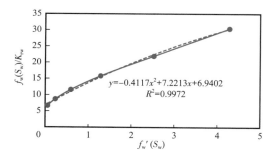

图 2.1.35　岩心的 $f_w\left(S_w\right)/K_{rw}$—$f_w'\left(S_w\right)$ 关系曲线

五、二氧化碳吞吐过程的驱油固相沉积机理

二氧化碳吞吐作为一种有效的提高采收率技术在冀东油田得到广泛应用并取得良好效

果，但多轮次吞吐后，效果逐渐变差，这可能与地层原油经二氧化碳多轮次接触萃取抽提轻烃组分导致胶质沥青质含量增高产生固相沉积有关[13]，因此，需要通过实验和分析认识其机理，为改善吞吐效果提供理论指导。

二氧化碳驱油固相沉积机理：二氧化碳吞吐过程是二氧化碳与原油多级接触相互传质过程，在此过程中二氧化碳会持续抽提原油中轻质组分而变富，同时部分二氧化碳也会溶解到原油中，地层原油轻组分不断被抽提、重质组分（包括石蜡、胶质和沥青质组分）不断增加，从而在地层温度下有可能出现固相沉积现象[13]。

通过多次接触实验可模拟这一过程并测试是否产生固相沉积。在地层温度与压力下，通过对接触前后气体、油样组分分析确定是否有原油沥青质沉积，并通过在线高压过滤器滤出沉积固体量，确定其固相沉积程度。实验表明，随接触次数增加，脱气原油密度逐渐增大（第 9 次实验结束时最大），分析认为二氧化碳抽提了油样的轻组分，中间烃组分（C_2—C_9）含量逐渐减少，C_{10}—C_{15} 组分含量变化不明显，重组分（C_{16+}）含量逐渐增加，导致脱气原油密度变大。当接触 9 次后，剩余地层原油轻组分已不能被二氧化碳抽提，脱气原油密度趋于稳定值 0.8880g/m³。

由图 2.1.36 可以看出，二氧化碳对地层原油的石蜡烃组分的抽提开始最多，之后总体上趋于减少；对胶质沥青质组分的抽提先增加后趋于减少，表明地层剩余油中可能会产生一定的沥青质沉淀。

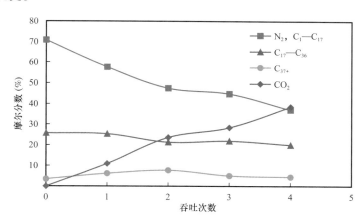

图 2.1.36　二氧化碳吞吐过程不同阶段采出油石蜡、胶质沥青质随吞吐次数的变化曲线

第二节　二氧化碳吞吐选井

二氧化碳吞吐选井过程中需要考虑的因素较多，同时各因素重要程度也不同，用经典数学方法来解决综合评价问题比较复杂、评价难度较大[14-17]。冀东油田根据地质、开发、工艺等方面的诸多因素对二氧化碳吞吐效果的敏感性及影响规律分析，分别采用层次分析方法和模糊综合评判方法建立了二氧化碳吞吐快速选井方法和选井效果评价方法（已专门

开发了应用软件）。

一、二氧化碳吞吐选井方法的理论基础

1. 层次分析法（AHP）

层次分析法是指将与决策有关的元素分解成目标、准则、方案等层次，并在此基础上进行定性和定量分析的一种层次权重决策分析方法。具体来说，就是将一个复杂的多目标决策问题作为一个系统，将目标分解为多个目标或准则，进而分解为多指标（或准则、约束）的若干层次，通过定性指标模糊量化方法算出层次单排序（权数）和总排序，进行目标（多指标）、多方案优化决策的系统方法。该方法是由美国运筹学家匹茨堡大学教授萨蒂于 20 世纪 70 年代初提出。

层次分析法适合于具有分层交错评价指标，且目标值难以定量描述的目标系统的决策问题。其主要特点是定性与定量决策相结合，按照思维、心理的规律把决策过程层次化、数量化。

1）层次分析法的基本原理

层次分析法根据问题的性质和要达到的总目标，将问题分解为不同的组成因素，并按照因素间的相互关联影响及隶属关系将其进行不同层次聚集组合，形成一个多层次的分析结构模型，从而最终使问题归结为最低层（供决策的方案、措施等）相对于最高层（总目标）的相对重要权值的确定或相对优劣次序的排定。

具体来说，它是将决策问题按总目标、各层子目标、评价准则直至具体的备投方案的顺序分解为不同的层次结构，然后用求解判断矩阵特征向量的办法，求得每一层次的各元素对上一层次某元素的优先权重，最后再用加权和的方法递阶归并各备择方案对总目标的最终权重，此时，最终权重最大者即为最优方案。

2）层次分析法基本步骤

（1）步骤一：分析系统中各因素间的关系，建立系统的递阶层次结构。

应用层次分析法分析决策问题时，首先要把问题条理化、层次化，构造出一个有层次的结构模型。在递阶层次结构模型内，复杂问题被分解为元素的组成部分，这些元素又按其属性及关系形成若干层次，上一层次的元素作为准则对下一层次的有关元素起支配作用。这些层次可以分为三类：① 最高层（目标层）：只有一个元素，一般是分析问题的预定目标或理想结果。② 中间层（准则层）：一般是为实现目标所涉及的中间环节，它可以由若干个层次组成，包括所需要考虑的准则、子准则。③ 最底层（方案层）：一般是为实现目标可供选择的各种措施、决策方案等。

递阶层次结构是层次分析法中最简单、最实用的层次结构形式，其层次数与问题的复杂程度、需要分析的详尽程度有关。一个好的层次结构对于解决问题是极为重要的，每一层次中各元素所支配的元素一般不要超过 9 个，支配的元素过多会给两两比较带来困难。

当一个复杂问题用递阶层次结构难以表示时，可以采用更复杂的扩展形式，如内部依存的递阶层次结构、反馈层次结构等。

（2）步骤二：对同一层次各元素按重要性进行两两比较，构造两两比较的判断矩阵。

递阶层次结构建立后，上下层元素间的隶属关系就确定了，下一步是确定各层次元素的权重。对于比较复杂的问题，元素的权重不容易直接获得，层次分析法利用决策者给出的两两比较的判断矩阵导出权重。

两两比较的判断矩阵是对同一层次各元素按重要性进行两两比较，对于两个元素中哪一个更重要、重要程度如何，决策者主要是按表 2.2.1 定义的比例标度对重要性程度赋值。

表 2.2.1　标度的含义

比例标度	含义
1	两个元素相比，具有相同的重要性
3	两个元素相比，前者比后者稍重要
5	两个元素相比，前者比后者明显重要
7	两个元素相比，前者比后者强烈重要
9	两个元素相比，前者比后者极端重要
2，4，6，8	表示上述相邻判断的中间值

（3）步骤三：计算单排序权向量并做一致性检验。

对于每个判断矩阵，计算最大特征值及其对应的特征向量，并利用一致性指标、随机一致性指标和一致性比率做一致性检验。若判断矩阵检验合格，特征向量（归一化后）即为权向量；若判断矩阵检验不合格，需要重新构造成对判断矩阵。

（4）步骤四：计算系统总排序权向量并做一致性检验。

构造系统（最下层对最上层）权重矩阵，计算各层次对于系统（最下层对最上层）总排序权向量，并利用总排序一致性比率进行检验，若权重矩阵检验合格，则可按总排序权向量表示的结果进行排序和决策；若权重矩阵检验不合格，需要重新修正判断矩阵，计算系统总排序权向量，直至一致性检验合格。

3）层次分析法的优缺点

（1）层次分析法的优点。① 是系统性的分析方法。它把研究对象作为一个系统，按照分解、比较判断、综合的思维方式进行决策；每一层的权重设置都会直接或间接影响结果，各层次中的每个因素对结果的影响程度都是量化的。② 简洁实用、易于掌握。它把多目标、多准则又难以全部量化处理的决策问题转化为多层次单目标问题，通过两两比较确定同一层次元素相对上一层次元素的数量关系后，进行简单的数学运算，结果简单明确。③ 所需的定量数据信息较少。这一方法主要是从评价者对评价问题的本质、要素的理解出发，把判断各要素的相对重要性转化为简单的权重计算，比一般的定量方法更讲求定性的分析和判断。

（2）层次分析法的局限性。① 层次分析法可以从备选方案中选择较优者，不能为决策者提供解决问题的新方案。② 层次分析法是一种带有模拟人脑决策方式的方法，分析过程中定量数据较少、定性成分多。③ 对于一些较普遍的问题，当选取指标数量过多时，数据统计量大且权重难以合理确定。

2. 模糊综合评判法

模糊综合评判法是一种基于模糊数学的综合评价方法，根据模糊数学的隶属度理论把定性评价转化为定量评价，即：用模糊数学对受到多种因素制约的事物或对象做出一个总体的评价。这一方法是由汪培庄于 20 世纪 80 年代初提出的，它具有结果清晰、系统性强的特点，能较好地解决模糊的、难以量化的问题，适合于各种非确定性问题的解决[15]。

1）模糊综合评判法基本原理

模糊综合评判法就是应用模糊变换原理和最大隶属度原则，考虑与评价对象相关的各种因素，对其所做的综合评价。它是建立在模糊数学基础上的一种模糊线性变换，特点是将评判中有关的模糊概念用模糊集合表示，进入模糊评判的运算过程，通过模糊变换得出一个对模糊集合的评价结果。

一般将被评判的事物称为评价对象。先建立影响评价对象的 n 个因素组成的集合，称为因素集：

$$U=(u_1, u_2, \cdots, u_n) \tag{2.2.1}$$

然后建立由 m 个评价结果组成的评价集

$$V=(v_1, v_2, \cdots, v_m) \tag{2.2.2}$$

再对各因素分配权值，建立权重集，即表示为权向量：

$$A=(a_1, a_2, \cdots, a_n) \tag{2.2.3}$$

式中：a_i 为对第 i 个因素的加权值。一般规定：

$$\sum_{i=1}^{n} a_i = 1 \tag{2.2.4}$$

对第 i 个因素的单因素模糊评价为 V 上的模糊子集：

$$R_i=(r_{i1}, r_{i2}, \cdots, r_{im}) \tag{2.2.5}$$

那么 V 上的评判矩阵为：

$$\tilde{R} = \begin{bmatrix} r_{11} & r_{12} & \cdots & r_{1m} \\ r_{21} & r_{22} & \cdots & r_{2m} \\ \vdots & \vdots & \cdots & \vdots \\ r_{n1} & r_{n2} & \cdots & r_{nm} \end{bmatrix} \tag{2.2.6}$$

则对该评判对象的模糊综合评判 B 是 V 上的模糊子集：

$$B = A \otimes R \qquad (2.2.7)$$

式中：$\otimes$ 表示 A 与 $\tilde{R}$ 的合成运算。

在模糊变换中，A 是 U 上的模糊子集（权重向量），$\tilde{R}$ 为评判矩阵，则 B 就是评价对象的评判结果矩阵。对于 $B = (b_1, b_2, \cdots, b_m)$，在实际应用时，一般作 A 与 $\tilde{R}$ 的相乘运算：

$$b_j = \sum_{i=1}^{n} a_i \times r_{ij}, \quad i = 1, 2, \cdots, n; \ j = 1, 2, \cdots, m \qquad (2.2.8)$$

式中：b_j 是第 j 个评价对象的评判结果（决策因子）。

2）模糊综合评判法的主要步骤

步骤 1：确定评价对象：不同情况的水平井。

步骤 2：分析影响因素：18 种地质、开发、工艺因素。

步骤 3：形成评判矩阵：给出一套评判矩阵建立方法。

步骤 4：确定不同因素的权重。

步骤 5：模糊变换，给出评判结论。

3）模糊综合评判法的优缺点

（1）模糊综合评价法具有结果清晰、系统性强的优点：① 模糊评价方法通过精确的数字手段处理模糊的评价对象，能对蕴藏信息呈现模糊性的资料做出比较科学、合理、贴近实际的量化评价；② 评价结果是一个矢量，而不是一个点值，包含的信息比较丰富，既可以比较准确地刻画被评价对象，又可以进一步加工，得到参考信息。

（2）模糊综合评价法的缺点：① 计算复杂，对指标权重矢量的确定具有一定的主观性；② 当指标集较大，即指标集个数较大时，在权矢量和为 1 的条件约束下，相对隶属度权系数往往偏小，权矢量与模糊矩阵不匹配，结果会出现超模糊现象，分辨率很差，无法区分谁的隶属度更高，甚至造成评判失败，此时需要用分层模糊评估法加以改进。

二、二氧化碳吞吐选井方法

基于 175 个典型模型 3 轮二氧化碳吞吐得到的敏感因素及其影响规律分析成果，利用层次分析法建立二氧化碳吞吐选井方法。在建立选井方法过程中，以增油量为指标，考虑地质因素和开发因素共 18 个，地质因素主要包括地层倾角、隔夹层位置、油层有效厚度、沉积韵律、非均质（洛伦兹系数），开发因素主要包括投产含水、产水段长度、产水段位置、产水段非均质程度、水平段位置、吞吐时机（含水率）、周期注气量、注气速度、焖井时间、开井后采液速度、平行井距离、平行井采液速度、吞吐轮次。确定各因素权重和层次单排序所用的增油量、降水程度等数据来自不同地质、流体、工艺参数条件下的二氧化碳吞吐增油降水数模结果。

1. 构造递阶层次结构

二氧化碳吞吐快速选井方法的递阶层次结构见表 2.2.2。

表 2.2.2　二氧化碳吞吐井优选的层次结构

目标层	Z 增油量
准则层	A1 地层倾角；A2 隔夹层位置；A3 油层有效厚度；A4 沉积韵律；A5 非均质（洛伦兹系数）；A6 投产含水；A7 产水段长度；A8 产水段位置；A9 产水段非均质程度；A10 水平段位置；A11 吞吐时机（含水率）；A12 周期注气量；A13 注气速度；A14 焖井时间；A15 开井后采液速度；A16 平行井距离；A17 平行井采液速度；A18 吞吐轮次
方案层	B1 不同因素水平的组合方案 1（或吞吐评价井 1）；B2 不同因素水平的组合方案 2（或吞吐评价井 2）；B3 不同因素水平的组合方案 3（或吞吐评价井 3）；…；BN 不同因素水平的组合方案 N（或吞吐评价井 N）

2. 构造 ZA 判断矩阵，计算各因素权重

增油量是评价二氧化碳吞吐效果最直观的指标，以地质、开发各因素对应最大增油量与最小增油量的差值、比值为基础，建立各因素间的判断矩阵，见表 2.2.3 和表 2.2.4。

表 2.2.3　各因素敏感性

因素	敏感性（第一轮）	最大增油量（t）	最小增油量（t）	增油量差值（t）	增油量比值
地层倾角	较弱	500.51	477.58	22.93	1.05
隔夹层位置	较弱	494.47	452.92	41.55	1.09
油层有效厚度	较强	468.51	331.83	136.69	1.41
沉积韵律	较弱	493.80	467.00	26.80	1.06
非均质（洛伦兹系数）	强	520.60	55.59	465.01	9.36
投产含水	较强	488.93	461.99	26.94	1.06
产水段长度	较弱	481.53	466.30	15.23	1.03
产水段位置	较弱	478.84	466.30	12.54	1.03
产水段非均质程度	较弱	482.57	469.10	13.47	1.03
水平段位置	较弱	507.89	445.74	62.15	1.14
吞吐时机（含水率）	强	469.50	117.28	352.22	4.00
周期注气量	强	1088.33	293.80	794.54	3.70
注气速度	较弱	473.33	465.45	7.88	1.02
焖井时间	较弱	496.65	444.05	52.60	1.12
开井后采液速度	较弱	484.36	468.51	15.85	1.03

因素	敏感性 （第一轮）	最大增油量 （t）	最小增油量 （t）	增油量差值 （t）	增油量比值
平行井距离	强	468.51	10.30	458.21	45.49
平行井采液速度	强	468.51	3.10	465.41	151.15
吞吐轮次	强	463.22	142.58	320.64	3.25

表 2.2.4　多轮次吞吐时各因素敏感性变化规律

因素	多轮次时敏感性评价	多轮次时规律性评价
地层倾角	逐渐变弱	正相关
隔夹层位置	逐渐变弱	夹层在中间的不利效果逐渐显现，无夹层与夹层在底部增油效果相仿
油层有效厚度	不变	整体呈正相关关系，缓慢下降的拐点随轮次增加而增加
沉积韵律	不变	整体为反韵律优，第2轮时受水平段位置影响
非均质 （洛伦兹系数）	不变	非均质性越强，增油量越少，但第2轮时洛伦兹系数为0～0.2增油量增加
投产含水	逐渐变弱	第3轮吞吐对投产含水（0～0.28）不敏感。夹层在中间时投产含水0.28相对有利于增油，无夹层、夹层在底部时情况相反
产水段长度	不变	第1轮、第3轮负相关，第2轮受夹层位置影响
产水段位置	不变	点状或1/3段状出水时，增油量对出水点位置不敏感
产水段非均质程度	逐渐变弱	第2轮增油量对产水段非均质程度不敏感，其余轮次呈负相关
水平段位置	不变	水平段在中下部最优，中上部次之，顶部最差。第2轮时反韵律中上部最优，中下部次之，顶部最差
吞吐时机	不变	正相关
周期注气量	不变	正相关
注气速度	不变	近似正相关，第2轮吞吐影响不明显
焖井时间	逐渐变弱	第3轮时敏感性显著变弱。第1轮、第2轮正相关，第3轮先升后降，拐点30
开井后采液速度	不变	由正相关向负相关变化
平行井距离	不变	正相关
平行井采液速度	不变	负相关

　　在构造 ZA 判断矩阵、计算各因素权重后，对矩阵进行一致性检验，对不合格的进行调整，最终矩阵一致性检验合格。最终确定的各因素权重见表 2.2.5。

表 2.2.5　因素权重

因素名称	权重	因素名称	权重
地层倾角	0.00260	水平段位置	0.02404
隔夹层位置	0.01819	吞吐时机	0.09747
油层有效厚度	0.06498	周期注气量	0.09747
沉积韵律	0.00195	注气速度	0.00910
非均质（洛伦兹系数）	0.12995	焖井时间	0.00975
投产含水	0.00910	开井后采液速度	0.00260
产水段长度	0.00910	平行井距离	0.15010
产水段位置	0.00910	平行井采液速度	0.19298
产水段非均质程度	0.00910	吞吐轮次	0.16244

3. 层次单排序

对于油层厚度等连续型变量，考虑因素较多时，完全依靠主观经验建立判断矩阵会导致判断矩阵不一致的问题，因此，根据典型模型模拟结果，建立针对连续型变量的单排序方法。

1）地层倾角

考虑了 3°、6°、10°三种情形，计算出的单排序结果见表 2.2.6。

表 2.2.6　地层倾角因素单排序

地层倾角（°）	第 1 轮		第 2 轮		第 3 轮	
	增油量（t）	得分	增油量（t）	得分	增油量（t）	得分
3	477.58	1	400.1734	1	373.6049	1
6	489.56	5	409.3664	8	382.6445	5
10	500.51	9	411.1344	9	392.0000	9

2）隔夹层位置

考虑无夹层、夹层在中间、夹层在底部三种情形，计算的单排序结果见表 2.2.7。

3）油层有效厚度

考虑了 1.1m、3.3m、6.6m、9.9m、13.2m 等情形，计算的单排序结果见表 2.2.8，其他油层有效厚度采用插值方法计算单排序得分。

4）沉积韵律

考虑了正韵律、反韵律等两种情况，计算的单排序结果见表 2.2.9。

表 2.2.7 隔夹层位置因素单排序

隔夹层位置	第1轮（1）		第1轮（2）		第2轮（1）		第2轮（2）		第3轮	
	增油量（t）/投产含水0.28	得分	增油量（t）/投产含水0，级差大于1	得分	增油量（t）/全段出水（级差大于1）	得分	增油量（t）/点状或1/3段出水	得分	增油量（t）	得分
无夹层	452.92	1	479.44	3	412.97	4	401.35	3	365.92	6
夹层在中间	494.47	6	474.53	1	387.57	1	408.24	4	331.35	1
夹层在底部	479.14	3	487.38	6	424.61	6	408.85	4	361.34	6

表 2.2.8 油层有效厚度因素单排序

油层有效厚度（m）	第1轮		第2轮		第3轮	
	增油量（t）	得分	增油量（t）	得分	增油量（t）	得分
1.1	331.83	1	324.82	1	265.69	1
3.3	451.22	8	332.34	2	316.22	3
6.6	468.51	9	413.22	8	363.17	5
9.9	436.31	7	428.03	9	399.92	7
13.2	454.63	8	415.68	8	447.49	9

表 2.2.9 沉积韵律因素单排序

沉积韵律	第1轮		第2轮（1）		第2轮（2）		第3轮	
	增油量（t）	得分	增油量（t）/水平段在顶部或中上部	得分	增油量（t）/水平段在中下部	得分	增油量（t）	得分
正韵律	467.00	1	372.94	1	434.3	9	366.73	1
反韵律	493.80	9	429.38	8	423.73	8	439.07	9

5）地层非均质性

考虑了洛仑兹系数 0、0.2、0.5、0.8 等四种情形，计算的单排序结果见表 2.2.10。

表 2.2.10 地层非均质性因素单排序

地层非均质性	第1轮		第2轮		第3轮	
	增油量（t）	得分	增油量（t）	得分	增油量（t）	得分
0	520.60	9	449.95	9	439.04	9
0.2	509.19	9	462.72	9	427.62	9
0.5	475.43	8	400.17	8	373.60	8
0.8	55.59	1	40.33	1	51.85	1

6）投产含水

考虑了投产不含水（0）、投产中含水（0.28）两种情形，计算的单排序结果见表 2.2.11，其余投产含水采用插值方法计算单排序得分。

表 2.2.11 投产含水因素单排序

投产含水	第 1 轮（1）		第 1 轮（2）		第 2 轮（1）		第 2 轮（2）		第 3 轮	
	增油量（t）/夹层在中间，级差大于 1	得分	增油量（t）/无夹层或夹层在底部	得分	增油量（t）/夹层在中间	得分	增油量（t）/无夹层或夹层在底部	得分	增油量（t）	得分
0	475.13	1	483.55	9	408.67	1	406.05	1	353.45	1
0.28	488.93	3	461.99	7	416.47	3	407.89	1	352.29	1

7）出水段长度

考虑了点状出水、1/3 段出水、全段出水三种情形，计算的单排序结果见表 2.2.12。

表 2.2.12 出水段长度因素单排序

出水段长度	第 1 轮		第 2 轮（1）		第 2 轮（2）		第 3 轮	
	增油量（t）	得分	增油量（t）/夹层在中间	得分	增油量（t）/无夹层或夹层在底部	得分	增油量（t）	得分
点状出水	481.53	9	421.53	9	402.69	5	360.48	9
1/3 段出水	474.1	5	408.83	6	408.89	6	350.42	6
全段出水	466.3	1	387.57	1	418.79	8	335.13	1

8）出水段位置

考虑了靠近 A 端、靠近 B 端、AB 段中间、全段出水四种情形，计算的单排序结果见表 2.2.13。

表 2.2.13 出水段位置因素单排序

出水段位置	第 1 轮		第 2 轮（1）		第 2 轮（2）		第 3 轮	
	增油量（t）	得分	增油量（t）/夹层在中间	得分	增油量（t）/无夹层或夹层在底部	得分	增油量（t）	得分
靠近 A 点	477.97	9	414.73	9	406.87	4	357.02	9
靠近 B 点	478.84	9	415.72	9	403.97	3	356.59	9
AB 段中间	476.64	9	415.39	9	406.52	4	352.75	9
全段出水	466.30	1	400.83	1	412.29	7	335.13	1

9）出水段非均质程度

考虑了 1、5、10、50 倍级差四种情形，计算的单排序结果见表 2.2.14。

表 2.2.14　出水段非均质程度因素单排序

出水段非均质程度	第 1 轮		第 2 轮		第 3 轮	
	增油量（t）	得分	增油量（t）	得分	增油量（t）	得分
1	482.57	9	408.72	9	359.65	9
5	479.74	7	410.19	9	356.75	7
10	477.35	6	408.45	9	353.07	5
50	469.10	1	407.88	9	347.83	1

10）水平段位置

考虑了油层顶部、油层中上部、油层中下部三种情形，计算的单排序结果见表 2.2.15。

表 2.2.15　水平段位置因素单排序

水平段位置	第 1 轮		第 2 轮（1）		第 2 轮（2）		第 3 轮	
	增油量（t）	得分	增油量（t）/正韵律	得分	增油量（t）/反韵律	得分	增油量（t）	得分
油层顶部	445.74	1	335.67	1	410.89	1	350.15	1
油层中上部	487.58	7	410.20	7	447.87	9	415.10	7
油层中下部	507.89	9	434.30	9	423.73	4	443.46	9

11）吞吐时机

采用含水率表征，考虑了含水率 0、0.2、0.6、0.95 四种情形，计算的单排序结果见表 2.2.16，其余含水率采用插值方法计算单排序得分。

表 2.2.16　吞吐时机因素单排序

吞吐时机	第 1 轮		第 2 轮		第 3 轮	
	增油量（t）	得分	增油量（t）	得分	增油量（t）	得分
0	0	1	0	1	0	1
0.20	117.28	3	176.83	5	174.60	5
0.60	198.65	4	255.77	6	250.88	6
0.95	469.50	9	391.03	9	365.85	9

12）周期注气量

考虑了 $1 \times 10^5 m^3$、$1.5 \times 10^5 m^3$、$2.5 \times 10^5 m^3$、$4 \times 10^6 m^3$ 四种情形，计算的单排序结果见表 2.2.17，其余周期注气量采用插值方法计算单排序得分。

表 2.2.17　周期注气量因素单排序

周期注气量（$10^5 m^3$）	第 1 轮		第 2 轮		第 3 轮	
	增油量（t）	得分	增油量（t）	得分	增油量（t）	得分
1.0	293.80	1	303.25	1	269.28	1
1.5	468.51	2	413.22	2	363.17	2
2.5	735.02	5	623.76	5	531.48	5
4.0	1088.33	9	922.40	9	777.36	9

13）注气速度

考虑了 $2 \times 10^4 m^3/d$、$3 \times 10^4 m^3/d$、$5 \times 10^4 m^3/d$、$1 \times 10^5 m^3/d$ 四种情形，计算的单排序结果见表 2.2.18，其余注气速度采用插值方法计算单排序得分。

表 2.2.18　注气速度因素单排序

注气速度（$10^4 m^3/d$）	第 1 轮		第 2 轮		第 3 轮	
	增油量（t）	得分	增油量（t）	得分	增油量（t）	得分
2	465.45	1	397.00	1	361.59	2
3	467.61	3	410.76	8	360.20	1
5	468.51	4	413.22	9	363.17	3
10	473.33	9	410.28	8	372.53	9

14）焖井时间

考虑了 7d、15d、30d、60d 四种情形，计算的单排序结果见表 2.2.19，其余焖井时间采用插值方法计算单排序得分。

表 2.2.19　焖井时间因素单排序

焖井时间（d）	第 1 轮		第 2 轮		第 3 轮	
	增油量（t）	得分	增油量（t）	得分	增油量（t）	得分
7	444.05	1	374.33	1	351.05	1
15	461.33	4	387.76	3	359.99	7
30	468.51	5	413.22	6	363.17	9
60	496.65	9	436.09	9	356.66	5

15）开井后产液速度

考虑了 5m³/d、10m³/d、20m³/d、40m³/d 四种情形，计算的单排序结果见表 2.2.20，其余采液速度采用插值方法计算单排序得分。

表 2.2.20　开井后采液速度因素单排序

开井后采液速度（m³/d）	第1轮		第2轮		第3轮	
	增油量（t）	得分	增油量（t）	得分	增油量（t）	得分
5	470.71	1	412.82	9	379.39	9
10	468.51	1	413.22	9	363.17	3
20	478.33	6	401.23	3	359.06	1
40	484.36	9	398.12	1	368.10	5

16）平行井距离

考虑了无平行井和平行井距离 35m、65m、85m 四种情形，计算的单排序结果见表 2.2.21。

表 2.2.21　平行井距离因素单排序

平行井距离（m）	第1轮		第2轮		第3轮	
	增油量（t）	得分	增油量（t）	得分	增油量（t）	得分
35	10.30	1	7.65	1	6.41	1
65	16.80	1	15.70	1	11.51	1
85	18.38	1	19.14	1	14.18	1
无平行井	468.51	9	413.22	9	363.17	9

17）平行井采液速度

考虑了平行井采液速度 0、150m³/d、250m³/d、350m³/d 四种情形，计算的单排序结果见表 2.2.22。

表 2.2.22　平行井采液速度因素单排序

平行井产液速度（m³/d）	第1轮		第2轮		第3轮	
	增油量（t）	得分	增油量（t）	得分	增油量（t）	得分
0	468.51	9	413.22	9	363.17	9
150	10.30	1	7.65	1	6.41	1
250	5.78	1	2.92	1	1.60	1
350	3.10	1	0.23	1	0	1

18）吞吐轮次

考虑了第1轮、第2轮、第3轮三种情形，计算的单排序结果见表2.2.23。

表 2.2.23　吞吐轮次因素单排序

轮次	方案一		方案二		方案三	
	增油量（t）/吞吐时机 0.95	得分	增油量（t）/吞吐时机 0.2、0.6，水平段不在油层中下部	得分	增油量（t）/吞吐时机 0.2、0.6，水平段在油层中下部	得分
第 1 轮	463.22	9	142.58	1	188.75	2
第 2 轮	397.68	7	192.73	2	263.44	4
第 3 轮	348.59	6	180.49	2	277.22	4

上述18个因素的单排序过程中，每个因素所构建的矩阵在计算权重后，所涉及的矩阵都进行了矩阵的一致性检验，对不合格的进行调整，最终矩阵一致性检验全部合格。

4. ZAB 权重矩阵，层次总排序

利用各因素权重和层次单排序，构建由最下层至最上层的 ZAB 权重矩阵，计算各层次对于系统（最下层对最上层）总排序权向量，并且矩阵一致性检验合格，最终得到175个典型模型的排序结果。通过对比分析层次分析法计算得分的排序与数模计算的典型模型增油量的排序（图 2.2.1），发现两者呈现很好的正相关性，证明了快速选井方法的可行性。

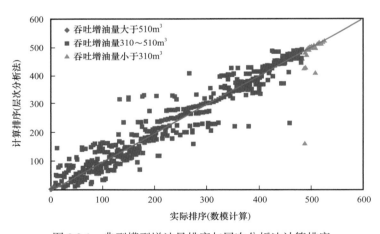

图 2.2.1　典型模型增油量排序与层次分析法计算排序

需要指出，该方法在分析过程中，需要对同一层次的各元素按重要性进行两两比较，构造两两比较的判断矩阵。对于两个元素中哪一个更重要、重要程度如何，主要基于数模软件计算的增油量、降水量数据，通过专家主观判断来进行重要程度赋值。该方法在构造两两比较的判断矩阵时，存在较多的定性分析和主观判断，没有通过数学方法建立赋值与增油量的直接关联关系，选井结果与吞吐效果间的直接关联不够明确，因此，该方法适用于矿场二氧化碳吞吐井的初选。

三、二氧化碳吞吐选井效果评价方法

针对前述选井方法选井结果与吞吐效果间的直接关联不明确，最终给出的是相对的且定性的结果这一问题，研究建立了二氧化碳吞吐选井效果评价方法，适用于矿场二氧化碳吞吐实施井的复选和选井后的效果预测。

该方法是基于层次分析法和模糊综合评判方法建立起来的。分析过程中，对同一层次各元素按重要性进行两两比较，构造两两比较的判断矩阵；关于两个元素中哪个更重要、重要程度如何，主要基于数模软件模拟的增油量、降水量数据，采用隶属度函数计算得分来进行重要程度赋值。由于该方法在构造判断矩阵时，重要程度赋值过程中通过数学方法建立了赋值与增油量的直接关联，选井结果与吞吐效果的直接关联比较明确，最终给出的是相对更加明确的结果，因此更便于决策参考。

1. 多因素权重的确定

经模糊综合评判方法修正后的吞吐效果各影响因素权重系数，见表 2.2.24。

表 2.2.24　各因素权重

因素名称	权重	因素名称	权重
地层倾角	0.00254	水平段位置	0.02351
隔夹层位置	0.01779	吞吐时机	0.09532
油层有效厚度	0.06355	周期注气量	0.11735
沉积韵律	0.00191	注气速度	0.00890
非均质（洛伦兹系数）	0.12708	焖井时间	0.00953
投产含水	0.00890	开井后采液速度	0.00254
产水段长度	0.00890	平行井距离	0.14679
产水段位置	0.00890	平行井采液速度	0.18872
产水段非均质程度	0.00890	吞吐轮次	0.15886

2. 不同因素隶属度计算

根据注气模型得到的结果，建立各因素隶属度计算方法。当任一变量的水平处于评价方法提供的水平范围内时，插值得到隶属度；若处于提供的水平范围外时，取最接近水平对应的隶属度。

基于以上原则，计算得到地层倾角、隔夹层位置、油层有效厚度、沉积韵律、地层非均质性、投产含水、出水段长度、出水段位置、出水段非均质程度、水平段位置、吞吐时机、周期注气量、注气速度、焖井时间、开井后采液速度、平行井距离、平行井采液速度、吞吐轮次等诸因素对应的隶属度（表 2.2.25 至表 2.2.42）。

表 2.2.25 地层倾角因素隶属度

地层倾角（°）	第1轮		第2轮		第3轮	
	增油量（t）	隶属度	增油量（t）	隶属度	增油量（t）	隶属度
3	477.58	0	400.1734	0	373.6049	0
6	489.56	0.52	409.3664	0.84	382.6445	0.49
10	500.51	1.00	411.1344	1.00	392.0000	1.00

注：其余地层倾角因素隶属度采用插值方法计算。

表 2.2.26 隔夹层位置因素隶属度

隔夹层位置	第1轮（1）		第1轮（2）		第2轮（1）		第2轮（2）		第3轮	
	增油量（t）/投产含水0.28	隶属度	增油量（t）/投产含水0，级差大于1	隶属度	增油量（t）/全段出水（级差大于1）	隶属度	增油量（t）/点状或1/3段出水	隶属度	增油量（t）	隶属度
无夹层	452.92	0	479.44	0.38	412.97	0.69	401.35	0.37	365.92	1.00
夹层在中间	494.47	1.00	474.53	0	387.57	0	408.24	0.56	331.35	0
夹层在底部	479.14	0.63	487.38	1.00	424.61	1.00	408.85	0.57	361.34	1.00

表 2.2.27 油层有效厚度因素隶属度

油层有效厚度（m）	第1轮		第2轮		第3轮	
	增油量（t）	隶属度	增油量（t）	隶属度	增油量（t）	隶属度
1.1	331.83	0	324.82	0	265.69	0
3.3	451.22	0.87	332.34	0.07	316.22	0.28
6.6	468.51	1.00	413.22	0.86	363.17	0.54
9.9	436.31	0.73	428.03	1.00	399.92	0.74
13.2	454.63	0.90	415.68	0.88	447.49	1.00

注：其余油层有效厚度因素隶属度采用插值方法计算。

表 2.2.28 沉积韵律因素隶属度

沉积韵律	第1轮		第2轮（1）		第2轮（2）		第3轮	
	增油量（t）	隶属度	增油量（t）/水平段在顶部或中上部	隶属度	增油量（t）/水平段在中下部	隶属度	增油量（t）	隶属度
正韵律	467.00	0	372.94	0	434.30	1.00	366.73	0
反韵律	493.80	1.00	429.38	0.92	423.73	0.83	439.07	1.00

表 2.2.29 地层非均质性因素隶属度

地层非均质性	第 1 轮		第 2 轮		第 3 轮	
	增油量（t）	隶属度	增油量（t）	隶属度	增油量（t）	隶属度
0	520.60	1.00	449.95	0.97	439.04	1.00
0.2	509.19	0.98	462.72	1.00	427.62	0.97
0.5	475.43	0.90	400.17	0.85	373.60	0.83
0.8	55.59	0	40.33	0	51.85	0

注：其余地层非均质性因素隶属度采用插值方法计算。

表 2.2.30 投产含水因素隶属度

投产含水	第 1 轮（1）		第 1 轮（2）		第 2 轮（1）		第 2 轮（2）		第 3 轮	
	增油量（t）/夹层在中间，级差大于 1	隶属度	增油量（t）/无夹层或夹层在底部	隶属度	增油量（t）/夹层在中间	隶属度	增油量（t）/无夹层或夹层在底部	隶属度	增油量（t）	隶属度
0	475.13	0	483.55	1.00	408.67	0	406.05	0	353.45	0
0.28	488.93	0.33	461.99	0.75	416.47	0.33	407.89	0	352.29	0

注：其余投产含水因素隶属度采用插值方法计算。

表 2.2.31 出水段长度因素隶属度

出水段长度	第 1 轮		第 2 轮（1）		第 2 轮（2）		第 3 轮	
	增油量（t）	隶属度	增油量（t）/夹层在中间	隶属度	增油量（t）/无夹层或夹层在底部	隶属度	增油量（t）	隶属度
点状出水	481.53	1.00	421.53	1.00	402.69	0.45	360.48	1.00
1/3 段出水	474.10	0.51	408.83	0.63	408.89	0.63	350.42	0.60
全段出水	466.30	0	387.57	0	418.79	0.92	335.13	0

表 2.2.32 出水段位置因素隶属度

出水段位置	第 1 轮		第 2 轮（1）		第 2 轮（2）		第 3 轮	
	增油量（t）	隶属度	增油量（t）/夹层在中间	隶属度	增油量（t）/无夹层或夹层在底部	隶属度	增油量（t）	隶属度
靠近 A 点	477.97	1.00	414.73	1.00	406.87	0.41	357.02	1.00
靠近 B 点	478.84	1.00	415.72	1.00	403.97	0.21	356.59	1.00
AB 段中间	476.64	0.82	415.39	0.98	406.52	0.38	352.75	1.00
全段出水	466.30	0	400.83	0	412.29	0.77	335.13	0

表 2.2.33　出水段非均质程度因素隶属度

出水段非质程度	第1轮		第2轮		第3轮	
	增油量（t）	隶属度	增油量（t）	隶属度	增油量（t）	隶属度
1	482.57	1.00	408.72	1.00	359.65	1.00
5	479.74	0.79	410.19	1.00	356.75	0.75
10	477.35	0.61	408.45	1.00	353.07	0.44
50	469.10	0	407.88	1.00	347.83	0

注：其余出水段非均质程度因素隶属度采用插值方法计算。

表 2.2.34　水平段位置因素隶属度

水平段位置	第1轮		第2轮		第2轮		第3轮	
	增油量（t）	隶属度	增油量（t）/正韵律	隶属度	增油量（t）/反韵律	隶属度	增油量（t）	隶属度
油层顶部	445.74	0	335.67	0	410.89	0	350.15	0
油层中上部	487.58	0.69	410.20	0.69	447.87	1.00	415.10	0.69
油层中下部	507.89	1.00	434.30	1.00	423.73	0.35	443.46	1.00

表 2.2.35　吞吐时机因素隶属度

吞吐时机	第1轮		第2轮		第3轮	
	增油量（t）	隶属度	增油量（t）	隶属度	增油量（t）	隶属度
0	0	0	0	0	0	0
0.20	117.28	0.25	176.83	0.45	174.60	0.48
0.60	198.65	0.42	255.77	0.65	250.88	0.69
0.95	469.50	1.00	391.03	1.00	365.85	1.00

注：其余吞吐时机因素隶属度采用插值方法计算。

表 2.2.36　周期注气量因素隶属度

周期注气量（$10^5 m^3$）	第1轮		第2轮		第3轮	
	增油量（t）	隶属度	增油量（t）	隶属度	增油量（t）	隶属度
1.0	293.80	0	303.25	0	269.28	0
1.5	468.51	0.18	413.22	0.18	363.17	0.18
2.5	735.02	0.56	623.76	0.52	531.48	0.52
4.0	1088.33	1.00	922.40	1.00	777.36	1.00

注：其余周期注气量因素隶属度采用插值方法计算。

表 2.2.37　注气速度因素隶属度

注气速度 （10⁴m³/d）	第 1 轮		第 2 轮		第 3 轮	
	增油量（t）	隶属度	增油量（t）	隶属度	增油量（t）	隶属度
2	465.45	0	397.00	0	361.59	0
3	467.61	0.27	410.76	0.27	360.20	0.27
5	468.51	0.39	413.22	0.39	363.17	0.39
10	473.33	1.00	410.28	1.00	372.53	1.00

注：其余注气速度因素隶属度采用插值方法计算。

表 2.2.38　焖井时间因素隶属度

焖井时间 （d）	第 1 轮		第 2 轮		第 3 轮	
	增油量（t）	隶属度	增油量（t）	隶属度	增油量（t）	隶属度
7	444.05	0	374.33	0	351.05	0
15	461.33	0.33	387.76	0.33	359.99	0.33
30	468.51	0.47	413.22	0.47	363.17	0.47
60	496.65	1.00	436.09	1.00	356.66	1.00

注：其余焖井时间因素隶属度采用插值方法计算。

表 2.2.39　开井后采液速度因素隶属度

开井后采液速度 （m³/d）	第 1 轮		第 2 轮		第 3 轮	
	增油量（t）	隶属度	增油量（t）	隶属度	增油量（t）	隶属度
5	470.71	0	412.82	0.97	379.39	1.00
10	468.51	0	413.22	1.00	363.17	0.20
20	478.33	0.62	401.23	0.21	359.06	0.21
40	484.36	1.00	398.12	0	368.10	0.56

注：其余开井后采液速度因素隶属度采用插值方法计算。

表 2.2.40　平行井距离因素隶属度

平行井距离 （m）	第 1 轮		第 2 轮		第 3 轮	
	增油量（t）	隶属度	增油量（t）	隶属度	增油量（t）	隶属度
35	10.30	0	7.65	0	6.41	0
65	16.80	0.01	15.70	0.02	11.51	0.01
85	18.38	0.02	19.14	0.03	14.18	0.02
无平行井	468.51	1.00	413.22	1.00	363.17	1.00

表 2.2.41　平行井采液速度因素单排序

平行井采液速度（m³/d）	第 1 轮		第 2 轮		第 3 轮	
	增油量（t）	隶属度	增油量（t）	隶属度	增油量（t）	隶属度
0	468.51	1.00	413.22	1.00	363.17	1.00
150	10.30	0.02	7.65	0.02	6.41	0.02
250	5.78	0.01	2.92	0.01	1.60	0.01
350	3.10	0	0.23	0	0	0

注：其余平行井采液速度因素隶属度采用插值方法计算。

表 2.2.42　吞吐轮次因素隶属度

轮次	方案一		方案二		方案三	
	增油量（t）/吞吐时机 0.95	隶属度	增油量（t）/吞吐时机 0.2、0.6，水平段不在油层中下部	隶属度	增油量（t）/吞吐时机 0.2、0.6，水平段在油层中下部	隶属度
第 1 轮	463.22	1.00	142.58	1.00	188.75	1.00
第 2 轮	397.68	0.80	192.73	0.80	263.44	0.80
第 3 轮	348.59	0.64	180.49	0.64	277.22	0.64

3. 系统总排序

利用各因素权重和隶属度，构建由最下层至最上层的权重＋隶属度的矩阵，计算各层次对于系统（最下层对最上层）总排序权向量，并且矩阵一致性检验合格，最终得到 175 个典型模型的排序结果。通过对比二氧化碳吞吐选井效果评价方法计算得分的排序与数模计算的典型模型增油量的排序（图 2.2.2），发现两者呈现很好的正相关性，证明了该方法的可行性。

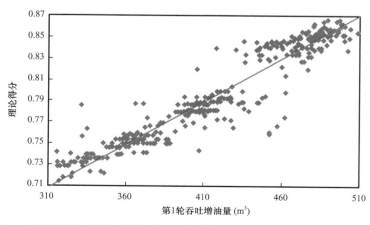

图 2.2.2　二氧化碳吞吐选井效果评价方法计算得分与第 1 轮吞吐实际增油量对比图

第三节　二氧化碳吞吐参数优化与设计

实践与理论分析均已证明，二氧化碳吞吐效果对周期注气量、开井后采液速度、吞吐轮次敏感性强，同时注气速度、焖井时间对其也有影响[18-23]。冀东油田基于四轮次吞吐，按照油层厚度（3.3m、6.6m）、吞吐时机（吞吐前含水率），将吞吐潜力井分为四类，分别对其吞吐时机、注气速度、焖井时间、开井后采液速度等进行优化分析。矿场先导试验证实，水平井水平段长、动态剩余储量多，可进行多轮次吞吐，因此需要研究极限吞吐轮次设计方法。

一、二氧化碳注气量优化

1. 注入量设计

数值模拟结果表明，二氧化碳注入量是影响吞吐效果的主要因素。单井注入量可根据油藏规模、储层物性、经验系数等参数确定。

1）定向井二氧化碳用量

二氧化碳用量计算式如下：

$$V = \pi R^2 L \phi \beta \qquad (2.3.1)$$

式中　V——二氧化碳用量，m^3；

　　　R——作用半径，m；

　　　L——油层厚度，m；

　　　ϕ——油层孔隙度；

　　　β——厚度波及系数。

液态二氧化碳质量 m 计算：

$$m = \rho V_1 \qquad (2.3.2)$$

式中　V_1——地层条件下的二氧化碳体积，m^3；

　　　ρ——地层条件下的二氧化碳密度，kg/m^3。

2）水平井注入量设计

水平井注入量设计采用椭圆柱体理论模型（图2.3.1）。

水平井地下二氧化碳体积计算公式：

$$V = \phi P_V \pi ab H \qquad (2.3.3)$$

式中　V——地层条件下二氧化碳体积，m^3；

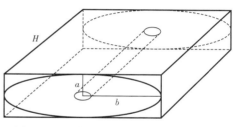

图 2.3.1　二氧化碳在目地层中作用范围计算模型

ϕ——孔隙度，%；

a，b——处理半径，即椭圆体的长轴和短轴，m；

H—— 水平段长度，m；

P_V——经验常数，通常取值为 0.2～0.4。

液态二氧化碳质量 m 计算：

$$m=\rho V_1 \qquad\qquad (2.3.4)$$

式中　V_1——地层条件下的二氧化碳体积，m³；

　　　ρ——地层条件下的二氧化碳密度，kg/m³。

2. 注入量优化研究

针对不同油层有效厚度与吞吐前含水情况，基于数模获得不同注气量下吞吐增油量和吞吐后开井含水率数值（表 2.3.1），分析认为：（1）注气量对吞吐增油量影响明显，二者呈正相关。随着吞吐轮次增加，需要的注气量逐渐增加，厚度较薄的油藏多轮吞吐时需要的注气量更大。（2）注气量对吞吐后开井含水率影响明显，二者呈负相关。前两轮，二氧化碳换油率随注气量增加逐渐降低，为保证吞吐后开井含水率较低，建议注气量为 1.5×10^5～$2.5\times10^5\text{m}^3$；后两轮，二氧化碳换油率随注气量增加先缓慢降低后快速上升，建议给予较大注气量。

表 2.3.1　油层有效厚度 3.3m、6.6m 时不同注气量下吞吐增油量和吞吐后开井含水率的数值

条件	测量参数	周期注气量 100000m³	周期注气量 150000m³	周期注气量 200000m³	周期注气量 400000m³
油层有效厚度 3.3m、每轮次吞吐前含水率 95%	吞吐增油量（m³）	294	440	549	933
	吞吐前含水率	0.95	0.95	0.95	0.95
	吞吐后含水率	0.021	0.014	0.004	0.004
油层有效厚度 6.6m、每轮次吞吐前含水率 95%	吞吐增油量（m³）	310	447	563	1085
	吞吐前含水率	0.95	0.95	0.95	0.95
	吞吐后含水率	0.198	0.054	0.032	0.026
油层有效厚度 3.3m、每轮次吞吐前含水率 99%	吞吐增油量（m³）	319	452	567	1065
	吞吐前含水率	0.99	0.99	0.99	0.99
	吞吐后含水率	0.160	0.059	0.046	0.012
油层有效厚度 3.3m、每轮次吞吐前含水率 99%	吞吐增油量（m³）	358	487	617	1119
	吞吐前含水率	0.99	0.99	0.99	0.99
	吞吐后含水率	0.520	0.382	0.197	0.081

二、二氧化碳注气速度优化

同样基于上述数模分析的 16 种情形（表 2.3.2）和实践经验，取得以下主要认识：

（1）注气速度对吞吐增油量影响较小。前 3 轮吞吐中（第二轮吞吐中油层有效厚度 6.6m、含水率 95%，第三轮吞吐中油层有效厚度 6.6m，含水率达 99% 情形除外），吞吐增油量随注气速度加快逐渐增加，第 4 轮吞吐未体现明显规律性。

（2）注气速度对吞吐后开井含水率无明显影响。

（3）国内外文献均指出[22-28]，注入速度快有利于改善二氧化碳吞吐效果。通过数值模拟并结合现场经验，注入速度的确定应综合考虑：在低于破裂压力的前提下，较快的注入速度可取得更好的吞吐效果；过快的注入速度容易导致井下管柱冻裂、采油树阀门渗漏等安全环保问题；要参考设备能力。冀东油田注入速度优化结果为 4～6t/h。

表 2.3.2　油层有效厚度为 3.3m、6.6m 时，不同注气速度下吞吐增油量、吞吐后开井含水率的数值

条件	测量参数	注气速度 20000m³/d	注气速度 30000m³/d	注气速度 50000m³/d	注气速度 100000m³/d
油层有效厚度 3.3m、每轮次吞吐前含水率 99%	吞吐增油量（m³）	446	448	452	458
	吞吐前含水率	0.99	0.99	0.99	0.99
	吞吐后含水率	0.075	0.076	0.059	0.069
油层有效厚度 6.6m、每轮次吞吐前含水率 99%	吞吐增油量（m³）	481	483	487	488
	吞吐前含水率	0.99	0.99	0.99	0.99
	吞吐后含水率	0.300	0.359	0.382	0.367

三、二氧化碳吞吐焖井时间优化

焖井的主要作用是使注入的二氧化碳相态趋于稳定，不断溶解和萃取地层原油中的轻质成分。焖井时间长短与油藏原油黏度、渗透率、二氧化碳注入量和注入速度等因素有关，不同规模、不同类型油藏所需的焖井时间不同。焖井时间过短，二氧化碳不能进入地层深处与地层流体充分混合，开井后大量气体返排造成二氧化碳浪费且对吞吐效果不利；焖井时间过长，二氧化碳向油藏边界扩散而影响油井近井区能量的积蓄，二氧化碳还会从原油中分离出来，降低二氧化碳的利用率，对吞吐效果也有负向拉动作用。

冀东油田主要从二氧化碳注入量、井底压力情况、吞吐增油量和含水变化情况、吞吐井全周期的经济效益等因素进行优化，焖井时间为 20～30d。

1. 依据井底压力变化情况优化焖井时间

从广泛的焖井阶段的井底压力情况可以看出，井底压力变化呈"较快降落、缓慢线性下降、基本稳定"的三段式特征。焖井初期压力降落相对较快，此时，近井地带与远井

地带存在明显压差，流体发生流动，同时二氧化碳在油相中扩散溶解，导致该阶段井底压力快速下降。焖井中期井底压力缓慢线性下降，此时，压力分布逐步均衡，因压差引起的流体流动明显减弱，二氧化碳在油相中的扩散溶解起主导作用；焖井后期井底压力基本稳定，此时，因压差引起的流体流动基本停止。因此，最优的焖井结束时间应处于井底压力稳定阶段。

2. 依据二氧化碳注入量优化焖井时间

不同的二氧化碳注入量，所需与原油接触时间不同。一般情况下，注入量越大，所需焖井时间越长。冀东油田总结了浅层疏松砂岩油藏的不同吞吐注入量与焖井时间的关系，注入量为200t、500t、1000t、2000t时，焖井时间分别为20d、30d、40d、50d。

3. 依据吞吐增油量和含水变化优化焖井时间

基于数模分析的16种情形，主要有以下认识（图2.3.2和图2.3.3）：（1）焖井时间对吞吐增油量影响较小，二者整体呈正相关；（2）焖井时间对吞吐后开井含水率无明显影响。油层有效厚度3.3m时，大多数情形四轮吞吐均表现为开井后含水率先降后升，前、后两轮拐点分别在15d和30d。油层有效厚度6.6m时，大多数情形四轮吞吐也表现为开井后含水率先降后升，前、后两轮拐点分别在30d、15d。焖井时间过长，油井产量会因开井时率降低而下降。

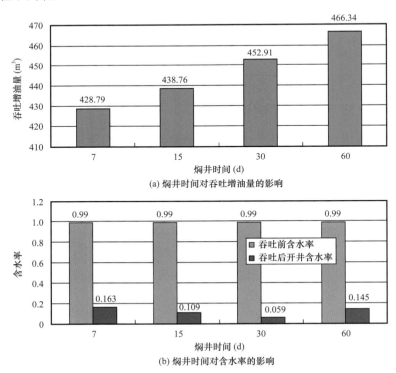

(a) 焖井时间对吞吐增油量的影响

(b) 焖井时间对含水率的影响

图2.3.2　油层有效厚度3.3m时，焖井时间对吞吐增油量、吞吐开井后含水率的影响

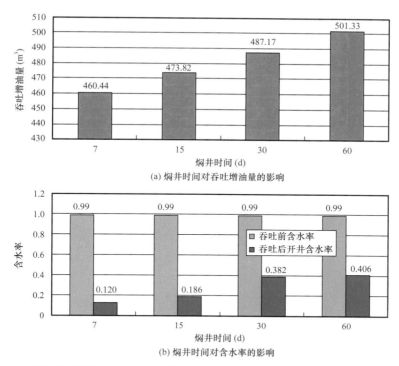

(a) 焖井时间对吞吐增油量的影响

(b) 焖井时间对含水率的影响

图 2.3.3　油层有效厚度 6.6m 时，焖井时间对吞吐增油量、吞吐开井后含水率的影响

4. 依据吞吐井全周期经济效益优化焖井时间

焖井时间过短，油井开井时率高，但二氧化碳不能进入地层深处与地层流体充分混合，开井后大量气体返排造成二氧化碳浪费且对吞吐效果不利；焖井时间过长，开井时率低，油井全周期的经济效益差，同时，二氧化碳向油藏边界扩散而影响近井区域能量积蓄，二氧化碳还会从原油中分离出来降低二氧化碳的利用率，影响吞吐效果[26-31]。冀东油田焖井时间在 20~30d 范围内时，二氧化碳在地层中的增溶、降黏、膨胀、堵水等作用发挥较充分，油井全周期经济效益最好。

四、开井后采液速度优化

同样基于数模分析的 16 种情形（图 2.3.4 和图 2.3.5）和实践经验，主要得出以下认识：

（1）开井后的采液速度对吞吐增油量影响明显。第一轮吞吐中二者主要呈正相关，吞吐增油量随着开井后采液速度增加而逐渐增加；两种情况下（第一轮的油层有效厚度 6.6m，含水率 99%；第一轮的油层有效厚度 3.3m、含水率 99%），增油量随开井后采液速度增大先降后升，拐点在 10m³/d。其余吞吐轮次中，吞吐增油量随着开井后采液速度增加逐渐降低；但在第四轮的油层有效厚度 3.3m、含水率 99% 时，增油量随开井后采液速度增大先降后升，拐点在 10m³/d。

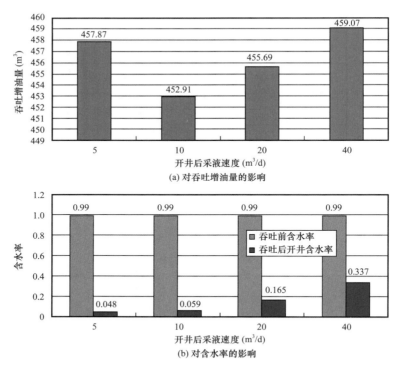

(a) 对吞吐增油量的影响

(b) 对含水率的影响

图 2.3.4 油层有效厚度 3.3m 时，开井后采液速度对吞吐增油量和吞吐后开井含水率的影响

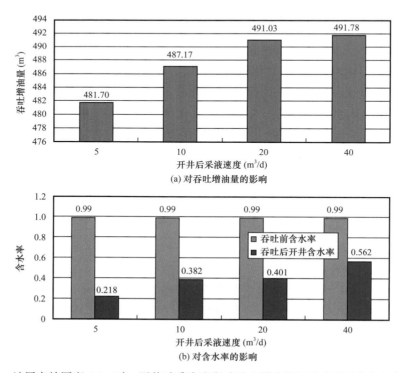

(a) 对吞吐增油量的影响

(b) 对含水率的影响

图 2.3.5 油层有效厚度 6.6m 时，开井后采液速度对吞吐增油量和吞吐后开井含水率的影响

（2）开井后的采液速度对开井后的含水率影响明显，两者呈正相关。为保证开井后较低的含水率，建议在现场可接受范围内以较小采液速度生产，以控制地层中二氧化碳与原油的分离速度，冀东油田单井日产液量一般 10～20t。

五、二氧化碳吞吐极限轮次设计

二氧化碳吞吐极限轮次的定义为：满足"单轮次吞吐增油效益≥单轮次吞吐投入"条件或满足"每轮次换油率≥临界换油率"条件的最大轮次。

一般情况下，随着吞吐轮次增加，吞吐效果逐渐变差，单轮次吞吐增油量逐渐降低，换油率也逐渐降低。评价标准：一是以"单轮次吞吐增油效益≥单轮次吞吐施工投入"为评价标准；二是通过"单轮次吞吐增油效益＝单轮次吞吐施工投入"计算出极限换油率，以"每轮次换油率≥临界换油率"为评价标准。当不满足"单轮次吞吐增油效益≥单轮次吞吐投入"条件或不满足"每轮次换油率≥临界换油率"时，该轮次二氧化碳吞吐不具有经济可行性。

在已实施多轮吞吐井分析基础上，选择位于目标区块构造高部位、构造腰部及构造低部位（靠近油水边界）的吞吐井，利用实际数值模拟开展多轮吞吐极限研究。

1. 目标区块构造较高部位的井（以 G104-5P44 井为例）

G104-5P44 井于 2010 年 5 月 22 日开始生产 Ng6 层，截至 2014 年 12 月，累计产油 0.61×10^4t，累计产液 13.5×10^4t。G104-5P44 井实施了 2 轮吞吐，数模预测了 3 轮，共计 5 轮次，效果预测见表 2.3.3。可以看出，随着吞吐轮次的增加，增油量及换油率均逐渐下降。当临界换油率为 1 时，该井吞吐极限轮次为 4。

表 2.3.3　G104-5P44 井吞吐及预测效果统计表

轮次	增油量（t）	换油率	注入量（t）
第一轮	682	3.41	200
第二轮	336	1.34	250
第三轮预测	481	1.07	450
第四轮预测	286	1.14	250
第五轮预测	198	0.79	250

2. 构造腰部的井（以 G104-5P9 井为例）

G104-5P9 井于 2003 年 9 月 29 日投产 Ng8 层，截至 2014 年 12 月，累计产油 3.66×10^4t，累计产液 18.43×10^4t。G104-5P9 井实施了 2 轮吞吐，数模预测了 3 轮，共计 5 轮次，效果预测见表 2.3.4。可以看出，随着吞吐轮次的增加，增油量及换油率均逐渐下降。当临界换油率为 1 时，该井二氧化碳吞吐极限轮次为 4。

表 2.3.4　G104-5P9 井吞吐及预测效果统计表

轮次	增油量（t）	换油率	注入量（t）
第一轮	1230	3.28	375
第二轮	1832	3.86	475
第三轮预测	557	1.39	400
第四轮预测	459	1.15	400
第五轮预测	392	0.98	400

第四节　二氧化碳单井吞吐实践

一、总体应用情况

自 2010 年实施二氧化碳吞吐以来，截至 2022 年底，实施单井吞吐 1074 井次（表 2.4.1），有效率 92%；全周期累计增油 $36.8 \times 10^4 t$，平均单井增油 343t，平均有效期 218d；注入二氧化碳 $36.8 \times 10^4 t$，平均单井注入量 343t；平均换油率 1，投入产出比 1：3.15，取得显著经济和社会效益。

表 2.4.1　冀东油田二氧化碳单井吞吐应用情况统计

开井年份	实施井次	二氧化碳注入量（t）	平均单井注入量（t）	全周期有效率（%）	全周期经济有效率（%）	全周期有效期（d）	全周期增油量（t）	全周期平均单井增油量（t）	全周期换油率	全周期投入产出比
2010	9	2709	301	100	100	257	6178	686	2.28	1：5.69
2011	59	16432	279	93	76	233	29489	500	1.79	1：5.69
2012	64	19539	305	95	75	273	34040	532	1.74	1：6.38
2013	105	36678	349	94	74	250	49250	469	1.34	1：5.03
2014	85	26100	307	88	64	183	22728	267	0.87	1：2.75
2015	82	31815	388	89	63	245	28680	350	0.90	1：2.00
2016	98	32101	328	93	45	211	27451	280	0.86	1：1.72
2017	93	29746	320	96	57	187	27386	294	0.92	1：2.04
2018	129	44877	348	90	59	215	35471	275	0.79	1：2.33
2019	107	39334	368	92	53	232	32179	301	0.82	1：2.26
2020	91	32970	362	87	54	242	43589	479	1.32	1：3.50
2021	62	22518	363	89	71	187	12881	208	0.57	1：2.07

开井年份	实施井次	二氧化碳注入量（t）	平均单井注入量（t）	全周期有效率（%）	全周期经济有效率（%）	全周期有效期（d）	全周期增油量（t）	全周期平均单井增油量（t）	全周期换油率	全周期投入产出比
2022	90	33702	374	97	74	163	19346	215	0.57	1∶2.69
合计（平均）	1074	368520	343	92	63	218	368668	343	1.00	1∶3.15

二、常规稠油油藏应用情况

自 2010 年实施二氧化碳吞吐以来，截至 2022 年底，实施单井吞吐 618 井次（表 2.4.2），有效率 94%；全周期累计增油 $26.7 \times 10^4 t$，平均单井增油 431t，平均有效期 229d；注入二氧化碳 $23.3 \times 10^4 t$，平均单井注入量 377t；平均换油率 1.14，投入产出比 1∶3.87。

表 2.4.2　冀东油田常规稠油油藏二氧化碳单井吞吐应用情况统计

开井年份	实施井次	二氧化碳注入量（t）	平均单井注入量（t）	全周期有效率（%）	全周期经济有效率（%）	全周期有效期（d）	全周期增油量（t）	全周期平均单井增油量（t）	全周期换油率	全周期投入产出比
2010	9	2709	301	100	100	257	6178	686	2.28	1∶5.69
2011	45	13082	291	96	78	233	25788	573	1.97	1∶6.35
2012	35	11914	340	91	80	304	24721	706	2.07	1∶7.81
2013	62	24430	394	95	85	279	39488	637	1.62	1∶6.59
2014	57	18618	327	89	65	198	18446	324	0.99	1∶3.16
2015	58	26432	456	88	69	246	23205	400	0.88	1∶2.16
2016	54	19966	370	93	52	200	15777	292	0.79	1∶1.67
2017	42	14377	342	100	69	215	13960	332	0.97	1∶2.32
2018	56	21348	381	95	61	227	18003	321	0.84	1∶2.53
2019	47	19279	410	96	66	233	20147	429	1.05	1∶3.15
2020	54	20979	388	94	69	269	37483	694	1.79	1∶5.12
2021	41	16317	398	98	78	183	10005	244	0.61	1∶2.24
2022	58	23586	407	98	78	167	13441	232	0.57	1∶2.73
合计（平均）	618	233037	377	94	71	229	266642	431	1.14	1∶3.87

从开发生产角度分析，常规稠油油藏单井吞吐效果具有以下特点：（1）油井所处构造位置对首轮和多轮次吞吐效果都有明显影响。井所在构造位置越高，首轮吞吐降水幅度越大、有效期越长、二氧化碳换油率越高，多轮吞吐效果明显好于低部位井（表2.4.3）。（2）油井投产初期含水率对首轮和多轮次吞吐效果都有明显影响。油井投产初期含水率越低，首轮吞吐降水幅度越大、有效期越长、二氧化碳换油率越高，多轮吞吐效果好的井主要是投产初期中低含水率的井，多轮次吞吐效果随着投产初期含水率的增高而变差（表2.4.4）。（3）井型对吞吐效果影响明显。相对于定向井，水平井吞吐的降水幅度、有效期、换油率等指标更好，二氧化碳吞吐效果更优（表2.4.5）。

表 2.4.3 冀东油田稠油油藏吞吐井效果分析（按构造位置统计）

构造位置	首轮吞吐前含水率（%）	首轮降水幅度（%）	首轮有效期（d）	首轮换油率	第二轮降水幅度（%）	第二轮有效期（d）	第二轮换油率	第三轮降水幅度（%）	第三轮有效期（d）	第三轮换油率
构造高部位	96	68	260	2.8	58	180	1.4	55	120	0.6
构造腰部位	95	70	280	2.3	65	172	1.3	75	115	0.7
靠近油水边界	98	44	90	0.7	51	112	0.5	18	75	0.3

表 2.4.4 冀东油田稠油油藏吞吐井效果分析（按投产初期含水率统计）

投产初期含水率（%）	首轮前含水率（%）	首轮降水幅度（%）	首轮有效期（d）	首轮换油率	第二轮降水幅度（%）	第二轮有效期（d）	第二轮换油率	第三轮降水幅度（%）	第三轮有效期（d）	第三轮换油率
≤20	96	72	278	2.85	69	245	1.8	63	130	0.7
20～60	95	68	250	2.40	59	150	1.0	58	100	0.7
60～90	98	50	230	1.65	48	100	0.9	49	160	0.6
≥90	98	62	130	0.90	52	140	0.8	48	90	0.5

表 2.4.5 冀东油田稠油油藏吞吐井效果分析（按井型统计）

井型	首轮前含水率（%）	首轮降水幅度（%）	首轮有效期（d）	首轮换油率	第二轮降水幅度（%）	第二轮有效期（d）	第二轮换油率	第三轮降水幅度（%）	第三轮有效期（d）	第三轮换油率
水平井	98	72	273	2.10	65	227	1.17	58	240	0.94
定向井	98	68	247	1.74	55	192	0.88	49	173	0.79

三、稀油油藏应用情况

自 2011 年实施二氧化碳吞吐以来，截至 2022 年底，实施单井吞吐 456 井次（表 2.4.6），有效率 89%；全周期累计增油 10.2×10^4t，平均单井增油 224t，平均有效期 203d；注入二氧化碳 13.5×10^4t，平均单井注入量 297t；平均换油率 0.75，投入产出比 1：2.07。

表 2.4.6　冀东油田常规稠油油藏二氧化碳单井吞吐应用情况统计

开井年份	实施井次	二氧化碳注入量（t）	平均单井注入量（t）	全周期有效率（%）	全周期经济有效率（%）	全周期有效期（d）	全周期增油量（t）	全周期平均单井增油量（t）	全周期换油率	全周期投入产出比
2011	14	3350	239	86	71	233	3701	264	1.10	1：3.29
2012	29	7625	263	100	69	237	9319	321	1.22	1：4.28
2013	43	12248	285	93	58	209	9762	227	0.80	1：2.41
2014	28	7482	267	86	61	153	4282	153	0.57	1：1.79
2015	24	5383	224	92	5%	242	5475	228	1.02	1：1.53
2016	44	12135	276	93	36	225	11674	265	0.96	1：1.79
2017	51	15368	301	92	47	163	13426	263	0.87	1：1.80
2018	73	23529	322	86	58	205	17468	239	0.74	1：2.16
2019	60	20055	334	88	43	230	12032	201	0.60	1：1.55
2020	37	11991	324	76	32	204	6106	165	0.51	1：1.23
2021	21	6201	295	71	57	193	2876	137	0.46	1：1.64
2022	32	10116	316	94	69	155	5905	185	0.58	1：2.61
合计（平均）	456	135483	297	89	52	203	102026	224	0.75	1：2.07

从开发生产角度分析，稀油油藏单井吞吐效果具有以下特点：（1）油井所处构造位置对首轮和多轮次吞吐效果都有明显影响。油井所在构造位置越高，首轮吞吐降水幅度越大、有效期越长、二氧化碳换油率越高，多轮吞吐效果好的油井主要分布在构造高部位及腰部，高部位多轮吞吐效果好于低部位的井（表 2.4.7）。（2）油井投产初期含水率对首轮和多轮次吞吐效果都有明显影响。油井投产初期含水率越低，首轮吞吐降水幅度越大、有效期越长、二氧化碳换油率越高，多轮吞吐效果好的井主要是投产初期中低含水率的井，多轮次吞吐效果随着投产初期含水率的增高而变差（表 2.4.8）。（3）井型对吞吐效果影响明显。相对于定向井，水平井吞吐的降水幅度、有效期、换油率等指标更好，吞吐效果更优（表 2.4.9）。

表 2.4.7　冀东油田稀油油藏吞吐井效果分析（按构造位置统计）

构造位置	首轮吞吐前含水率（%）	首轮降水幅度（%）	首轮有效期（d）	首轮换油率	第二轮降水幅度（%）	第二轮有效期（d）	第二轮换油率	第三轮降水幅度（%）	第三轮有效期（d）	第三轮换油率
构造高部位	96	61	190	1.36	62	115	0.45	35	70	0.25
构造腰部位	91	70	165	0.95	65	120	0.69	50	105	0.58
靠近油水边界	90	21	75	0.38	15	60	0.25	5	30	0.15

表 2.4.8　冀东油田稀油油藏吞吐井效果分析（按投产含水率统计）

投产初期含水率（%）	首轮吞吐前含水（%）	首轮降水幅度（%）	首轮有效期（d）	首轮换油率	第二轮降水幅度（%）	第二轮有效期（d）	第二轮换油率	第三轮降水幅度（%）	第三轮有效期（d）	第三轮换油率
≤20	96	70	220	1.50	49	100	0.50	48	95	0.38
20～60	95	78	242	2.20	62	140	0.70	25	150	0.48
60～90	98	50	175	0.69	38	160	0.28	30	110	0.42
≥90	98	30	81	0.65	20	60	0.20	5	50	0.15

表 2.4.9　冀东油田稀油油藏吞吐井效果分析（按井型统计）

井型	首轮前含水率（%）	首轮降水幅度（%）	首轮有效期（d）	首轮换油率	第二轮降水幅度（%）	第二轮有效期（d）	第二轮换油率	第三轮降水幅度（%）	第三轮有效期（d）	第三轮换油率
水平井	98	70	235	1.04	62	225	0.95	51	178	0.85
定向井	98	68	211	0.87	56	189	0.85	31	175	0.65

四、典型井例分析

1. 常规稠油油藏高部位且采出程度低的吞吐井例（M28-P4 井）

M28-P4 井为庙 27-15 断块较高部位一口水平井（图 2.4.1），生产井段 117.8m/2 段，油层厚度 10m，地层倾角 8°，油藏类型为稠油底水油藏，50℃地层原油黏度 288mPa·s。投产后含水率上升非常快，分析认为初期采液强度大造成局部底水锥进致使油井高含水，小层采出程度仅 4.0%，井筒附近含油饱和度高，吞吐潜力大。2013 年开始实施二氧化碳单井吞吐五轮次，增油 4556t。（1）2013 年 10 月首轮吞吐，注入量 270t，焖井 25d，日产液由措施前的 33m³ 降至 13m³，日产油由 0.39t 提高至 11.7t，含水率由 99% 降至 10%，有效期 400d，累计增油 1436t。（2）2015 年 1 月第二轮吞吐，注入量 320t，焖井 25d，日产液由措施前的 10m³ 降至 8m³，日产油由 0.5t 提高至 5t，含水率由 95% 降至 37%，有效期天 500d，累计增油 1500t。（3）2017 年 12 月第三轮吞吐，注入量 320t，焖井 25d，日产液由措施前的 22m³ 降至 8.7m³，日产油由 0.57t 提高至 5.3t，含水率由 97% 降至 39%，有效期天 450d，累计增油 900t。（4）2019 年 5 月第四轮吞吐，注入量 320t，焖井 25d，日产液由措施前的 10m³ 降至 7.8m³，日产油由 0.2t 提高至 3.31t，含水率由 98% 降至 57%，有效期天 400d，累计增油 720t。（5）2021 年 12 月第五轮吞吐，注入量 320t，焖井 25d，吞吐无效。2022 年 5 月侧钻。各轮吞吐效果如图 2.4.2 和表 2.4.10 所示。

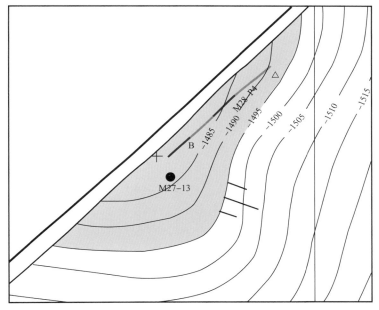

图 2.4.1　庙 27-15 断块 NmⅠ7 油藏构造井位图

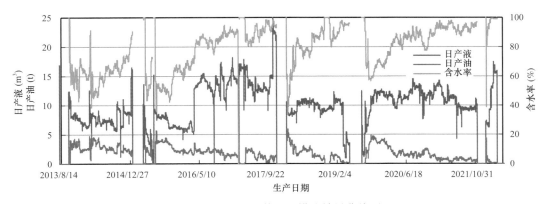

图 2.4.2　M28-P4 井吞吐措施效果曲线图

表 2.4.10　M28-P4 井多轮吞吐效果统计

吞吐轮次	实施时间	措施前单井日产液量（m³）	措施后单井日产液量（m³）	措施前单井日产油量（t）	措施后单井日产油量（t）	措施前单井含水率（%）	措施后单井含水率（%）	有效期（d）	增油量（t）
1	2013/10	33	13.0	0.39	11.70	99	10	400	1436
2	2015/1	10	8.0	0.50	5.00	95	37	500	1500
3	2017/12	22	8.7	0.57	5.30	97	39	450	900
4	2019/5	10	7.8	0.20	3.31	98	57	400	720

2. 常规稠油油藏中高部位且采出程度较高的吞吐井例（G104-5P100 井）

G104-5P100 井为高浅北区 Ng13-2 小层北部区域较高部位一口水平井，生产井段 120.8m/1 段（图 2.4.3），油层厚度 7m，地层倾角 1.5°，稠油边水油藏，50℃地层原油黏度 562mPa·s。该井位于构造较高部位，井筒附近含油饱和度高，有吞吐潜力。从 2011 年开始实施二氧化碳吞吐八轮次，增油 4420t。（1）2011 年 8 月首轮吞吐，注入二氧化碳 325t，焖井 22d，日产液由措施前的 37.2m³ 降至 12.9m³，日产油由 0.93 提高至 6.4t，含水率由 97.7% 降至 50.2%，有效期天 358d，增油 1175t。（2）2012 年 12 月第二轮吞吐，注入二氧化碳 407t，焖井 22d，日产液由措施前的 29.9m³ 降至 7.7m³，日产油由 0.69t 提高至 3.41t，含水率由 97.7% 降至 55.7%，有效期 444d，增油 1034t。（3）2014 年 4 月第三轮吞吐，注入二氧化碳 250t，焖井 20d，日产液由措施前的 16m³ 降至 5.5m³，日产油由 0.67t 提高至 3.16t，含水率由 95.8% 降至 42.5%，有效期 340d，增油 592t。（4）2015 年 7 月第四轮吞吐，注入二氧化碳 350t，焖井 20d，日产液由措施前的 1m³ 提高至 11.3m³，日

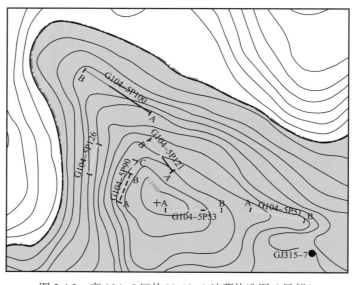

图 2.4.3　高 104-5 区块 Ng13-2 油藏构造图（局部）

产油由 0t 提高至 3.29t，含水率由 100% 降至 70.9%，有效期 262d，增油 293t。（5）2016年 7 月第五轮吞吐，注入 801S 堵剂体系 600m³ + 二氧化碳 450t，焖井 50d，日产液由措施前的 25.3m³ 降至 11.9m³，日产油由 0.33t 提高至 3.11t，含水率由 98.7% 降至 73.9%，有效期 392d，增油 445t。（6）2018 年 4 月第六轮吞吐，注入 801S 堵剂体系 1000m³ + 二氧化碳 500t，焖井 32d，日产液由措施前的 15.6m³ 降至 7.3m³，日产油由 0.08t 提高至 2.86t，含水率由 99.5% 降至 60.8%，有效期 286d，增油 404t。（7）2020 年 5 月精准挖潜，封2310～2345m，生产其前后两段。2020 年 6 月，注入二氧化碳 304t，焖井 27d，日产液由措施前的 11.3m³ 降至 8.5m³，日产油由 0t 提高至 2.94t，含水率由 100% 降至 65.4%，有效期 138d，增油 208t。（8）2020 年 12 月第八轮吞吐，注入二氧化碳 497t，焖井 32d，日产液由措施前的 9.7m³ 增至 11.2m³，日产油由 0.34t 提高至 4.01t，含水率由 96.5% 降至64.2%，有效期 159d，增油 269t。为完善该井区井网，2022 年 1 月侧钻。各轮吞吐效果如图 2.4.4 和表 2.4.11 所示。

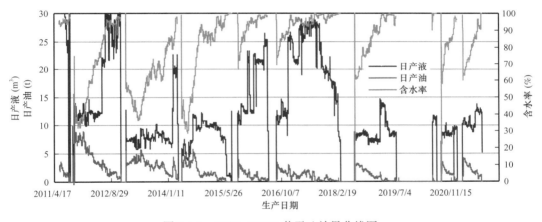

图 2.4.4　G104-5P100 井吞吐效果曲线图

表 2.4.11　G104-5P100 井多轮吞吐效果统计

吞吐轮次	实施时间	措施前单井日产液量（m³）	措施后单井日产液量（m³）	措施前单井日产油量（t）	措施后单井日产油量（t）	措施前单井含水率（%）	措施后单井含水率（%）	有效期（d）	增油量（t）
1	2011/8	37.2	12.9	0.93	6.40	97.7	50.2	358	1175
2	2012/12	29.9	7.7	0.69	3.41	97.7	55.7	444	1034
3	2014/4	16.0	5.5	0.67	3.16	95.8	42.5	340	592
4	2015/7	1.0	11.3	0	3.29	100.0	70.9	262	293
5	2016/7	25.3	11.9	0.33	3.11	98.7	73.9	392	445
6	2018/4	15.6	7.3	0.08	2.86	99.5	60.8	286	404
7	2020/5	11.3	8.5	0	2.94	100.0	65.4	138	208
8	2020/12	9.7	11.2	0.34	4.01	96.5	64.2	159	269

3. 常规稠油油藏低部位且采出程度高的吞吐井例（G104-5P115 井）

G104-5P115 井为高浅北区 Ng6-2 小层西部一口水平井，生产井段 43.8m/1 段（图 2.4.5），油层厚度 5m，地层倾角 1.5°，稠油底水油藏，50℃地层原油黏度 1220mPa·s。该井位靠近油水边界，属于底水油藏，有一定吞吐潜力。从 2011 年开始实施二氧化碳吞吐四轮次，累计增油 864t。（1）2011 年 1 月首轮吞吐，注入二氧化碳 275t，焖井 22d，日产液由措施前的 65.7m³ 降至 24.6m³，日产油由 1.36t 提高至 18.97t，含水率由 98% 降至 22.9%，有效期 39d，增油 516t。（2）2011 年 5 月第二轮吞吐，注入二氧化碳 275t，焖井 20d，日产液由措施前的 38.7m³ 降至 11m³，日产油由 0.58t 提高至 5.49t，含水率由 98.5% 降至 50.1%，有效期 77d，增油 141t。（3）2011 年 11 月实施第三轮吞吐，注入选择性堵剂 690m³，二氧化碳 400t，焖井 32d。日产液由措施前的 16.4m³ 增至 53.5m³，日产油由措施前的 0.28t 提高至 2.3t，含水率由措施前的 98.3% 降至 95.7%，有效期 240d，增油 138t。（4）2017 年 3 月第四轮吞吐，注入堵剂 600 m³＋二氧化碳 400t，焖井 33d。措施前高含水关井，吞吐后日产液 13.4m³、日产油 1.23t、含水率 90.8%，有效期 94d，增油 69t。2021 年 12 月侧钻。各轮吞吐效果如图 2.4.6 和表 2.4.12 所示。

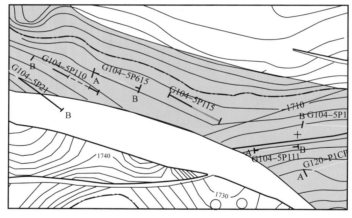

图 2.4.5 高 104-5 区块 Ng6-2 油藏构造图（局部）

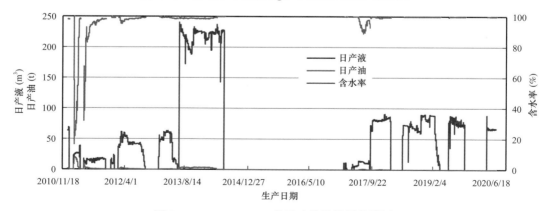

图 2.4.6 G104-5P115 井吞吐措施效果曲线图

表 2.4.12　G104-5P115 井多轮吞吐效果统计

吞吐轮次	实施时间	措施前单井日产液量（m³）	措施后单井日产液量（m³）	措施前单井日产油量（t）	措施后单井日产油量（t）	措施前单井含水率（%）	措施后单井含水率（%）	有效期（d）	增油量（t）
1	2011/1	65.7	24.6	1.36	18.97	98.0	22.9	39	516
2	2011/5	38.7	11.0	0.58	5.49	98.5	50.1	77	141
3	2011/11	16.4	53.5	0.28	2.30	98.3	95.7	240	138
4	2017/3	0	13.4	0	1.23	100.0	90.8	94	69

4. 常规稀油油藏高部位且采出程度低的吞吐井例（G63-10 井）

G63-10 井为高浅南区高 63-10 断块较高部位的一口采油井（图 2.4.7），生产 $NmⅢ2$ 的 24# 层，油层厚度 3m，地层倾角 3°，稀油边水油藏，50℃地层原油黏度 14mPa·s。井筒附近含油饱和度高，有吞吐潜力。从 2016 年开始实施二氧化碳吞吐六个轮次，增油 4683t。（1）2016 年 9 月首轮吞吐，注入二氧化碳 328t，焖井 34d，日产液由措施前的 29.1m³ 降至 8m³，日产油由 0.52t 提高至 7.1t，含水率由 98.2% 下降至 11.5%，有效期 481d，增油 2524t。（2）2018 年 4 月第二轮吞吐，注入二氧化碳 400t，焖井 26d，日产液由措施前的 26.1m³ 降至 9.1m³，日产油由 0.26t 提高至 6.06t，含水率由 99% 降至 33.4%，有效期 406d，增油 937t。（3）2019 年 11 月第三轮吞吐，注入二氧化碳 463t，焖井 25d，日产液由措施前的 11.3m³ 降至 6.8m³，日产油由 0.01t 提高至 2.91t，含水率由 99.9% 降至 57.2%，有效期 290d，增油 517t。（4）2020 年 10 月第四轮吞吐，注入 0.3% 酚醛 200m³＋二氧化碳 401t，焖井 24d，日产液由措施前的 10m³ 降至 7m³，日产油由 0.5t 提高至 3t，含水率由 95% 降至 57%，有效期 152d，增油 172t。（5）2021 年 9 月第五轮吞吐，注入 0.2% 酚醛 300m³＋二氧化碳 460t，焖井 31d，日产液由措施前的 13.6m³ 降至 7.6m³，日产

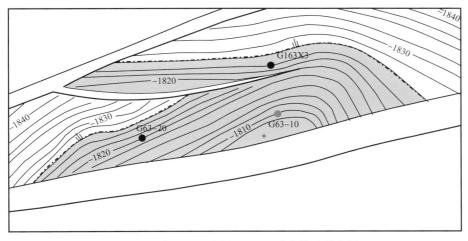

图 2.4.7　高 63-10 断块 $NmⅢ2$ 油藏构造井位图

油由 0.14t 提高至 3.75t，含水率由 99% 降至 50.6%，有效期 153d，增油 273t。（6）2022年 4 月第六轮吞吐，注入 0.2% 缔合聚合物 300m³ + 二氧化碳 456t，焖井 35d，日产液由措施前的 15.8m³ 降至 4.4m³，日产油由 0.77t 提高至 3.3t，含水率由 95.1% 降至 25.1%，有效期 332d，增油 440t，目前仍然有效。各轮吞吐效果如图 2.4.8 和表 2.4.13 所示。

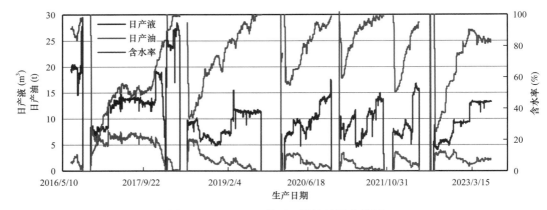

图 2.4.8　G63-10 井吞吐措施效果曲线图

表 2.4.13　G63-10 井多轮吞吐效果统计

吞吐轮次	实施时间	措施前单井日产液量（m³）	措施后单井日产液量（m³）	措施前单井日产油量（t）	措施后单井日产油量（t）	措施前单井含水率（%）	措施后单井含水率（%）	有效期（d）	增油量（t）
1	2016/9	29.1	8.0	0.52	7.10	98.2	11.5	481	2524
2	2018/4	26.1	9.1	0.26	6.06	99.0	33.4	406	937
3	2019/11	11.3	6.8	0.01	2.91	99.9	57.2	290	517
4	2020/10	10.0	7.0	0.50	3.00	95.0	57.0	152	172
5	2021/9	13.6	7.6	0.14	3.75	99.0	50.6	153	273
6	2022/4	15.8	4.4	0.77	3.30	95.1	25.1	332	440

5. 常规稀油油藏较高部位且采出程度较高的吞吐井例（G29-20 井）

G29-20 井为高浅南区高 29 断块的一口定向井（图 2.4.9），油层厚度 2.4m，地层倾角 3°，稀油边水油藏，50℃地层原油黏度 10mPa·s。井筒附近含油饱和度高，有吞吐潜力。从 2018 年开始实施二氧化碳吞吐三轮次，增油 1192t。（1）2018 年 1 月首轮吞吐，注入二氧化碳 225t，焖井 33d，日产液由措施前的 22.1m³ 降至 7.2m³，日产油由 0.33t 提高至 5.43t，含水率由 98.4% 降至 24.6%，有效期 232d，增油 504t。（2）2019 年 1 月第二轮吞吐，注入 0.15% 高黏弹封堵体系 300m³ + 二氧化碳 303t，焖井 23d，日产液由措施前的 20.6m³ 降至 5.4m³，日产油由 0.51t 提高至 2.54t，含水率由 97.1% 降至 52.9%，有效

期 180d，增油 299t。（3）2019 年 12 月第三轮吞吐，注入 0.15% 高黏弹封堵体系 300m³+
二氧化碳 297t，焖井 21d，日产液由措施前的 7.3m³ 降至 6.5m³，日产油由 0.01t 提高至
2.02t，含水率由 99.9% 下降至 68.9%，有效期 708d，增油 389t。目前已失效。各轮吞吐
效果曲线如图 2.4.10 和表 2.4.14 所示。

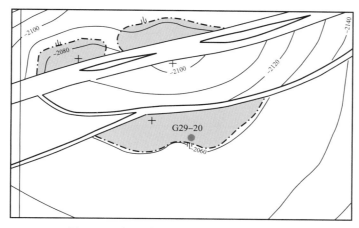

图 2.4.9　高 29 断块 NgⅡ7 油藏构造井位图

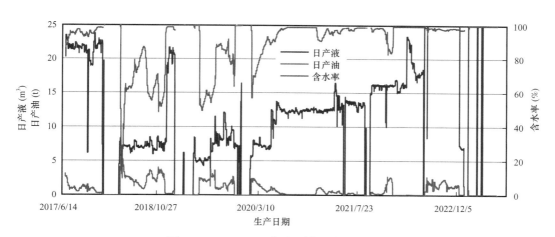

图 2.4.10　G29-20 井吞吐措施效果曲线图

表 2.4.14　G29-20 井多轮吞吐效果统计

吞吐轮次	实施时间	措施前单井日产液量（m³）	措施后单井日产液量（m³）	措施前单井日产油量（t）	措施后单井日产油量（t）	措施前单井含水率（%）	措施后单井含水率（%）	有效期（d）	增油量（t）
1	2018/1	22.1	7.2	0.33	5.43	98.4	24.6	232	504
2	2019/1	20.6	5.4	0.51	2.54	97.1	52.9	180	299
3	2019/12	7.3	6.5	0.01	2.02	99.9	68.9	708	389

6. 常规稀油油藏低部位且采出程度高的吞吐井例（M27-28井）

M27-28井为老爷庙浅层庙27-27断块的一口定向井（图2.4.11），油层厚度5.2m，地层倾角3°，稀油边水油藏，50℃地层原油黏度12mPa·s。2016年开始实施二氧化碳吞吐两个轮次，增油124t。（1）2016年8月首轮吞吐，注入二氧化碳202t，焖井23d，日产液由措施前的24.2m³降至10.38m³，日产油由0.39t提高至2.08t，含水率由98.4%降至80%，有效期136d，增油93t。（2）2017年3月第二轮吞吐，注入801S堵剂体系200m³+二氧化碳300t，焖井32d，日产液由措施前的6.8m³降至3.83m³，日产油由0.57t降至0.28t，含水率由91.6%上升至92.6%，供液不足，有效期72d，增油31t。2018年4月不产液关井。各轮吞吐效果如图2.4.12和表2.4.15所示。

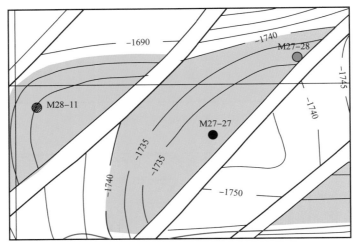

图2.4.11　庙27-27断块NmⅡ6油藏构造井位图

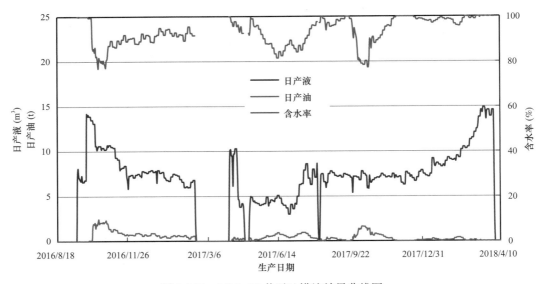

图2.4.12　M27-28井吞吐措施效果曲线图

表 2.4.15　M27-28 井多轮吞吐效果统计

吞吐轮次	实施时间	措施前单井日产液量（m³）	措施后单井日产液量（m³）	措施前单井日产油量（t）	措施后单井日产油量（t）	措施前单井含水率（%）	措施后单井含水率（%）	有效期（d）	增油量（t）
1	2016/8	24.2	10.38	0.39	2.08	98.4	80.0	136	93
2	2017/3	6.8	3.83	0.57	0.28	91.6	92.6	72	31

由上述典型井例分析可见：

（1）单井吞吐效果主要与油藏条件、剩余油物质基础有关。① 位于稠油油藏高部位、油层厚、采出程度低的油井二氧化碳吞吐效果最好；② 位于稠油油藏中高部位、稀油油藏高部位、采出程度较高的油井二氧化碳吞吐效果较好；③ 位于稠油油藏低部位、稀油油藏较高部位、采出程度较高的油井二氧化碳吞吐效果中等；④ 位于稀油油藏中、低部位的油井二氧化碳吞吐效果较差，应慎重实施。

（2）随着吞吐轮次增加，二氧化碳单井吞吐的控水增油效果逐渐变差。因此高轮次二氧化碳吞吐时，应进行复合增效、井组协同、精准挖潜等措施，以改善其控水增油效果与经济效益，增强二氧化碳吞吐措施的可持续性。

（3）优势渗流通道对二氧化碳吞吐效果影响较大。应采取堵剂封堵优势渗流通道或多井合理配置协同等手段，解决或避免优势渗流通道对吞吐效果的负面作用。

（4）注气量对吞吐增油量、吞吐后开井含水率影响明显。随着注气量增加，单井增油量明显增加，开井含水率明显降低，随着吞吐轮次增加，需要的注气量逐渐增加。

（5）开井生产后采液强度对吞吐效果影响较大。吞吐开井后以高液量生产，导致油井含水率迅速上升，统计高液量生产的 5 口井，平均有效期仅为 36d。为了防止边底水快速突进，延长吞吐有效期，须控制吞吐井产液量。

（6）单井吞吐过程中的起下管柱作业对二氧化碳吞吐效果产生不利影响。统计吞吐后作业的 5 口井资料，平均有效期仅为不作业井的 50%。因此，应避免吞吐后作业，实现二氧化碳吞吐生产一体化。

（7）冀东油田常规稠油油藏二氧化碳吞吐效果好于稀油油藏。相对稀油油藏，常规稠油油藏二氧化碳吞吐的有效率提高 5 个百分点，达到 94%；平均单井增油提高 207t，达到 431t；有效期增加 16d，达到 229d；平均换油率提高 0.39，达到 1.14。

（8）井型对吞吐效果影响明显。相对于定向井，水平井二氧化碳吞吐的降水幅度、有效期、换油率等指标更好，吞吐效果更优。

参 考 文 献

[1] 庞进，孙雷，孙良田. WC54 井区 CO_2 吞吐强化采油室内实验研究 [J]. 特种油气藏，2006（4）：86-88，109.

[2] 付美龙，张鼎业. 二氧化碳在辽河油田杜 84 块超稠油中的溶解性研究 [J]. 钻采工艺，2006，29（2）：104-107.

［3］李振泉.油藏条件下溶解二氧化碳的稀油相特性实验研究［J］.石油大学学报（自然科学版），2004，28（3）：43-48.

［4］邢晓凯，秦臻伟，孙锐艳，等.CO_2在黑59原油中的溶解特性［J］.试验研究，2011，30（12）：9-11.

［5］付美龙，张鼎业，刘尧文，等.二氧化碳对高凝油物性影响实验研究［J］.钻采工艺，2004，27（4）：98-100.

［6］妥宏，马愉，王熠，等.英2井深层稠油油藏注气吞吐降粘实验［J］.新疆石油地质，2012，33（1）：108-110.

［7］李振泉.孤岛油田中一区特高含水期聚合物工业试验［J］.石油勘探与开发，2004，31（2）：119-121.

［8］张烈辉，冯佩真，刘月萍，等.单井注气吞吐过程中油气饱和度分布研究［J］.西南石油学院学报，2000，22（4）：52-55.

［9］李兆敏，张超，李松岩，等.非均质油藏CO_2泡沫与CO_2交替驱提高采收率研究［J］.石油化工高等学校学报，2011，24（6）：1-5.

［10］王守岭，孙宝财，王亮，等.CO_2吞吐增产机理室内研究与应用［J］.钻采工艺，2004，27（1）：91-94.

［11］庞诗师.CO_2/N_2吞吐提高稠油采收率实验与数值模拟研究［D］.成都：西南石油大学，2016.

［12］杨胜来，李新民，郎兆新，等.稠油注CO_2的方式及其驱油效果的室内实验［J］.石油大学学报（自然科学版），2001，25（2）：62-64.

［13］陈育红，潘卫东，孙双立.CO_2吞吐对储层结垢趋势的影响研究［J］.石油化工腐蚀与防护，2003，20（6）：21-23.

［14］王军.低渗透油藏二氧化碳吞吐选井条件探讨［J］.油气藏评价与开发，2019，9（3）：57-61.

［15］李亚辉，彭彩珍，李海涛，等.稠油油藏水平井CO_2吞吐井位筛选的模糊评判法［J］.新疆石油地质，2015，36（3）：338-341.

［16］王先德，韩振哲，赵同庆，等.注CO_2单井吞吐选井原则［J］.新疆地质，2009，27（2）：188-190.

［17］刘承婷，杨钊，战非，等.低渗透油藏二氧化碳吞吐井组优选方法研究［J］.科学技术与工程，2010，18（24）：6005-6007.

［18］付美龙，叶成，熊帆，等.茨31块CO_2驱参数优化与方案设计［J］.钻采工艺，2011，34（1）：56-58.

［19］张娟，张晓辉，张亮，等.水平井CO_2吞吐增油机理及影响因素［J］.油田化学，2017，34（3）：475-481.

［20］王守岭，孙宝财，王亮，等.CO_2吞吐增产机理室内研究与应用［J］.钻采工艺，2004，27（1）：91-94.

［21］马桂芝，陈仁保，张立民，等.南堡陆地油田水平井二氧化碳吞吐主控因素［J］.特种油气藏，2013（5）：81-85，154.

［22］李国永，叶盛军，冯建松，等.复杂断块油藏水平井二氧化碳吞吐控水增油技术及其应用［J］.油气地质与采收率，2012，19（4）：62-65.

［23］刘怀珠，李良川，吴均.浅层断块油藏水平井CO_2吞吐增油技术［J］.石油化工高等学校学报，2014，27（4）：52-56.

［24］DeRuiter R A, Nash L J, Singletary M S. Solubility and Displacement Behavior of a Viscous Crude With CO_2 and Hydrocarbon Gases［J］. SPE Reservoir Engineering, 1994, 9（2）: 101-106.

［25］Wigand M, Carey J W. Geochemical effects of CO_2 sequestration in sandstones under simulated in situ conditions of deep saline aquifers［J］. Applied Geochemistry, 2008, 23（9）: 2735-2745.

［26］Suzanne J T H, Christopher J S. Reaction of plagioclase feldspars with CO_2 under hydrothermal conditions ［J］. Chemical Geology, 2009, 265（1-2）: 88-98.

［27］Suzanne J T H, Christopher J S. Coastal spreading of olivine to control atmospheric CO_2 concentrations: A critical analysis of viability［J］. International Journal of Greenhouse Gas Control, 2009（3）: 757-767.

［28］Sayegh S G, Maini B B. Laboratory evaluation of the CO_2 huff-n-puff process for heavy oil reservoirs［J］. 1984, PETSOC-84-03-02.

［29］Makimura D, Kunieda M, Liang Y, et al. Application of Molecular Simulations to CO_2 -Enhanced Oil Recovery Phase Equilibria and Interfacial Phenomena［J］. SPE-163099. SPE Journal. April, 2013: 319-330.

［30］Emadi A, Sohrabi M, Farzaneh S A, et al. Experimental Investigation of Liquid- CO_2 and CO_2-Emulsion Application for Enhanced Heavy Oil Recovery［C］. SPE 164798. Paper presented at the EAGE Annual Conference & Exhibition incorporating SPE Europe held in London, United Kingdom, 10-13, June, 2013.

［31］Wang Z, Ma J, Gao R, et al. Optimizing Cyclic CO_2 Injection for Low- permeability Oil Reservoirs through Experimental Study［C］. SPE 167193. Paper Presented at the SPE Unconventional Resources Conference-Canada held in Calgary, Alberta, Canada, 5-7, November, 2013.

第三章　二氧化碳协同吞吐

为提高剩余油潜力区乃至整个油藏的二氧化碳吞吐的整体效果与效益，冀东油田提出了二氧化碳协同吞吐理念，并形成了相应技术，应用结果表明协同吞吐较单井吞吐有更显著的控水增油效果，已发展成为冀东油田复杂断块边底水油藏特高含水期提高采收率的主体技术。协同吞吐以油藏为对象，以剩余油富集区为基本单元，通过层系井网构建实施井组注气吞吐，发挥协同作用，实现抑制边底水、挖潜剩余油的目的。多井协同吞吐除具有单井控水增油机理外，还具有协同增效作用（如平衡井间压力，抑制动态非均质性，减小井间干扰，扩大二氧化碳波及体积，形成稳定气液界面，充分发挥二氧化碳溶胀、改善流度比及泡沫贾敏效应，有效动用井间剩余油）。二氧化碳协同吞吐的微观采油机理是补充地层能量与增强原油流动性，其宏观机理包括重力分异与扩大波及体积。本章重点阐述协同吞吐机理、协同吞吐潜力评价、协同吞吐方案设计与实际应用情况。

第一节　二氧化碳协同吞吐机理

一、协同吞吐理论框架

1. 多井二氧化碳协同吞吐系统的提出及理论研究的出发点

协同吞吐系统是基于系统论、协同学的基本理论与二氧化碳吞吐实践相结合而提出的，研究的出发点和落脚点是发挥协同吞吐系统的协同效应和整体效应、实现系统的整体涌现性和协同放大性。

1932年，贝塔朗菲提出系统论思想，1937年提出一般系统论原理，将系统定义为"由若干要素以一定结构形式联结，构成具有某种功能的有机整体"。贝塔朗菲认为，任何系统都是一个有机的整体，并不是各部分的机械组合，系统的整体功能是各要素孤立状态下无法实现的性质。系统中要素并不是孤立存在的，而是均处在一定位置并发挥特定作用。各要素的相互关联构成了不可分割的整体，如果从系统整体中割离出来单个要素，其将会失去该要素的作用。系统论的基本思想方法就是把研究对象当作一个系统来分析，分析该系统的结构和功能，研究系统、要素和环境三者的关系和运作机制来实现优化系统的效果。"优化系统的效果"是系统论的目的，在认识系统的特点和规律基础上，利用这些特点和规律去控制、管理、改造和创造系统，调节系统结构，协调系统中各要素的关系，达到优化系统的目标，发挥整体效应、实现整体涌现性，符合人们的发展需要[1-4]。

协同学是 20 世纪 70 年代初，由联邦德国理论物理学家赫尔曼·哈肯创立的。协同学研究的对象为系统，构成系统下一层次的"物体"为子系统。协同学以统一的概念与方法处理系统，这些系统的共同之处及使它们变得复杂的原因是它们都被高维状态空间所描述。与系统工程的系统侧重于"整体与要素之间的关系"不同，协同学侧重于系统与子系统之间的组织状态及子系统之间的协同作用，并受相同原理所支配。一个由许多子系统构成的系统，如果在子系统之间互相配合产生协同作用和合作效应，系统便处于自组织状态，在宏观上和整体上就表现为具有一定的结构或功能。协同学是一门描述系统从无序到有序或从有序到有序转变的条件和规律的科学，其基本概念主要有系统与子系统、有序与无序、序参量与控制参量、平衡相变与非平衡相变、竞争与协同，最终达到实现系统的协同效应（表 3.1.1）[5-8]。

表 3.1.1　整体效应与协同效应对照表

分类	整体效应	协同效应
理论依据	系统论	协同学
主要内容	系统的综合性、整体性，系统各要素一旦组成系统整体，形成新的系统的质的规定性，整体的性质和功能不等于各个要素的性质和功能的简单加和，整体效应可表达为整体大于、等于或小于部分之和	一个复杂的、开放的系统发展到临界状态时，不同子系统间的相互作用则产生协同效应，促使系统发生质变，引导系统从无序走向有序、从不稳定结构变为稳定结构
区别	多强调结果，这种结果主要体现在整体与要素所产生"效应"的差值上	既强调结果又强调过程，在结果上强调高度有序，在过程中强调系统间的一系列动态变化
	由要素之间的单纯合作产生	在系统内各子系统的竞争与合作、合作与竞争中产生
	在系统内部产生	不仅在系统内部产生，还在系统内部与外部环境的共同作用下产生（系统内部与外部间物质、能量与信息的交换）
	主要由各要素间的组合、整合所产生。即将两个或两个以上的要素集合成为一个整体，目的在于更大程度地提高整体的功能，多属于他组织的范畴。	由系统中各部分之间的高层次合作产生，具有动态性和发展性，既涉及他组织范畴，又涉及自组织范畴
目标	整体涌现性	协同放大性

本书基于吞吐实践及系统论、协同学理论，提出多井协同吞吐系统，将其定义为：以井组架构、油藏条件、吞吐方案为要素，以各单井吞吐单元为系统结构，发挥二氧化碳协同吞吐系统的整体效应和多要素协同、多井协同作用，以降水增油为目标的一种采油工程系统。协同吞吐系统是由要素（井组架构、油藏条件、吞吐方案）和子系统（各单井吞吐子系统）构成的有机整体。协同吞吐系统的协同是构成系统的各子系统间的协同、各要素间的协同。

协同吞吐系统是一个复杂系统，在油藏上存在着多孔介质特性、地层非均质性和油水关系复杂性，在实施过程上涉及注气、焖井、采油三个过程，同时也牵扯到油藏、采油、化学等方面的问题。协同吞吐系统需要采用系统论和协同学理论研究，必须把每个单井吞吐单元看成是处于一个统一的并且是彼此相关系统中的一个组成部分，研究单井吞吐单元相互作用及其井组构架、油藏条件、吞吐方案的相互作用关系，实现降水增油目标。

协同吞吐系统具有层次性。一般系统论认为系统具有层次性，一个系统是更高层次系统的要素（子系统）。系统论视域下的协同吞吐系统具有三个层次：单井吞吐系统→多井协同吞吐系统→区块协同吞吐系统。其中：单井吞吐系统是多井协同吞吐系统的一个子系统，多井协同吞吐系统是区块协同吞吐系统的一个子系统。

2. 系统论视域下的协同吞吐系统的整体性、开放性、不稳定性

1）整体性

系统是由若干要素组成的具有一定新功能的有机整体，各个作为系统子单元的要素一旦组成系统整体，就具有独立要素所不具有的性质和功能，形成了新的系统的质的规定性，从而整体的性质和功能不等于各个要素的性质和功能的简单加和。协同吞吐系统以井组架构、油藏条件、吞吐方案为要素，以各单井吞吐单元为系统结构，各要素和各部分之间形成一个相互影响、相互联系和相互制约的有机整体；同时在过程上又体现为注气、焖井、采油等三个阶段，注气和采油是吞吐的两翼，分别保障着吞吐的顺利开展和吞吐效果的实现，焖井是吞吐过程必不可少的重要环节，是吞吐微观机理发挥作用的关键环节，对于多轮吞吐而言，实施过程上又体现为注气、焖井、采油三个阶段的动态闭环。

2）开放性

系统中不仅经常发生能量的输入和输出，而且还发生物质的输入和输出，这种系统就称为"开放系统"。协同吞吐系统是一个开发系统，与环境因素进行着物质、能量与信息交换。物质交换主要体现在：在吞吐过程中，需要向系统内注入二氧化碳、注入堵剂，并从系统内采出油、水。能量交换主要体现在：向系统内注入二氧化碳后，系统内压力、能量逐渐提升，采液过程中系统及子系统内压力降低、能量逐渐下降。信息交换主要体现在：在"吞"的过程中，系统内各子系统吞吐时间及次序组合，在"吐"的过程中，开井时间和次序组合。

3）不稳定性

协同吞吐系统的不稳定性，主要表现为吞吐过程中系统的演变过程。（1）吞吐过程中，存在"注入二氧化碳、焖井、采液"三个阶段，系统能量经历了"上升→扩散→释放"的过程，流动方式经历了"单井向四周的径向流动→相对静止→四周向单井的径向流"的过程。（2）对于注入二氧化碳、焖井、采液三个阶段中的每个阶段，系统也存在不稳定性，如：注入二氧化碳过程中系统不稳定性体现在流动不均衡、波及不均衡，采液过程的系统不稳定性体现在流动不均衡、动用不均衡。当然，依据协同学观点，随着系统的演化，其稳定性将逐渐提高，将由不稳定过渡到稳定、由无序过渡到有序。

　　协同吞吐系统的不稳定性也在一定程度上表现为系统扰动性。系统论认为：自然世界本来是非线性的，线性只是一个近似；对于非线性系统或问题，哪怕一个很小的扰动，如初始条件的微小变化，都可能造成系统后续行为的巨大差异。对于协同吞吐系统，吞吐方案包括各单元的注堵剂参数、注气次序、注气速度、采油次序、采油速度等内容，其中各个参量的变化都会造成吞吐系统的扰动，对最终的控水增油效果造成影响。如：在生产过程中，各子系统的采液强度需要优化设计，某口井采液强度过高会造成边底水的突破，导致系统的扰动，对系统降水增油效果造成较大的负面影响。

3. 系统论和控制论视域下的协同吞吐系统全生命过程的非线性和控制原理

　　复杂系统出现的问题往往是复杂性问题和系统性问题，需要采取非线性思维。非线性思维认为世界是复杂的，事物发展是往复曲折的，不是经情直遂的。贝塔郎菲系统论的提出使科学思想产生了一个转变，即：由有生命世界转向无生命世界，将生命领域的概念和观念投射到无生命领域，从生命的视角考查非生命现象。协同吞吐系统是非线性的，对于控水增油的功效而言，也不是经情直遂的，而是需要多轮次实施，随轮次增加，控水增油效果逐渐变差，此时，往往需要技术不断进步、外部环境更多的物质和能量交换（如增加二氧化碳用量、挤注堵改善地层的非均质性等），才能改善系统的控水增油效果。协同吞吐的生命周期可描述为：协同吞吐系统的建立（系统生命的开始）→第一轮吞吐→系统退化→第二轮吞吐→系统退化…第 N 轮吞吐→系统退化→第 N+1 轮吞吐→系统崩溃（体系生命终结）。

　　协同吞吐系统属于闭环控制系统。采用概念模型建立的协同吞吐控制系统如图 3.1.1 所示。在该系统中，第一轮吞吐前输入相关信息（包括井组架构、油藏条件、吞吐方案等）到控制装置，再经过焖井、开采后，输出采液信息和降水增油效果等信息，同时这些信息反馈给技术管理者，针对暴露的问题调整第二轮吞吐的输入信息（包括井组架构、油藏条件、吞吐方案等），再进行第二次循环（第二轮吞吐），按此过程不断循环，直至达到极限吞吐轮次为止（该轮循环的经济效益小于临界值）。

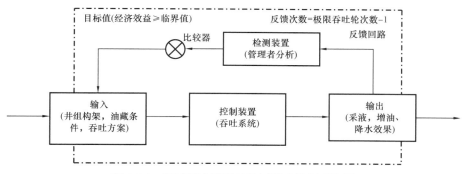

图 3.1.1　基于概念模型的协同吞吐控制系统图

　　基于实际井组的协同吞吐控制系统如图 3.1.2 所示。对于实际井组，油藏条件、井组架构等因素均已固定，并固化到控制装置中。在该系统中，第一轮吞吐前输入相关信息

（如：吞吐方案等）到控制装置，再经过焖井、开采后，输出采液、降水增油效果等信息，同时这些信息反馈给技术管理者，针对暴露的问题调整输入信息（如：吞吐方案等），再进行第二次循环（第二轮吞吐），按此过程不断循环，直至达到极限吞吐轮次为止（该轮循环的经济效益小于临界值）。

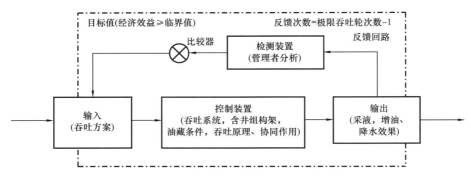

图 3.1.2　基于实际井组的协同吞吐控制系统图

4. 协同学视域下的协同吞吐系统的"有序与无序"特征

"系统结构"是指构成系统与大量子系统之间的组织状态，以及相互联系的反映。宏观上，系统结构分为有序结构和无序结构，有序结构又可分为空间结构、时间结构、功能结构和时空功能结构。当系统具有一定规律性的结构时，称为有序；有结构而无分布规律可循时，称为无序。系统的协同过程体现在系统由"无序到有序或有序到无序"的动态转变中。有序是系统协同过程中不可缺少的状态。系统的有序强调子系统之间的组织状态与相互联系有一定的规律可循。

协同吞吐系统是一个远离平衡态的开放系统，与环境因素进行着物质、能量、信息交换，系统会从无序转向有序。协同学视域下的协同吞吐系统的"有序"，主要体现为吞吐过程的有序化进程，即：整个系统在"吞"的阶段的二氧化碳全面波及和"吐"的阶段的流体流动平衡，有效动用整个系统内剩余油，包括井间、优势渗流通道两侧等难动用区域的剩余油。协同学视域下的协同吞吐系统的"无序"，主要体现为吞吐过程的无序化的进程，即：整个系统内在"吞"的阶段的非全面波及和"吐"的阶段的流体流动不平衡，如吞吐过程中二氧化碳沿优势渗流通道突进导致其两侧区域无法波及和驱替。

5. 协同学视域下的协同吞吐系统的序参量与控制参量

1）协同吞吐系统的序参量

当系统出现自组织时，表现出有序的集体运动。宏观上，这种有序运动的形式称为模式。描述这种模式的宏观参量称为序参量。哈肯从朗道的平衡相变理论中引入序参量，旨在描述系统在时间的进程中会处于什么样的有序状态，具有什么样的有序结构和性能，运行于什么样的模式之中，以什么样的模式存在和变化等。序参量支配着宏观系统的有序状态和结构性能，以及各子系统及其微观参量的存在和行为。序参量是系统相变前后所发生的质的飞跃的最突出标志，表示着系统的有序结构和类型，是所有子系统对协同运动的贡献的总和，是子系统介入协同运动程度的集中体现。复杂系统可通过子系统和序参量两个层次来研究，比起研究所有的子系统，通过序参量来研究系统整体则相对简单。通过序参量来研究系统，一是研究序参量与其他参量之间的合作或联合作用，二是研究序参量之间的合作或联合作用。前者主要描述序参量从众多参量中的产生及其役使其他参量的过程，后者主要指系统中有几个序参量同时存在时，各个序参量之间相互役使、合作起来共同控制整个系统有序化的过程。

协同吞吐系统由 4 个序参量主宰着系统的宏观结构。这些序参量为油藏条件、井组架构、相邻子系统波及体积重合率、流动平衡度。序参量之间的协同合作与竞争决定着系统从无序到有序的演化进程，最终形成一种有序的宏观结构。

子系统间波及体积重合率的计算公式：

$$\varepsilon(a, b) = (A \cap B) / (A \cup B) \tag{3.1.1}$$

式中 $\varepsilon(a, b)$——子系统间波及体积重合率；

A——a 子系统波及体积；

B——b 子系统波及体积。

$\varepsilon(a, b) > 0$ 是相邻子系统发生协同效应的一个条件。

流动平衡度：贝塔郎菲提出系统论之前，早期思想家将"生命系统以某种方式避免了物理系统所遭受的不可避免的退化，生命系统没有接近热力学平衡（完全混沌和最大熵），而是维持在高度有序的状态"称之为动态平衡，贝塔郎菲称之为流动平衡（德语），后来英语翻译成稳定状态。本书借用这一"流动平衡"名词，用"流动平衡度"表征流体在协同吞吐系统内流动状态，作为决定体系由无序到有序的一个序参量。其计算方法为：将系统划分多个区域，计算每个区域的流动平衡度。计算公式：

$$D = (r\mathrm{d}Q/\mathrm{d}V) / (Q'/V') \tag{3.1.2}$$

式中 D——系统内流场均衡程度；

r——测算点距所在子系统井眼的距离；

$\mathrm{d}Q$——流体流量的导数；

$\mathrm{d}V$——体积的导数；

$\mathrm{d}Q/\mathrm{d}V$——系统中微元体的流量与体积的比值；

Q'——系统的采液流量；

V'——系统的体积。

在各个区域，$D \rightarrow 1$ 表征流动均匀；当某个区域 $D > 1$ 时，随着 D 的增加，优势渗流越明显，此时该区域为优势渗流区；当某个区域 $D < 1$ 时，随着 D 的减小，渗流阻滞现象越明显，$D = 0$ 时表征无渗流现象，则此区为难动用区。

每个子系统基于各自的功能设置，至少存在 2 个序参量，如：处于油水边界附近的子

系统的序参量为二氧化碳阻水效率、优势渗流通道控制程度；处于中高部位的子系统的序
参量为二氧化碳波及范围、流动平衡度（图 3.1.3）。

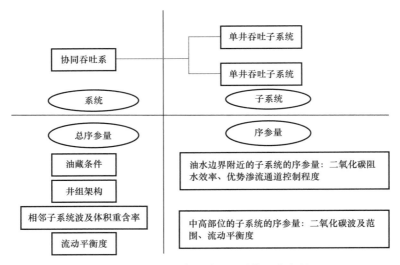

图 3.1.3　二氧化碳协同吞吐系统及序参量

2）协同吞吐系统的控制参量

控制参量指控制系统发展的外参量。系统有序化（无序到有序、有序到新的有序）过
程中，首先需要环境提供物质流、能量流和信息流作保证。即控制参量需要达到阈值时
才能出现如下转变：子系统之间的关联和子系统的独立运动，从均势转变到关联占主导
地位，此时系统中出现了由关联所决定的子系统之间的协同运动，出现了宏观的结构或
类型。

协同吞吐系统中，控制参量为人为因素及环境因素所提供的物质流、能量流、信息
流，即吞吐方案及其实施过程（包括各单元的注堵剂参数、注气次序、注气速度、采油次
序、采油速度等）。当这些物质流、能量流、信息流达到某个阈值时，协同吞吐系统内部
通过自组织产生相变，最终实现整个系统有序化的转变。

6. 系统论视域下的协同吞吐系统的相变特征、演化动力及协同效应

1）协同吞吐系统的非平衡相变特征

物质所处的不同结构或状态称为不同的相。在一定条件下，系统从一种相转变为另
一种相的现象称为相变。平衡相变在平衡系统中发生，非平衡相变在远离平衡的系统内发
生。平衡相变的特点是，与外界没有接触（没有能量、物质与信息交换）、处于热力学平
衡状态的孤立系统；非平衡相变除了研究的是一个开放系统（与外界有能量流、物质流和
信息流交换）外，还具有以下主要特点：控制参量达到阈值后，非平衡相变突然发生；系
统新的状态具有更为丰富的时空功能结构；系统新的状态需要外界提供能量流、物质流、
信息流来保证。

发生在协同吞吐系统内的相变是非平衡相变。协同吞吐系统在实现从无序到有序的相变过程中，首先需要控制参量（吞吐方案及其各参数）达到阈值，其次还需要外界提供能量流、物质流、信息流保证其有序的定态，最后形成的有序吞吐系统具有更为丰富和稳定的时空功能结构。

协同吞吐系统相变主要表现为：不均匀波及相（由波及区、突进区与不波及区构成）→二氧化碳全面波及相；流动不平衡相（由流动区、突进区与不流动区构成）→流动平衡相。协同吞吐子系统内的相变主要表现为：油水相→泡沫油 – 泡沫水相（表现为高黏流体→低黏流体、油水相→油、气、水相）。

2）协同吞吐系统演化动力（竞争和协同）及协同效应的产生

竞争促进发展，协同形成结构，竞争和协同是协同系统相变过程中的普遍规律，是系统演化动力。

竞争是指竞争主体为最大限度地获取所需的资源或取得支配地位，以一种相互排斥、相互争胜、优胜劣汰的行为获取最终的结果。竞争包含着矛盾与冲突，冲突是矛盾的尖锐化和表面化体现。协同学认为：系统协同的前提是"系统内的各子系统之间要有竞争关系"，因为系统内存在"竞争"这种内在驱动力，系统才能在竞争的前提条件下协同；因为存在竞争，才能使系统间产生双赢或多赢的局面。协同吞吐系统中的竞争，在"吞"的过程中，主要表现了二氧化碳波及程度的竞争，如：低压区对高压区的争夺，高渗透区对低渗透区的争夺，优势渗流通道对优势渗流通道两侧区域的争夺，两个子系统对系统边界区域（如井间、油水边界区等）剩余油区的争夺。在"吐"的过程中，主要表现了流动平衡度的竞争，如：高压区对低压区的争夺，高渗透区对低渗透区的争夺，优势渗流通道对其自身两侧区域的争夺，两个子系统对边界区域（如井间、油水边界区等）剩余油区的争夺。协同吞吐系统中的竞争，使协同吞吐系统处于非平衡状态。

哈肯将协同定义为"系统的各部分之间互相协作，使整个系统形成微观个体层次所不存在的物质结构和特征"。协同学意义上的协同是指"在序参量支配下，子系统统一步调的运动过程"，这个运动过程主要体现在当控制参量变化时，系统出现的相变及有序化，即：系统中诸多子系统相互协同、合作或同步的联合作用和集体行为。协同吞吐中的"协同"存在着如下两种含义：一是指单井吞吐子系统之间的协调合作产生协同吞吐系统宏观的有序结构，即控制参量（吞吐方案及其相关参量）达到阈值时，单井吞吐子系统间的关联和子系统的独立运动从"均势"转变到"关联占主导地位"，由此出现单井吞吐子系统之间的协同运动，形成宏观有序结构；二是指序参量（油藏条件、井组架构、相邻子系统波及体积重合率、流动平衡度）之间的协调合作决定着系统的有序结构，即系统中4个序参量同时存在，每个序参量都包含着一组微观组态，每个微观组态都对应着一定的宏观结构，每个序参量都企图独自主宰协同吞吐系统，但彼此因处于均势状态而相互妥协协同一致共同控制协同吞吐系统，进而决定协同吞吐系统的宏观结构。协同系统中各部分之间的互相协作关系如图3.1.4所示。

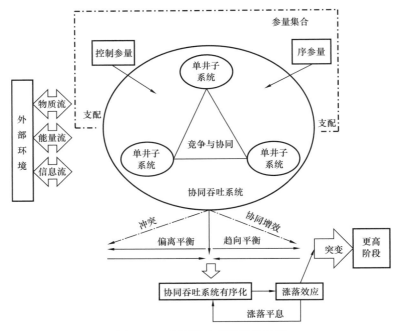

图 3.1.4　协同吞吐系统演化过程

3）协同吞吐系统的协同效应

协同效应是指在一个复杂的、开放的系统中，子系统之间发生协同作用时而出现的最终结果，这也是系统有序状态得以产生的内在驱动力。系统发展到临界状态时，不同子系统间的相互作用则产生协同效应，促使系统发生质变，引导系统从无序走向有序、从不稳定结构变为稳定结构。

从其产生的结果来看，协同吞吐系统"通过各子系统之间相互协作，最终形成微观个体层次所不存在的新的结构与特征"。协同吞吐系统中的 4 个序参量（油藏条件、井组架构、相邻子系统波及体积重合率、流动平衡度）的竞争与协同能够实现"增加系统增油和降低系统含水"的目的，这 4 个序参量是每个子系统中所不单独存在的。

从其产生的过程来看，（1）协同吞吐子系统之间的竞争不是人为将两个子系统拼凑所产生的，而是固有的、内生的，是协同吞吐系统产生协同效应的前提条件。（2）基于单井吞吐子系统的序参量（处于油水边界附近的子系统的二氧化碳阻水效率、优势渗流通道控制程度；处于中高部位的子系统的二氧化碳波及范围、流动平衡度）之间的相互竞争、役使与合作，最终构成一个每个子系统都不单独具有的、全新的、具有一定的油藏条件、井网架构、相邻子系统波及重合率、流动平衡度的有序模式。协同吞吐系统中子系统序参量之间的竞争、役使与合作是其产生协同效应的必要途径。（3）协同吞吐系统的协同效应是在系统内部与外部环境之间共同作用下产生的，协同吞吐系统与外部环境时刻发生着诸如"吞吐方案、方案参数及其实施"等物质、能量与信息的交换，这是协同吞吐系统产生协同效应的必要手段。（4）协同吞吐系统的协同效应主要由系统内的自组织产生，这种自组织下的协同效应并非仅仅取决于人为主观意愿，而是将人为因素视为协同吞吐系统的一部分，运用对所有系统都具有普适性自组织理论，在客观规律下产生的，这是协同吞吐系统产生协同效应的科学依据。

7. 协同学视域下的协同吞吐系统自组织过程特征及序参量支配性作用

自组织过程是一个复杂系统各子系统之间的相互作用引起模式、结构或功能自发出现的有序化过程。当一定的条件使得序参量原来所处的稳定平衡位置变成非稳定时，在涨落（无规力、随机力）作用下，序参量由非稳定位置过渡到新的稳定平衡位置，而系统的其他微观参量紧跟序参量变化，形成系统的自组织活动。

系统内部的各种子系统、参量或因素对系统的影响是有差异的，这种影响在不同阶段和不同时间的反映也不同，人们用不着考虑所有因素，而只要抓住寿命长的变量，逐渐忽略寿命短的变量，就能够一步一步地接近有序状态。换句话说：自组织过程中，慢变量左右着系统演化的整个进程，决定着演化结果出现的结构与功能。

二氧化碳协同吞吐系统由各单井子系统构成，在二氧化碳协同吞吐过程中可形成自组织；同时在自组织过程中，序参量发挥着支配性作用。

协同吞吐系统中的自组织过程分析：（1）由于油藏条件、井组构架等基础性因素的复杂性，在吞吐方案未实施之前或协同吞吐系统由稳定状态再次失稳（如单轮次吞吐的失效），导致协同吞吐系统处于无序或非稳定状态。（2）协同吞吐系统的"吞吐方案及其参数"控制参量达到阈值，协同吞吐系统处于有序状态。（3）在诸如"贾敏效应、增溶膨胀效应，泡沫油流效应、子系统波及体积重合方式"等涨落（无规力，随机力）作用下，协同吞吐系统从非稳定位置过渡到新的稳定平衡位置，且在此过程中形成新的序参量。（4）协同吞吐系统中其他微观参量（如涉及渗流、阻水等相关参量）紧随序参量运动变化表现出"二氧化碳波及、驱动渗流、油水流动"等方面的竞争的有序化解，最终实现系统的广泛波及和流动平衡，达到一种宏观有序状态，形成协同吞吐系统的自组织活动。

自组织过程具有自适应性、自调节性等特征。协同吞吐系统自适应性体现在：吞吐过程中，二氧化碳分配、二氧化碳浓度展布、油水流动、阻水特征等方面能够自动适应系统内部结构（如油藏条件、井组架构）。自调节性体现在：吞吐过程中，系统可根据油藏条件、井组架构、吞吐方案等情况自动调节二氧化碳分配、二氧化碳浓度展布、油水流动、阻水特征，如：在吞吐过程中，系统可以自动调节井间剩余油向各个子系统的流动方向和分配比例。

在协同吞吐系统中，序参量起着支配性作用。在二氧化碳协同吞吐系统中发挥作用的因素有很多，但是起着决定性作用的关键因素只有4个（油藏条件、井组架构、相邻子系统波及体积重合率、流动平衡度等4个序参量），在吞吐方案等外部变量的作用过程中，在协同吞吐的注气过程、焖井过程、开采过程中，左右着系统演化的整个进程，决定着系统的有序结构的出现和降水增油功能的实现。

8. 系统论、协同学视域下的协同吞吐系统的整体涌现性和协同放大作用

二氧化碳协同吞吐系统符合系统论和协同学的一般规律，协同吞吐系统的整体涌现性和系统功能协同放大作用是二氧化碳协同吞吐系统理论研究的出发点和落脚点。

非平衡的开放系统之所以具有发展的生机与魅力，是因为存在着协同规律和竞争规律，子系统间的协同合作与竞争，导致系统整体功能放大，使整体大于局部之和。一般系统论认为系统具有整体涌现性，系统由于各部分之间的互相联系，尽管各部分（子系统和各要素）不是更优的，但整体却可获得更优的效果，往往可以获得整体大于部分之和的效果。

多井二氧化碳协同吞吐系统的功能是实现整个系统的降水、增油，实践证实：多井协同吞吐系统的整体涌现性和协同放大作用非常显著。协同吞吐系统由多个单井子系统组成，其"降水增油"功能远大于多个子系统自身单独作用的简单叠加，据统计分析，协同吞吐系统的增油量明显大于单井分别吞吐增油总和、含水率明显低于单井子系统单独实施。（1）对于由高部位、中部位、低部位的三口井构成的协同吞吐系统，低部位的井主要立足于控制油水边界、控制边底水突进，中高部位立足于扩大波及、增能采油，系统整体的降水增油效果明显好于三个子系统单独吞吐。（2）两井间优势渗流通道的存在，对于单井吞吐效果而言是不利因素，但对于两井构成的协同吞吐系统往往不会造成不利影响，而是有利于更快地促进子单元波及体积重合率提高和压力平衡，促进协同效应的产生，一些井组实践证实，带有井间优势渗流通道的系统协同吞吐的降水增油效果明显好于单井分别吞吐。

二、基于三维多井物理模型实验的协同作用机理

多井协同吞吐主要有四种模式：（1）井组之间协同吞吐模式。通过生产层位相同、油层连通程度高、平面上相邻的多口油井组合，同时集中注气，扩大二氧化碳波及范围，动用井间剩余油，提高整体吞吐效果。（2）人工能量与天然能量协同模式。注入端通过专用井实施调剖调驱，立足油藏整体封堵优势渗流通道，改变液流方向，扩大水驱波及体积，采出端实施二氧化碳吞吐进一步控水增油，注采两端协同治理，堵疏结合，控水增油，提高油藏采收率。（3）井筒与油藏协同模式。通过层系与井网重组，构建协同吞吐井网实施二氧化碳吞吐。（4）工艺与技术协同模式。通过井组内单井实施不同段塞设计方式，高部位驱油、低部位封堵等方式，改变流场，扩大对剩余油的波及范围，提高井组整体吞吐效果。本节以井组之间协同吞吐为例，通过三维多井物理模型实验，阐述其协同吞吐机理。

1. 三维多井物理模型实验设计

1）多井协同吞吐模型构建基础

多井协同吞吐模型构建应参照矿场试验区开展。三维物理模型基于试验区——蚕 $2×1$ 断块构建（图3.1.5）。该断块地层倾角 $15°～22°$，含油面积 $0.21km^2$，地质储

量 44.83×10^4t。为边底水块状构造油藏，天然能量充足，油藏中深 1732.1m，油水界面 1735m，油层厚度 26.8m，地层温度 60℃，原始地层压力 17.03MPa，目前地层压力系数为 0.96。平均孔隙度 25.9%、平均渗透率 667mD，地面原油黏度 3170mPa·s，溶解气油比 18.9m³/t。采油井 5 口井（直井和水平井）。

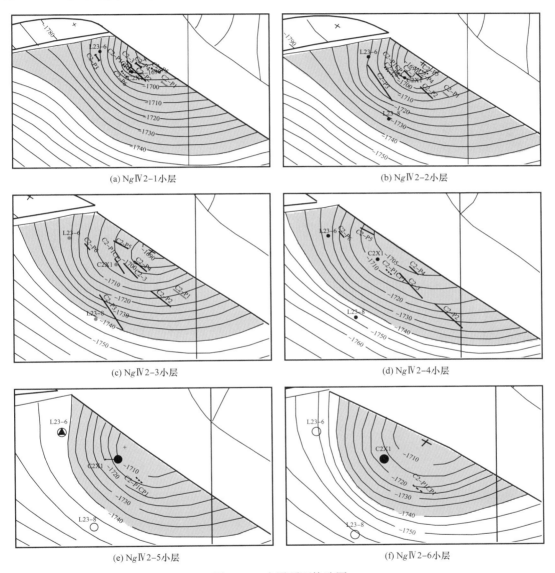

(a) NgⅣ2-1小层　　　　　　　　　　(b) NgⅣ2-2小层

(c) NgⅣ2-3小层　　　　　　　　　　(d) NgⅣ2-4小层

(e) NgⅣ2-5小层　　　　　　　　　　(f) NgⅣ2-6小层

图 3.1.5　小层顶面构造图

2）三维物理模型建立

为能获得更可靠的二氧化碳协同吞吐驱油效率实验结果，参考蚕 2×1 区块油藏地质特征及勘探开发历程，设计并制作可用于模拟井组二氧化碳协同吞吐过程的三维物理模型（图 3.1.6）。模型采用人造压制岩心，直径 400mm，总厚度 45mm。为了模拟油藏非均质性，模型分为上下两层，上层厚度 20mm、气测渗透率为 500mD，下层厚度 25mm、气测渗透率为 1000mD。模型与水平面倾角为 15°。

三维物理模型内部设计 5 口井。模型中心的井 1 为模拟直井、内径为 3.0mm，井底位于高、低渗透层交界面，用于监测实验过程中模型压力变化。按照相似比，模型底部的井 5 为模拟直井，井底处于高、低渗透层交界面，其入口端连接回压阀与恒压恒速泵，采用恒压注水方式模拟断块充足的边水水体。井 2、井 3、井 4 为模拟水平井，各井水平段位于高渗透层上部，其中井 4 位于模型中下部，其水平段长 160mm、趾端靠近边水，用于模拟构造低部位水平井 C2-P3 井；井 2 位于模型中上部，其水平段长 80mm、距边水较远，用于模拟构造中部位的水平井 C2-P6 井；井 3 位于模型顶部，其水平段长 80mm、距边水较远，用于模拟构造高部位水平井 C2-P5 井。各井水平段位置关系大致平行（图3.1.7）。

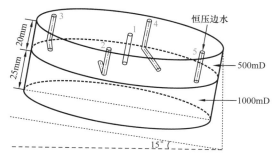

图 3.1.6 三维物理模型示意图

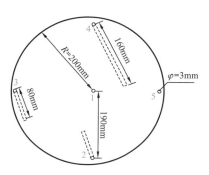

图 3.1.7 水平井水平段位置关系

3）实验设备及实验设计

实验设备：高压恒速恒压泵 2 台；中间容器 3 个；岩心夹持器 1 个，回压阀 4 个，六通阀、管线若干，手摇泵、二氧化碳气瓶若干，气体计量装置 3 套，液体收集装置 3 个，传感器及配套计算机设备若干等，实验装置如图 3.1.8 所示。岩心夹持器（图 3.1.9）能提供 15MPa 压力，岩心腔室下部有活塞，可提供轴压；周围有橡胶套筒，可以提供围压来固定岩心。

图 3.1.8 实验设备图

图 3.1.9 岩心夹持器

三维模型原始含油饱和度建立：采用蚕 2×1 断块脱气脱水原油与煤油配制模拟油，60℃地层温度下黏度 289mPa·s。采用蚕 2×1 断块地层水，地层水为 $NaHCO_3$ 型、总矿化度 3759mg/L。注入二氧化碳纯度为 99.99%。实验用饱和地层油后三维物理模型的物性参数见表 3.1.2，岩心实物如图 3.1.10 所示。

表 3.1.2 二氧化碳注入量实验岩心模型物性参数

模型编号	注入压力（MPa）	气测渗透率（mD）	渗透率级差	视体积（mL）	孔隙体积（mL）	孔隙度（%）	饱和油体积（mL）	含油饱和度（%）
1	3.0			4652	842	18.10	550	65.32
2	5.0	1000/500	2	4753	839	17.65	626	74.61
3	7.5			4505	810	17.98	523	64.56
4	10.0			5652	1045	18.49	665	63.63

实验设计方法：通过调节井 1 压力控制二氧化碳注入量，低部位井 4、中部位井 2、高部位井 3 同时等量注入，当井 1 压力增至 10MPa 时，分析该注入量下二氧化碳吞吐效果。

实验过程：（1）用砂纸打磨模型，使其表面平整，清洗烘干、测量尺寸、计算视体积。（2）在模型表面涂环氧树脂，防止二氧化碳腐蚀。（3）将模型放入岩心夹持器，向夹持器加轴压和围压。（4）将真空泵通过管线连接到任意一口井，其他井关闭，对岩心抽真

图 3.1.10 实验用岩心实物图

空 10~12h。（5）将手摇泵连接到任意一口井，其他井关闭，饱和地层水，改变入口，用同样方法饱和地层水，精确计量各入口注入水总体积，即岩心孔隙体积。（6）将岩心夹持器放入烘箱，设定为实际地层温度 60℃。（7）向模型中饱和模拟油，采用一注多采形式，待任意一口井不再出水并恒定出油之后关闭该井，计算饱和油体积。（8）井 5 连接回压阀，回压设定 7.5MPa，继续饱和油，待模型压力稳定在 7.5MPa 后饱和油结束，并在 60℃条件下老化 48h。（9）井 1 连接高精度压力传感器，监测实验过程中模型压力变化。（10）井 5 连接回压阀及恒压恒速泵，设定回压 7.5MPa，并恒压注水，低部位井 4、中部位井 2、高部位井 3 同时开井，模拟天然能量驱动，待任意一口井含水率达到 98% 时，同时关井，计算天然能量开采阶段采出程度。（11）进行二氧化碳吞吐实验，低、中、高部位水平井组同时等量注入二氧化碳，至井 1 压力升至 10MPa 时停止注入。（12）焖井 24h，记录井 1 压力变化，同时研究注入量对井组吞吐增产效果的影响。

实验模拟的开发过程分三个阶段，即边底水能量开采阶段、注气＋焖井阶段、二氧化碳协同吞吐＋边底水能量补充阶段[9]。

2. 注入强度对二氧化碳协同吞吐驱油效果影响

二氧化碳注入量吞吐实验注气压力曲线如图 3.1.11 所示。可见，注入一定量二氧化碳后，各组实验注气压力呈平稳下降趋势，注气压力下降是二氧化碳在原油中溶解所致。

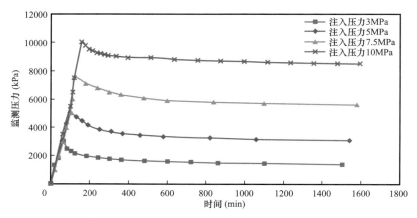

图 3.1.11　二氧化碳注入量吞吐实验注气压力曲线

不同注入量下吞吐驱油特点：（1）边水能量开采阶段采出程度 15.38%～15.62%；（2）模型及单井二氧化碳吞吐提高采出程度随二氧化碳注入量的增加而提高；（3）增大注气量有利于抑制边水突进；（4）增油效果：高部位＞中部位＞低部位。见表 3.1.3、图 3.1.12 和图 3.1.13。

表 3.1.3　井 1 不同注入压力下的单元二氧化碳注入量

注入压力（MPa）	开发阶段	二氧化碳注入量（PV）	边水注入量（PV）
3.0	天然能量	0.09	0.81
	二氧化碳吞吐		0.63
5.0	天然能量	0.18	0.82
	二氧化碳吞吐		0.52
7.5	天然能量	0.24	0.84
	二氧化碳吞吐		0.65
10.0	天然能量	0.26	0.85
	二氧化碳吞吐		0.70

井 1 压力 3MPa 时，二氧化碳注入量 0.09PV，协同吞吐效果：边水能量开发阶段采出程度 15.58%，吞吐提高采出程度 5.87%；中部位及高部位吞吐增油效果好于低部位。

井 1 压力 5MPa 时，二氧化碳注入量 0.18PV，协同吞吐效果：边水能量开发阶段采出程度 15.42%，吞吐提高采出程度 11.27%；此注入量对边水有一定抑制作用，中部位及高部位含水率下降明显，吞吐增油效果较好。

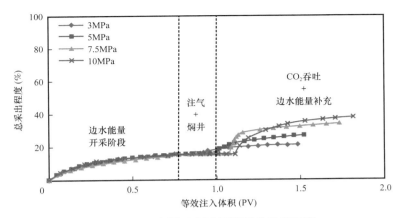

图 3.1.12　不同注入压力下模型总采出程度

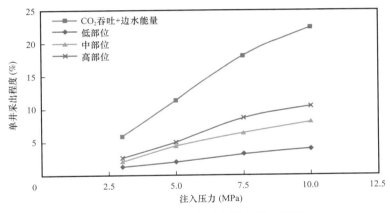

图 3.1.13　不同注入压力下单井采出程度

井 1 压力 7.5MPa 时，二氧化碳注入量 0.24PV，协同吞吐效果：边水能量开发阶段采出程度 15.62%，吞吐提高采出程度 18.14%；此注入量对边水抑制作用明显，中部位及高部位含水率下降明显，吞吐增油效果好。

井 1 压力 10MPa 时，二氧化碳注入量 0.26PV，协同吞吐效果呈现为：边水能量开发阶段的采出程度 15.38%，二氧化碳吞吐提高采出程度 22.36%；此注入量对边水的抑制作用更为明显，中部位及高部位含水率下降明显，二氧化碳吞吐增油效果好。

3. 协同吞吐单元结构对二氧化碳协同吞吐驱油效果影响

在前述三维模型基础上（物性参数见表 3.1.4），实验不同注入井数量及位置对二氧化碳协同吞吐影响规律，设置了 1 口井吞吐、2 口井协同吞吐、3 口井协同吞吐等三类实验。

由低部位、中部位、高部位井建立的协同单元结构，注入井数量及注入部位不同，二氧化碳协同吞吐机制不同，导致注气吞吐增油效果有差异（表 3.1.5）。

对比低部位一口井注气、低部位 + 中部位两口井注气、低部位 + 中部位 + 高部位三口井注气实验结果（表 3.1.6），天然能量开采阶段的采出程度为 15.71%～16.13%，各组实验的采出程度大致相同，边水注入量 0.80～0.84PV。

表 3.1.4　不同注入井数量及位置二氧化碳吞吐实验岩心模型物性参数

模型编号	注气部位	气测渗透率（mD）	渗透率级差	视体积（mL）	孔隙体积（mL）	孔隙度（%）	饱和油体积（mL）	含油饱和度（%）
5	低部位			4552	842	18.49	632.0	75.06
6	中部位			4693	859	18.30	596.0	69.38
7	高部位			4619	898	19.44	665.6	74.12
8	低＋中	1000/500	2	4910	856	17.43	586.0	68.46
9	低＋高			4750	876	18.44	625.0	71.35
10	中＋高			4825	824	17.07	574.0	69.66
3	低＋中＋高			4505	810	17.98	523.0	64.56

表 3.1.5　协同单元内不同注入井数量及位置的协同吞吐机制（基于物模实验分析）

注入井数量（口）	注入部位	增油量（mL）	提高采出程度（%）	协同机制
1	低部位	99.9	2.88	低部位压边水；对中、高部位井产生协同作用
	中部位	69.4	11.64	对高部位井产生协同作用
	高部位	71.7	10.78	对中部位井产生协同作用
2	低＋中	112.9	14.95	低部位注气压边水；低、中、高部位井间协同
	低＋高	102.6	13.07	低部位注气压边水；低、中、高部位井间协同
	中＋高	88.5	15.41	中部位注气压边水；低、中、高部位井间协同
3	低＋中＋高	94.9	18.14	低、中部位注气压边水；低、中、高部位井间协同

表 3.1.6　不同注入井数量二氧化碳协同吞吐采出程度对比

项目	注入部位	累计产油（mL）			采出程度（%）		
		水驱	二氧化碳吞吐	合计	天然能量	二氧化碳吞吐	最终采出程度
总模型	低部位	92.50	69.95	162.45	15.52	11.74	27.26
	低＋中	87.90	89.20	177.10	15.31	15.54	30.85
	低＋中＋高	81.70	94.90	176.60	15.62	18.15	33.77
低部位（井4）	低部位	16.60	2.15	18.75	2.79	0.36	3.15
	低＋中	15.60	4.60	20.20	2.72	0.80	3.52
	低＋中＋高	15.50	16.40	31.90	2.96	3.14	6.10

续表

项目	注入部位	累计产油（mL）			采出程度（%）		
		水驱	二氧化碳吞吐	合计	天然能量	二氧化碳吞吐	最终采出程度
中部位（井2）	低部位	53.90	28.00	81.90	9.04	4.70	13.74
	低＋中	51.60	39.00	90.60	8.99	6.79	15.78
	低＋中＋高	46.00	33.30	79.30	8.80	6.37	15.16
高部位（井3）	低部位	22.00	39.80	61.80	3.69	6.68	10.37
	低＋中	20.70	45.60	66.30	3.61	7.94	11.55
	低＋中＋高	20.20	45.20	65.40	3.86	8.64	12.50

不同部位水平井协同吞吐的采出程度随着注入井数增加而提高，三口井注气即可有效抑制边水，可充分挖潜中部位及高部位剩余油，不同构造部位二氧化碳可充分发挥协同作用，更大幅度地提高采出程度。

1）协同单元中一口井二氧化碳吞吐协同机制分析

图 3.1.14 为低部位、中部位及高部位水平井一口井二氧化碳吞吐实验的注气压力曲线。由于注入二氧化碳在地层原油中溶解，各组实验的注气压力曲线均呈现平稳下降趋势。焖井 24h 后，各组实验的监测压力稳定在 5.4～5.7MPa。

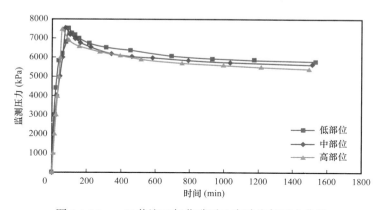

图 3.1.14　一口井注二氧化碳吞吐实验注气压力曲线

对比低部位井、中部位井、高部位井单独注入二氧化碳吞吐实验结果，见表 3.1.7，天然能量开采阶段的采出程度为 15.11%～15.74%，各组实验采出程度大致相同，边水注入量为 0.81～0.86PV。

图 3.1.15 给出一口井注气吞吐模型及单井提高采出程度柱状图。中部位及高部位井单独注气吞吐的增油效果较好，中部位井注气可显著提高中部位井及高部位井的采出程度，即：中部位井对高部位井具有协同作用。同样地，高部位井注气亦可显著提高中部位井及高部位井采出程度，即：高部位井对中部位井具有协同作用。低部位井注气，可提高其本身的采出程度，但增油效果差，对中部位井及高部位井基本上没有协同作用。

表 3.1.7 一口井注二氧化碳吞吐采出程度对比

项目	注入部位	累计产油（mL）			采出程度（%）		
		水驱	二氧化碳吞吐	合计	天然能量	二氧化碳吞吐	最终采出程度
总模型	低部位	97.30	18.25	115.55	15.40	2.88	18.28
	中部位	93.80	69.40	163.20	15.74	11.64	27.38
	高部位	100.60	71.70	172.30	15.11	10.77	25.88
低部位（井4）	低部位	16.10	13.60	29.70	2.55	2.15	4.70
	中部位	16.80	2.00	18.80	2.82	0.33	3.15
	高部位	15.00	2.00	17.00	2.25	0.30	2.55
中部位（井2）	低部位	58.00	2.60	60.60	9.18	0.41	9.59
	中部位	54.70	27.40	82.10	9.17	4.60	13.78
	高部位	62.40	32.90	95.30	9.38	4.94	14.32
高部位（井3）	低部位	23.20	2.05	25.25	3.67	0.32	3.99
	中部位	22.30	40.00	62.30	3.74	6.71	10.45
	高部位	23.20	36.80	60.00	3.49	5.52	9.01

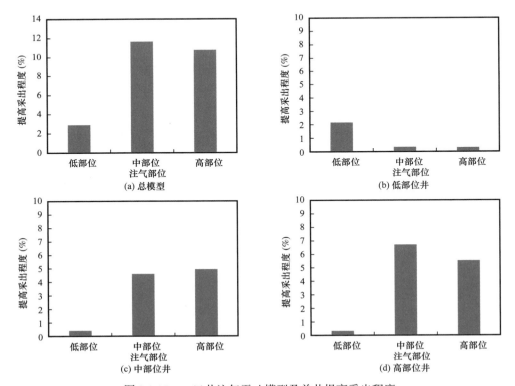

图 3.1.15 一口井注气吞吐模型及单井提高采出程度

2）协同单元中两口井二氧化碳协同吞吐协同机制

图3.1.16为不同部位两口水平井注入二氧化碳吞吐实验的注气压力曲线。由于注入的二氧化碳在地层原油中溶解，各组实验的注气压力曲线均呈现平稳下降趋势。焖井24h后，各组实验的监测压力稳定在5.4～5.6MPa。

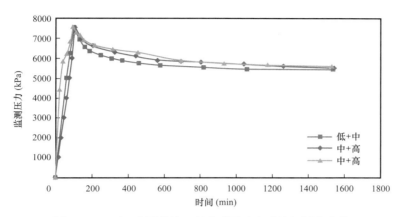

图3.1.16 两口水平井注二氧化碳吞吐实验注气压力曲线

对比低＋中、低＋高、中＋高三种组合方式，天然能量开采阶段的采出程度为15.71%～16.13%，各组实验结果大致相同，边水注入量0.80～0.83PV。由于中部位及高部位井受边水影响较小，天然能量开采结束后，中部位及高部位水平井附近含有大量剩余油，吞吐增油潜力大；低部位水平井受边水影响较大，水淹程度高，吞吐增油潜力小。中部位＋高部位注气吞吐可充分发挥中部位井与高部位井之间的协同作用，增油效果好。

（1）协同单元低部位＋中部位二氧化碳协同吞吐效果。

低部位井（井4）＋中部位井（井2）实验结果如图3.1.17所示。低部位＋中部位水平井实验各井组生产动态如图3.1.18所示。

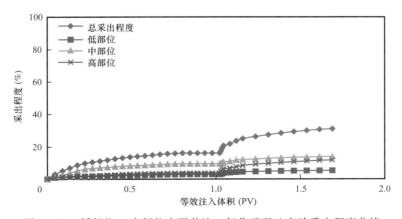

图3.1.17 低部位＋中部位水平井注二氧化碳吞吐实验采出程度曲线

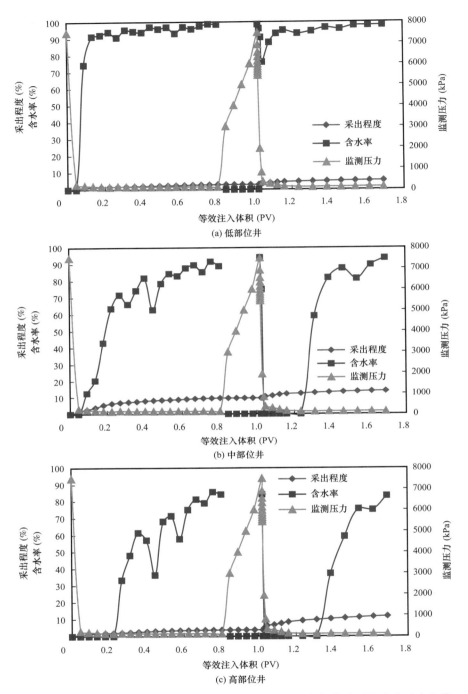

图 3.1.18　低部位 + 中部位水平井注二氧化碳吞吐实验各部位水平井生产动态曲线

（2）协同单元低部位 + 高部位二氧化碳协同吞吐效果。

低部位井（井 4）+ 高部位井（井 3）实验结果如图 3.1.19 所示。低部位 + 高部位水平井实验各井组生产动态如图 3.1.20 所示。

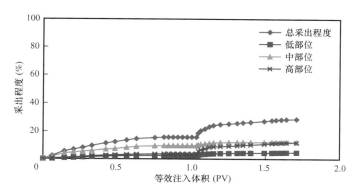

图 3.1.19　低部位 + 高部位井注二氧化碳吞吐实验采出程度曲线

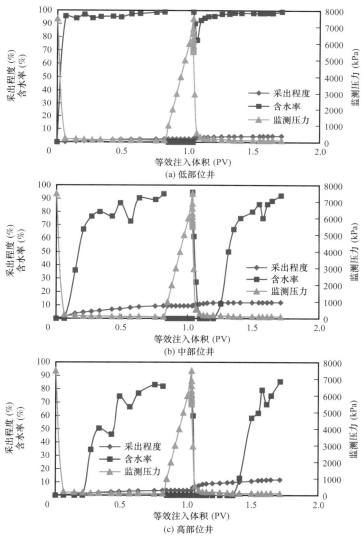

图 3.1.20　低部位 + 高部位井注二氧化碳吞吐实验各水平井生产动态曲线

（3）协同单元中部位＋高部位二氧化碳协同吞吐效果。

中部位井（井2）＋高部位井（井3）实验结果如图3.1.21所示。中部位＋高部位水平井实验各井组生产动态如图3.1.22所示。

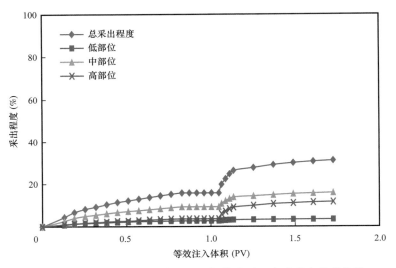

图 3.1.21　中部位＋高部位井注二氧化碳吞吐实验采出程度曲线

3）协同单元中三口井二氧化碳协同吞吐实验分析

低部位井（井4）＋中部位井（井2）＋高部位井（井3）实验结果如图3.1.23所示。井1压力7.5MPa时，总采出程度33.76%。天然能量开发阶段采出程度15.62%，本阶段结束时综合含水率86.61%、边水注入量682.5mL、平均注入速度3.5mL/min。吞吐开发阶段可提高采出程度18.14%，吞吐结束时综合含水率81.22%，该阶段边水注入量531mL、平均注入速度4.25mL/min，边水注入速度增大。

图3.1.24给出了三口水平井二氧化碳协同吞吐实验各井组生产动态。在三口水平井协同吞吐条件下，低部位井（井4）、中部位井（井2）、高部位井（井3）吞吐提高采出程度分别为3.14%、6.36%、8.64%。天然能量开采阶段，低部位、中部位、高部位水平井开井生产后地层压力迅速下降。低部位井距边水较近，边水注入量0.12PV时其含水率达90%以上并一直居高不下；中部位水平井在边水注入量0.19PV时见水，含水上升较快；由于高部位井距边水较远，边水注入量0.32PV时见水。天然能量开采结束时，低部位、中部位、高部位水平井含水率分别为98.11%、91.84%、77.78%。

二氧化碳协同吞吐阶段各水平井含水率均有不同程度降低。低部位井含水率可降至74.55%，二氧化碳起到了较好的抑制边水作用；中部位及高部位井含水率降至0，注入的二氧化碳对中部位及高部位井起到了良好的协同效果。吞吐后期边水作用明显，各井含水率再次上升。实验结束时，低部位、中部位、高部位井含水率分别为98.58%、90.98%、81.25%。

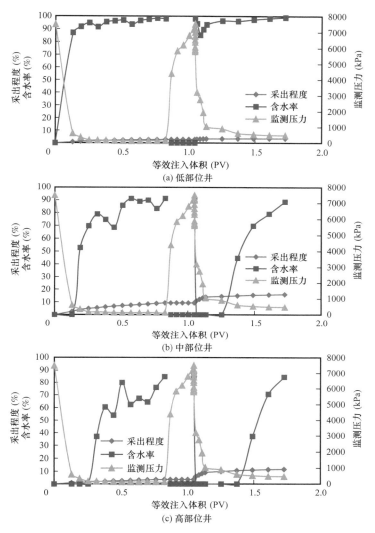

(a) 低部位井

(b) 中部位井

(c) 高部位井

图 3.1.22　中部位 + 高部位井注二氧化碳吞吐实验各水平井生产动态曲线

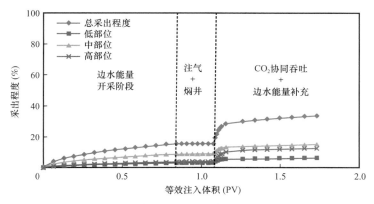

图 3.1.23　三口水平井二氧化碳协同吞吐采出程度

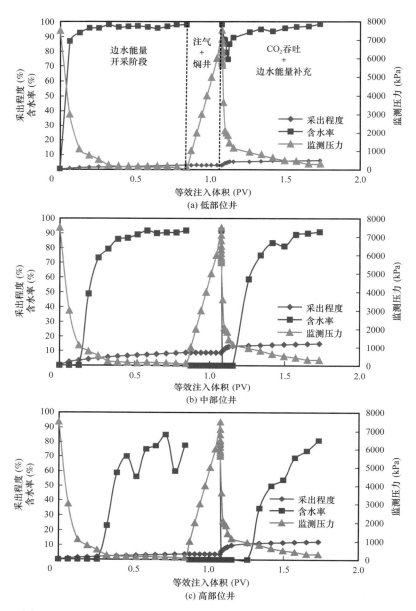

图 3.1.24　三口水平井二氧化碳协同吞吐实验各水平井组生产动态曲线

第二节　多井协同吞吐潜力评价

在明确二氧化碳协同吞吐提高采收率机理及协同吞吐的作用机制基础上，开展潜力评价。协同吞吐潜力评价需综合考虑技术、经济、环境等因素，其中经济评价方法应符合现有的标准规范要求，环境因素评价应严格遵守国家、油田属地人民政府法律法规，以及行业和油田标准规范和规章制度要求[9-13]。本节重点从技术角度阐述二氧化碳协同吞吐潜力评价方法。

一、协同吞吐影响因素分析

运用数值模拟方法，选取对增油及降水效果影响较大的因素，通过考虑不同因素取值水平，开展协同吞吐条件下的主控因素敏感性分析，为协同吞吐区块和单井选择提供指导。

基准模型默认参数设置：协同井距为 40m、地层倾角为 6°、焖井时间为 30d、正韵律储层、两口水平井、同时注采、高部位及低部位井二氧化碳注入量相等、协同吞吐水平井连线垂直构造等深线、井间不存在气窜通道。各因素水平设置如下：

（1）地层韵律。

设置 3 种情形：正韵律储层、反韵律储层、均质储层。

（2）协同吞吐焖井时间。

设置 5 种情形：10d、20d、30d、40d、50d。

（3）错时注气，同时开井。

设置 4 种情形：① 低部位 P1 井先注 7d，高部位 P2 井再注，同时开井；② 高部位 P2 井先注 7d，低部位 P1 井再注，同时开井；③ 低部位 P1 井先注 15d，高部位 P2 井再注，同时开井；④ 高部位 P2 井先注 15d，低部位 P1 井再注，同时开井。

（4）同时注气，错时开井。

设置 4 种情形：① 低部位 P1 井先开井生产 7d，高部位 P2 井再开井生产；② 高部位 P2 井先开井生产 7d，低部位 P1 井再开井生产；③ 低部位 P1 井先开井生产 15d，高部位 P2 井再开井生产；④ 高部位 P2 井先开井生产 15d，低部位 P1 井再开井生产。

（5）二氧化碳总注入量一定，各协同吞吐井分配不同注入量。

设置 5 种情形：① 高部位及低部位井注入量相等，均为 400t；② 低部位注入 100t，高部位注入 700t；③ 低部位注入 200t，高部位注入 600t；④ 高部位注入 100t，低部位注入 700t；⑤ 高部位注入 200t，低部位注入 600t。

（6）地层倾角因素。

设置 3 种情形；地层倾角 3°、6°、15°。

（7）不同协同井距。

设置 4 种情形：30m、40m、70m、100m。

（8）两口井连线与等深线位置关系。

设置 2 种情形：① 协同吞吐水平井连线平行等深线；② 协同吞吐水平井连线垂直等深线。

（9）井间气窜通道。

设置 4 种情形：井间气窜通道渗透率级差 1、50、100、250。

统计分析每个因素不同水平的协同吞吐增油量（表 3.2.1），以最大增油量与最小增油量比值作为评价因素敏感性的指标（图 3.2.1）。

表 3.2.1　方案设计及增油统计

因素分类		水平	井组增油量（m³）
地质因素	地层倾角	3°	775
		6°	834
		15°	846
	韵律	正韵律	834
		反韵律	928
		均质	1051
	通道级差	1	834
		50	740
		100	732
		250	732
开发因素	注入量分配	P1 井、P2 井各注 400t	834
		P1 井注 100t；P2 井注 700t	838
		P2 井注 100t；P1 井注 700t	916
		P1 井注 200t；P2 井注 600t	831
		P2 井注 200t；P1 井注 600t	844
	焖井时间	10d	757
		20d	804
		30d	834
		40d	872
		50d	916
	错时注气（7d）	P1 井先注 7d	881
		P2 井先注 7d	885
	错时开井（7d）	P1 井先开 7d	833
		P2 井先开 7d	864
	错时注气（15d）	P1 井先注 15d	885
		P2 井先注 15d	910
	错时开井（15d）	P1 井先开 15d	866
		P2 井先开 15d	884
	井距	30m	868
		40m	834
		70m	770
		100m	711
	与等深线关系	垂直等深线	1139
		平行等深线	1085

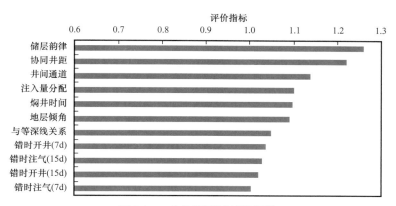

图 3.2.1 主控因素敏感性评价

评价结果表明：

（1）储层韵律为极敏感性因素。以水平井为主的协同吞吐，反韵律油藏底水上升慢，吞吐效果最好；正韵律油藏下部储层物性好，易造成底水脊进，协同吞吐整体效果差。

（2）协同井距为极敏感性因素。二氧化碳进入地层后有一定运移距离，小井距有利于动用井间剩余油，井距过大则协同效应减弱。

（3）井间气窜通道为敏感性因素。其影响有两种：一种是有利影响，对井距较大的协同井组，气窜通道是二氧化碳与原油充分接触的媒介，有利于动用井间剩余油；另一种是不利影响，邻井剩余油饱和度低、沿不封闭断层气窜、不具备实施协同吞吐的井况条件、通道沟通了边底水等，造成了二氧化碳在地层不必要的消耗，降低二氧化碳与原油接触面积。

（4）二氧化碳注入量分配为敏感因素。相同注入量，提高低部位井注入比例，有利于协同吞吐增油降水。作用机理包括两类：重力分异作用影响下，二氧化碳向高部位运移，扩大波及体积；返吐的过程中，边底水驱二氧化碳形成泡沫，在多孔介质中产生附加压力，提高了边底水驱二氧化碳过程中水对剩余油富集区域的动用程度。

（5）焖井时间为敏感因素。研究表明，焖井时间长，有利于二氧化碳与地层充分接触与反应，有利于溶胀、降黏、抽提稠油中的轻烃—中间烃组分。焖井时间超过 40d 时，协同吞吐增油效果变化不明显。为不影响开井时率并避免二氧化碳受邻井生产干扰发生气窜消耗，现场施工推荐焖井时间为 20～30d。

（6）地层倾角为敏感因素。地层倾角大，有利于二氧化碳的重力分异，扩大波及范围，挖潜高部位剩余油。实践中，优先选择地层倾角大的区块或者存在局部微构造的井组。

二、协同吞吐区块优选原则

静态参数潜力评价方法侧重于对区块及协同井组的初筛，在全面考虑地质因素、流体因素及开发因素对协同吞吐效果影响的基础上，开展潜力评价[13-15]。根据二氧化碳协同吞吐控水增油机理、协同吞吐因素敏感性分析结果，确立二氧化碳协同吞吐区块优选原则。

1. 地质因素

1）地层原油黏度

优先选择原油黏度较大的常规稠油油藏。由于流体黏度差异大及静态非均质的影响，投产后含水上升快，近井及井间剩余油富集且集中，更适合采用协同吞吐方式高效挖潜。

2）地层倾角

优先选择地层倾角较大的油藏或者受微构造控制作用明显的协同井组。

3）有效厚度

优先选择生产层储层厚度较大的井，吞吐增油潜力大。

2. 开发因素

1）构造位置

井组所在油藏构造位置有三种：油藏构造较高部位、中部位、油水边界（油水过渡带）。

对于强边底水油藏，优先选择受边底水影响较弱的井组，其水淹程度低，吞吐有效期长；靠近油水边界、存在水窜通道且来水方向明确的井组，可用协同吞吐方式和堵剂复合增效技术挖潜剩余油。

2）协同井距

二氧化碳注入地层后有一定的运移距离，井距过大不利于平衡井间压力和抑制气窜，推荐协同井距控制在 120m 以内，有明显气窜通道的井组，井距可以适当放大。

3）协同井吞吐轮次

协同吞吐井优先选择吞吐轮次较低的井（近井地带剩余油富集）。

4）协同井生产层位置

优先选择生产层位于储层中上部的井（剩余油富集，受底水入侵影响小）。

5）协同井连线与构造等深线位置关系

优先选择协同井连线与构造等深线垂直的井组。

6）井况

优选井况较好的井（防止二氧化碳注入地层后气窜，影响吞吐效果）。

三、协同吞吐潜力评价方法

1. 潜力评价方法构建

与单井吞吐不尽相同，影响协同吞吐效果的因素主要为优势渗流通道、井距、井网、隔夹层位置、油层有效厚度、地层倾角、沉积韵律等。井组协同吞吐的潜力评价主要采用层次分析法。评价时，应先统计待评估单元地质油藏参数，然后利用层次分析法对各单元综合打分，根据打分结果对井组排序，综合得分越高的井组，协同吞吐可行性越高。

1）构造层次结构

二氧化碳协同吞吐井组优选的层次结构见表3.2.2。

表3.2.2　二氧化碳协同吞吐井组优选的层次结构

目标层	Z增油量
准则层	A1隔夹层位置，A2油层有效厚度，A3地层倾角，A4沉积韵律，A5水窜通道级差，A6井距，A7井网
方案层	B1不同因素水平的组合方案1（或吞吐评价井组1），B2不同因素水平的组合方案2（或吞吐评价井组2），B3不同因素水平的组合方案3（或吞吐评价井组3），…，BN不同因素水平的组合方案N（或吞吐评价井组N）

在确定各因素权重和层次单排序时，所用的增油量、降水程度等数据来自数值模拟成果。

2）构建判断矩阵

吞吐增油量是评价二氧化碳协同吞吐最直观的指标，基于数值模拟和矿场统计结果，以各地质、流体、开发因素对应最大最小增油量的差值、最大最小增油量比值为基础，建立地质、流体、开发各因素间的判断矩阵（表3.2.3）。

表3.2.3　各因素敏感性

因素	敏感性	单井最大增油量（m^3）	单井最小增油量（m^3）	增油量差值（m^3）	增油量比值
隔夹层位置	敏感	494.47	452.92	41.55	1.09
油层有效厚度	极敏感	468.51	331.83	136.68	1.41
地层倾角	敏感	846.00	775.00	71.00	1.09
沉积韵律	极敏感	1051.00	834.00	217.00	1.26
通道	极敏感	834.00	732.00	102.00	1.14
井距	极敏感	868.00	711.00	157.00	1.22
井网	敏感	1139.00	1085.00	54.00	1.05

根据判断矩阵利用层次分析法可得到各因素权重，如图3.2.2所示。

3）层次单排序

对于地层倾角、油层有效厚度、隔夹层位置等，当考虑因素较多时，完全依靠主观经验建立判断矩阵会导致判断矩阵不一致的问题。在此，根据典型模型模拟结果，建议一套针对连续型变量的单排序方法。

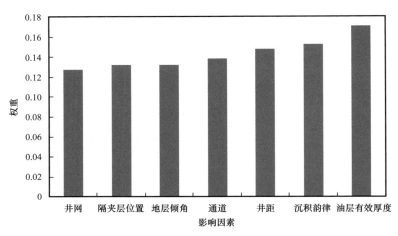

图 3.2.2　各影响因素的权重

（1）地层倾角。

针对地层倾角 3°、6°、15°等三种情况，计算对应的单排序结果，见表 3.2.4。

表 3.2.4　地层倾角因素单排序

地层倾角（°）	协同吞吐增油量（m³）	得分
3	775	1
6	834	5
15	846	9

（2）隔夹层位置。

针对无夹层、夹层在中间、夹层在底部等三种情况，计算对应的单排序结果，见表 3.2.5。

表 3.2.5　隔夹层位置因素单排序

隔夹层位置	协同吞吐增油量（m³）	得分
无夹层	452.92	1
夹层在中间	494.47	6
夹层在底部	479.14	3

（3）油层有效厚度。

协同吞吐模型中考虑了 1.1m、3.3m、6.6m、9.9m、13.2m 5 种情况，单排序结果见表 3.2.6。

（4）沉积韵律。

协同吞吐模型中考虑了正韵律、反韵律及均质储层，单排序结果见表 3.2.7。

表 3.2.6　油层有效厚度因素单排序

油层有效厚度（m）	协同吞吐增油量（m³）	得分
1.1	331.8	1
3.3	451.2	8
6.6	468.5	9
9.9	436.3	7
13.2	454.6	8

表 3.2.7　沉积韵律因素单排序

沉积韵律	协同吞吐增油量（m³）	得分
正韵律	834	1
反韵律	928	4
均质	1051	9

（5）水窜通道级差。

强边底水油藏，考虑协同吞吐模型中存在水窜通道（通道级差 50、100、250）、不存在水窜通道（通道级差为 1）等情况，单排序见表 3.2.8。

表 3.2.8　水窜通道级差因素单排序

水窜通道级差	协同吞吐增油量（m³）	得分
1	834	9
50	740	2
100	732	1
250	732	1

（6）协同吞吐井连线与构造等深线位置关系。

协同吞吐井网考虑协同吞吐井连线垂直构造等深线、协同吞吐井连线平行构造等深线两类井网类型，单排序见表 3.2.9。

表 3.2.9　与构造等深线位置关系单排序

与构造等深线位置关系	协同吞吐增油量（m³）	得分
垂直	482.88	9
平行	471.85	1

（7）协同井距。

协同井距分别考虑 30m、40m、70m、100m，单排序见表 3.2.10。

表 3.2.10　协同井距影响单排序

协同井距（m）	协同吞吐增油量（m³）	得分
30	868	9
40	834	7
70	770	4
100	711	1

4）井组或区块排序

利用各因素权重和层次单排序，构建由最下层至最上层的 ZAB 权重矩阵，计算各层次对于系统（最下层对最上层）总排序权向量，并且矩阵一致性检验合格，最终得到典型模型的排序结果。并基于此方法，开发了相关的软件，用于现场协同吞吐的井组优选和潜力评价。

2. 潜力评价流程

依据上述方法给出的结果，对评价区块排序，同时综合考虑经济界限和环境敏感性等因素，完成二氧化碳协同吞吐潜力评价，评价流程如图 3.2.3 所示。

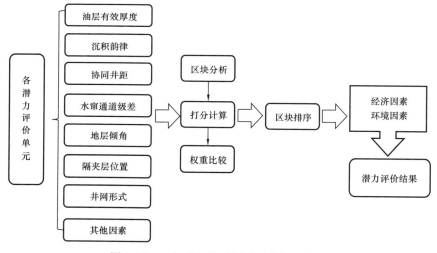

图 3.2.3　二氧化碳协同吞吐潜力评价流程

第三节　多井协同吞吐方案设计

基于多井协同吞吐的作用机制，其方案设计需要对影响协同效应和效果的关键因素开展设计，推荐采用油藏数值模拟方法进行优化。本节给出了协同吞吐油藏工程需优化设计的参数和优化目标，并以典型单元为例描述优化设计过程。

一、多井协同吞吐油藏工程参数设计方法

多井协同吞吐的作用机制主要体现在四个方面：补充地层能量，平衡压力场；抑制气窜，使导致或加剧水窜或气窜的压力趋势面消失；抑制动态非均质性影响；减弱静态非均质性的影响。多井协同吞吐需针对性设计，以充分发挥上述机制。下面以两口井为例，说明多井协同吞吐参数设计要点。

1. 井网井型

井网井型设计应综合考虑构造位置、储层韵律特征、距离边底水远近等因素[16-20]。下面对水平井与直井混合井网和水平井井网分别予以讨论。

1）水平井与直井混合井网

水平井与直井混合井网的适应性和协同吞吐效果研究。设置两种情形：第一种，两口井位于同一等深线，左水平井、右直井（或右水平井、左直井）；第二种，两口井位于不同等深线，下水平井、上直井。针对每种情形，分别研究正韵律、均质、反韵律三种储层、靠近和远离边底水两种情况下的增油和含油饱和度变化。实验表明：（1）吞吐效果受韵律影响较大。正韵律油藏，底水脊进对水平井含水上升影响大于直井，离边底水越近，边底水突进越明显，直井吞吐效果略好于水平井；均质及反韵律油藏，水平井吞吐效果略好于直井。（2）直井及水平井混合井网协同吞吐效果：正韵律＞均质＞反韵律。增油效果见表 3.3.1。

表 3.3.1　增油量统计

与底水关系	韵律	井型	单井增油量（m³）	井组增油量（m³）
靠近边底水	正韵律	P1 水平井	586	1261
		P2 直井	675	
	均质	P1 水平井	566	1115
		P2 直井	549	
	反韵律	P1 水平井	506	986
		P2 直井	480	
远离边底水	正韵律	P1 水平井	625	1283
		P2 直井	658	
	均质	P1 水平井	592	1161
		P2 直井	569	
	反韵律	P1 水平井	545	1039
		P2 直井	494	

以两井位于同一等深线、左水平井、右直井井网情形为例分析。无论是否靠近边底水布井，正韵律储层、均质储层、反韵律储层在吞吐有效期结束后含油饱和度都有明显降低，原油黏度也有所降低；靠近边底水的两井在吞吐有效期结束后含油饱和度和黏度分布有一定的差别，受重力超覆影响，反韵律储层二氧化碳主要波及上部储层，横向波及较宽，正韵律和均质储层纵向上波及范围更大一些，平面上波及要窄一些（图 3.3.1 至图 3.3.3）。

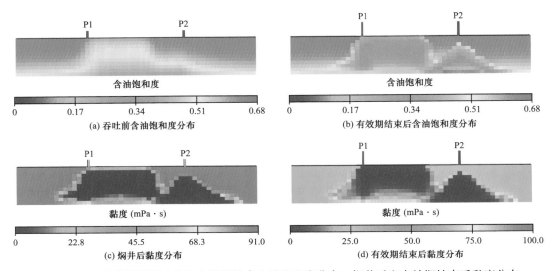

图 3.3.1　正韵律储层吞吐前和有效期结束含油饱和度分布、焖井后和有效期结束后黏度分布

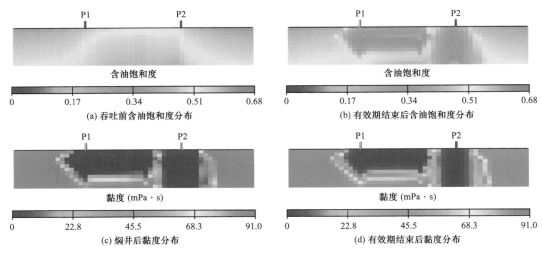

图 3.3.2　均质储层吞吐前和有效期结束含油饱和度分布、焖井后和有效期结束后黏度分布

2）水平井井网

为研究水平井井网的适应性和协同吞吐效果，设置两种情形：第一种，吞吐井连线垂直于构造等深线；第二种，吞吐井连线平行于构造等深线。

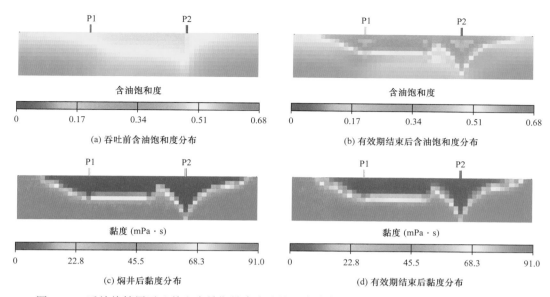

图 3.3.3　反韵律储层吞吐前和有效期结束含油饱和度分布、焖井后和有效期结束后黏度分布

设置地层倾角为 6°，油层厚 6.6m 存在，能量充足的边底水大水体，正韵律，洛伦兹系数 0.5，水平段位于油层中上部、长 70m、平行于油层，全段出液，原油黏度 90mPa·s，无隔夹层，目标单元含水率达到 98% 后同时进行吞吐，单井日注气量 100t，共注 400t，焖井 30d，同时开井。分析认为，吞吐井连线平行于构造等深线，水平井受边水影响大，含水上升快，有效期短，协同吞吐效果比垂直于构造等深线的井组效果差（表 3.3.2，图 3.3.4 和图 3.3.5）。

表 3.3.2　不同井网增油量对比

井网		单井增油量（m³）	井组增油量（m³）
吞吐井连线垂直于等深线	P1	444	1139
	P2	695	
吞吐井连线平行于等深线	P1	542	1084
	P2	542	

2. 合理井距

合理井距可有效动用井间剩余油。本书采用井组增油效果和含油饱和度变化幅度研究水平井不同井距的适应性。应用数值模拟，以两口水平井连线平行于等深线为例，分析不同井距对吞吐效果的影响。设置地层倾角 6°，油层厚 6.6m，能量充足的边底水大水体，正韵律，洛伦兹系数 0.5，水平段位于油层中上部、长 70m、平行于油层，全段出液，原油黏度 90mPa·s，无隔夹层，含水率 98% 后 P1 井、P2 井同时吞吐，单井注气量 400t，焖井 30d，同时开井。

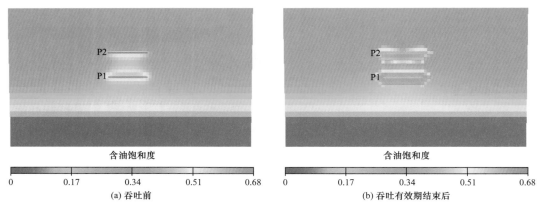

图 3.3.4　两井中点连线垂直于等深线时的吞吐前和吞吐有效期结束后的含油饱和度分布图

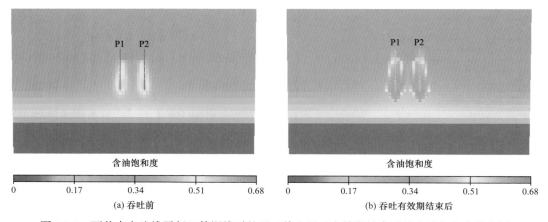

图 3.3.5　两井中点连线平行于等深线时的吞吐前和吞吐有效期结束后的含油饱和度分布图

　　表 3.3.3 展示了不同井距增油量对比，图 3.3.6 展示了二氧化碳吞吐全过程不同距离处含油饱和度变化；图 3.3.7 至图 3.3.9 分别展示了井距 20m、40m、60m 时吞吐前、后的含油饱和度分布。可以看出，二氧化碳吞吐的影响半径主要集中在井眼附近 60m 范围内，设计时应综合考虑增油量和换油率，优化合理井距。

表 3.3.3　不同井距增油量对比

水平井连线平行于等深线			单井增油量（m³）	井组增油量（m³）
井距	20m	P1	533	1065
		P2	533	
	40m	P1	543	1086
		P2	543	
	60m	P1	546	1092
		P2	546	

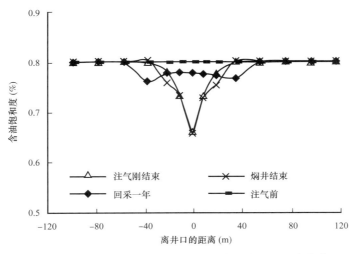

图 3.3.6　二氧化碳吞吐全过程不同距离处含油饱和度变化

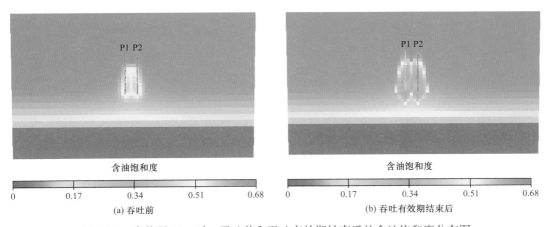

图 3.3.7　当井距 20m 时，吞吐前和吞吐有效期结束后的含油饱和度分布图

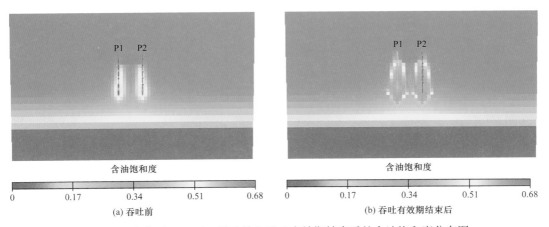

图 3.3.8　当井距 40m 时，吞吐前和吞吐有效期结束后的含油饱和度分布图

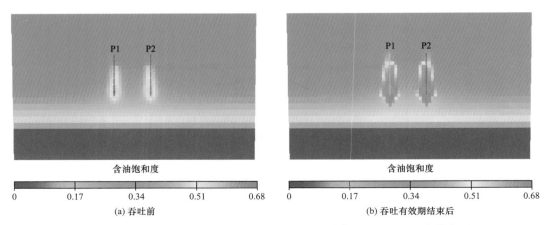

图 3.3.9　当井距 60m 时，吞吐前和吞吐有效期结束后的含油饱和度分布图

3. 协同方式

二氧化碳协同吞吐有多种方式，方案设计时应优化选择。（1）同时吞吐。同时吞吐、焖井、开井。（2）交替吞吐。本井吞吐与焖井期间，邻井吞吐、依次开井。（3）错时吞吐。两井错开一段时间依次吞吐、焖井、开井。（4）本井吞吐、邻井协同受效。本井吞吐、邻井关井或低液量生产、同时开井或转正常液量生产。本节以错时吞吐方式为例，描述其优化方法。

设置地层倾角为 6°（默认），油层厚度 6.6m，能量充足的边底水大水体，正韵律，洛伦兹系数 0.5，水平段位于油层中上部、长 70m、平行于油层，全段出液，原油黏度 90mPa·s，无隔夹层，水平段，两口水平井正对（P1 井低部位，P2 井高部位），低部位井含水率 98% 后 P1 井、P2 井错开 7d 或 15d 进行吞吐，单井注气量 400t，焖井 30d。

设置 8 种方案（表 3.3.4），分别研究其单井增油和井组增油情况（表 3.3.4 和图 3.3.10），结果表明，高部位井先注时，其井组增油效果好于低部位井先注，但结果相差较小；高部位井先开时，低部位井增油效果稍差，但其井组增油效果好于低部位井先开。同时，分别研究了不同方案的井吞吐前后含油饱和度，总体特征为：注入的二氧化碳从井筒周围逐渐波及井间，有效期结束后，井间含油饱和度明显下降，图 3.3.11 至图 3.3.14 为先注 7d 的含油饱和度的分布情况，先注 15d 的效果与此具有类似特点。

表 3.3.4　注气及开井顺序不同时增油量对比

序号	方案	井号	增油量（m³）	井组增油量（m³）
1	P1 井先注 7d	P1	396	881
		P2	485	
2	P1 井先注 15d	P1	400	885
		P2	485	

续表

序号	方案	井号	增油量（m³）	井组增油量（m³）
3	P2 井先注 7d	P1	345	885
		P2	540	
4	P2 井先注 15d	P1	345	910
		P2	565	
5	P1 井先开井 7d	P1	375	834
		P2	459	
6	P1 井先开井 15d	P1	388	866
		P2	478	
7	P2 井先开井 7d	P1	364	864
		P2	500	
8	P2 井先开井 15d	P1	355	884
		P2	529	

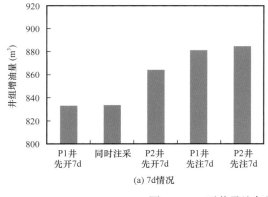
(a) 7d情况

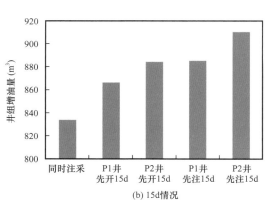
(b) 15d情况

图 3.3.10　开井及注气顺序不同时增油量对比

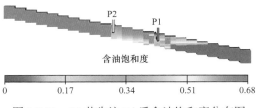
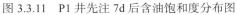

图 3.3.11　P1 井先注 7d 后含油饱和度分布图

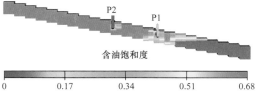

图 3.3.12　P2 井先注 7d 后含油饱和度分布图

4. 二氧化碳用量

多井协同吞吐二氧化碳用量既需设计总用量，也要优化各井的用量分配。总用量通过油藏整体数值模拟，预测增油量、换油率等指标，结合经济评价进行优化。图 3.3.15 为某单元的模拟结果。可以看出，协同吞吐系统中，随着注入量增加，平均单井增油逐渐上升；当注入量在 0.3 HCPV 后，平均单井增油上升速度减缓。

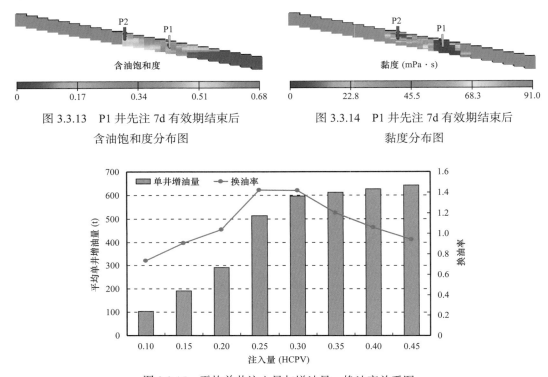

图 3.3.13　P1 井先注 7d 有效期结束后含油饱和度分布图

图 3.3.14　P1 井先注 7d 有效期结束后黏度分布图

图 3.3.15　平均单井注入量与增油量、换油率关系图

以下以两口水平井的协同吞吐单元为例，讨论各井的二氧化碳用量分配。

设置地层倾角为 6°，油层厚 6.6m，边底水能量充足，正韵律，洛伦兹系数 0.5，水平段位于油层中上部、长 70m、平行于油层，全段出液，原油黏度 90mPa·s，无隔夹层，两口水平井正对（P1 井位于低部位，P2 井位于高部位），低部位井含水率 98% 后 P1 井、P2 井同时进行吞吐，共注 800t，焖井 30d，同时开井。单井用量分配设置 4 种方案：（1）P1 井注 200t，P2 井注 600t；（2）P1 井注 400t，P2 井注 400t；（3）P1 井注 600t，P2 井注 200t；（4）P1 井注 700t，P2 井注 100t。不同方案的增油效果见表 3.3.5，可见低部位井注得越多，整体增油效果越好。

不同方案的含油饱和度分析：图 3.3.16 至图 3.3.17 展示了方案 1 的含油饱和度情况，其特征为：低部位 P1 井注入量较少、高部位注入量较多时，注入的二氧化碳在高部位波及面积较大，但井间波及相对较弱，有效期结束后，井间含油饱和度有一定程度下降。图 3.3.18 至图 3.3.19 展示了方案 3 含油饱和度情况，其特点为：低部位 P1 井注入量较多、高部位注入量较少时，注入的二氧化碳在低部位波及面积较大，并从井筒周围逐渐波及井间；相比于方案 1，对井间波及作用较强，有效期结束后，井间含油饱和度有明显下降。

表 3.3.5　二氧化碳注入比例对井组增油量的影响

方案	方案说明	井号	增油量（m³）	井组增油量（m³）
方案 1	低部位 P1 井注 200t，高部位 P2 井注 600t	P1	265	831
		P2	566	
方案 2	低部位 P1 井、高部位 P2 井各注 400t	P1	364	834
		P2	470	
方案 3	低部位 P1 井注 600t，高部位 P2 井注 200t	P1	483	844
		P2	361	
方案 4	低部位 P1 井注 700t，高部位 P2 井注 100t	P1	581	967
		P2	386	

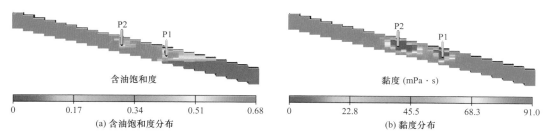

图 3.3.16　方案 1 焖井后含油饱和度和黏度分布图

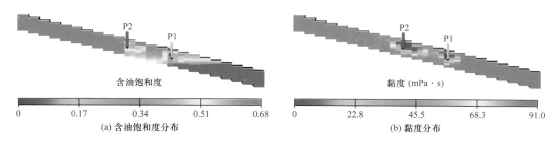

图 3.3.17　方案 2 有效期结束后含油饱和度和黏度分布图

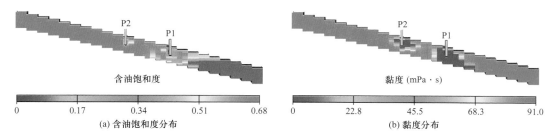

图 3.3.18　方案 3 焖井后含油饱和度和黏度分布图

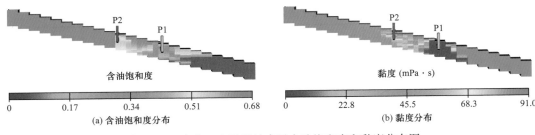

图 3.3.19　方案 3 有效期结束后含油饱和度和黏度分布图

5. 注入速度

在低于破裂压力及形成稳定的气液界面前提下，较快的注入速度可提高二氧化碳在油层中的运移速度，扩大波及体积，但过快可能导致井口刺漏及邻井气窜；较慢的注入速度可保证原油与注入气充分溶解，但施工时间延长、费用增加。协同吞吐的注入速度设计与单井吞吐的设计思路和方法基本一致，一般情况下，二氧化碳注入排量为 3～5t/h。

6. 焖井时间

焖井时间应考虑二氧化碳与原油的作用机理充分发挥。焖井时间过短，二氧化碳与原油难以充分作用，影响增油效果；焖井时间过长，影响油井生产时率，同时会加重管柱腐蚀，另外二氧化碳向储层深部无效扩散消耗也影响增油效果。

采用两口水平井同时吞吐模型进行模拟。井距 40m，正韵律油藏，设计了焖井 10d、20d、30d、40d、50d、90d、120d 等 7 种情形。表 3.3.6 给出了井组增油量随焖井时间的变化情况。基本特点是，焖井时间越长，井组增油量越大；焖井超过 50d，对协同吞吐增油量影响不明显。

表 3.3.6　井组增油量随焖井时间的变化

焖井时间（d）	井组增油量（m^3）
10	757
20	804
30	834
40	872
50	916
90	934
120	950

图 3.3.20 至图 3.3.24 为焖井 10d、30d、50d、90d、120d 含油饱和度和黏度分布图。可以看出，随焖井时间延长，井底附近的二氧化碳气体向地层远处扩散，能量向地层远处传递，二氧化碳波及范围扩大，地层原油饱和度有所下降；当焖井时间超过 30d，二氧化碳波及范围趋于稳定，地层原油饱和度略有回升。

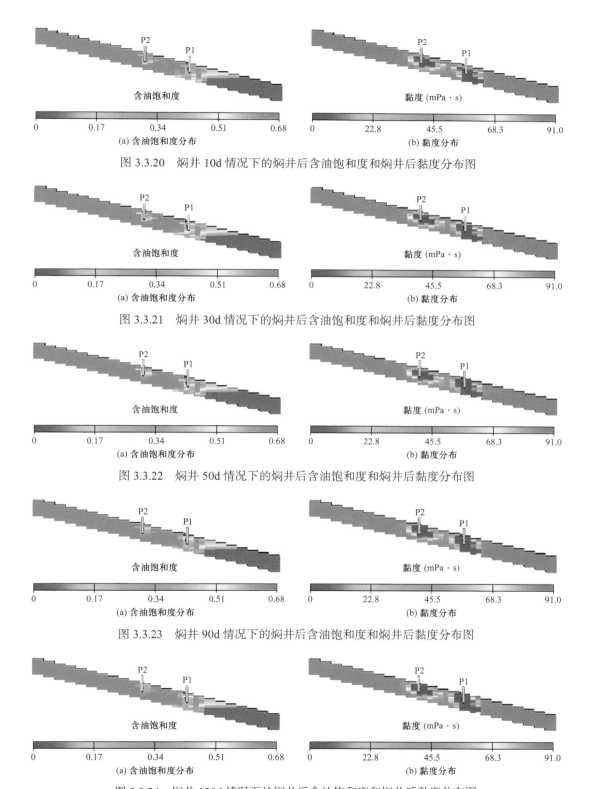

图 3.3.20　焖井 10d 情况下的焖井后含油饱和度和焖井后黏度分布图

图 3.3.21　焖井 30d 情况下的焖井后含油饱和度和焖井后黏度分布图

图 3.3.22　焖井 50d 情况下的焖井后含油饱和度和焖井后黏度分布图

图 3.3.23　焖井 90d 情况下的焖井后含油饱和度和焖井后黏度分布图

图 3.3.24　焖井 120d 情况下的焖井后含油饱和度和焖井后黏度分布图

7. 采液速度

协同吞吐的采液速度设计与单井吞吐的设计思路和方法基本一致，一般情况下，开井初期采液量为 8～10t/d，后期可将采液量提高至 10～15t/d，在此不再赘述。

二、典型单元多井协同吞吐油藏工程参数设计

1. 蚕 2×1 断块油藏概况

1）地质特征

区块为一发育于柏各庄断层下降盘（图 3.3.25）的断鼻构造，一条分支断层将其分为两个断块。蚕 2×1 区含油层位为 Ng Ⅳ，主力含油小层为 Ng Ⅳ 2。储层中孔中高渗透，平均孔隙度为 25.9%，平均渗透率为 667mD，原油密度 0.95～0.98g/cm³，地面原油黏度 3170mPa·s，胶质沥青质含量 30%，地层水为 $NaHCO_3$ 型、总矿化度 3759mg/L，地层压力系数 0.95～0.97，油藏温度 60℃、地温梯度 3.5℃ /100m，地质储量 44.83×10⁴t。

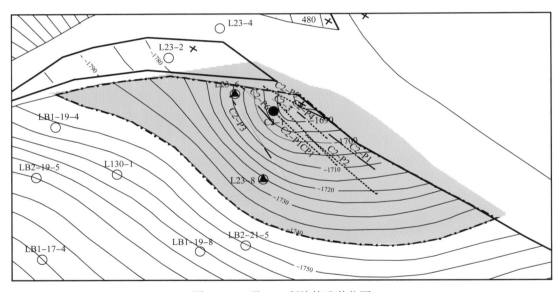

图 3.3.25　蚕 2X1 断块构造井位图

2）开发历程

2003 年 11 月，蚕 2×1 井试采，初期日产油 5t、日产水 0.5m³；2005 年 11 月，蚕 2×3 井试采，初期日产油 19.1t，含水率 58.4%；2006 年 10 月，蚕 2-P1 井投产，初期日产油 11.6t，含水率 11.5%。截至 2015 年 9 月底，蚕 2×1 断块开井 3 口，月产油 329.19t，月产水 368.15m³，累计产油 3.25×10⁴t、累计产水 13.69×10⁴m³，综合含水率 52.8%，采出程度 7.96%。有 6 口井进行过二氧化碳吞吐。

2. 数值模拟模型建立与历史拟合

1）数值模拟模型建立

根据沉积韵律特点，结合前期地质研究，为精细描述二氧化碳吞吐过程，数值模拟网格平面上 10m×10m、纵向上 1m，总网格数为 75×89×49=327075 个（图 3.3.26 至图 3.3.30）。

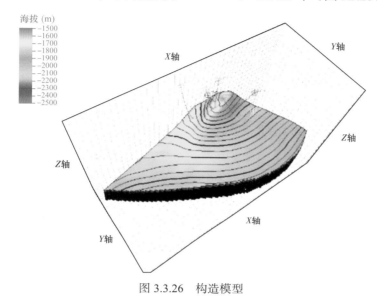

图 3.3.26　构造模型

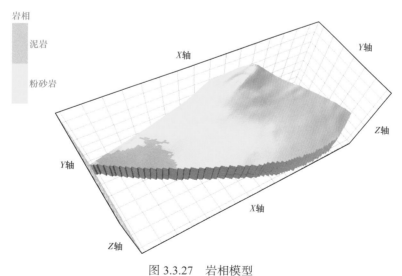

图 3.3.27　岩相模型

2）开发动态历史拟合

（1）生产指标拟合。

拟合蚕 2×1 区块综合含水率、产液速度、区块产油速度、累计产油，达到后续注气吞吐模拟计算精度要求。

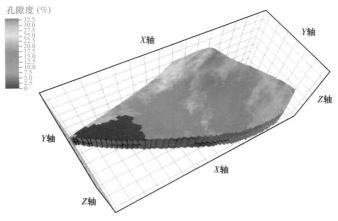

图 3.3.28　孔隙度模型

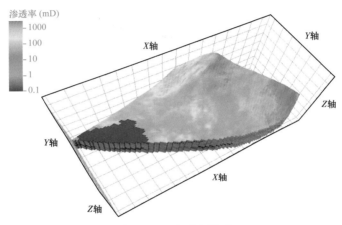

图 3.3.29　渗透率模型

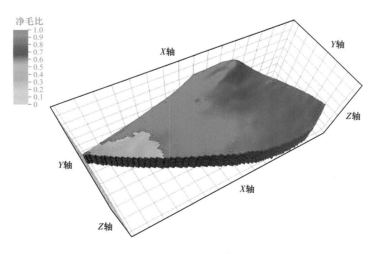

图 3.3.30　净毛比模型

（2）单井生产指标拟合。

拟合 C2×1 井、C2-3 井、C2-P1 井、C2-P2 井、C2-P3 井、C2-P4 井、C2-P5 井、C2-P6 井的单井含水率及产液，达到后续注气吞吐模拟计算精度要求。

3）剩余油分布特点

（1）平面剩余油分布。

图 3.3.31 至图 3.3.36 表明，NgⅣ2-1、NgⅣ2-2、NgⅣ2-3、NgⅣ2-4、NgⅣ2-5、NgⅣ2-6 小层在构造高部位剩余油饱和度仍很高，具有较大潜力。

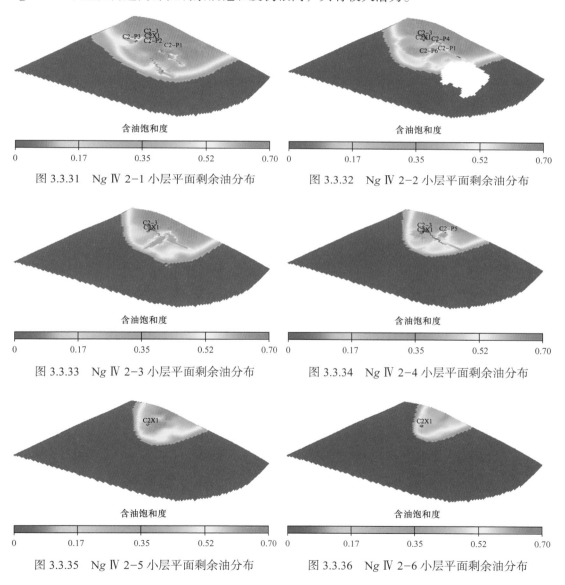

图 3.3.31　Ng Ⅳ 2-1 小层平面剩余油分布　　　图 3.3.32　Ng Ⅳ 2-2 小层平面剩余油分布

图 3.3.33　Ng Ⅳ 2-3 小层平面剩余油分布　　　图 3.3.34　Ng Ⅳ 2-4 小层平面剩余油分布

图 3.3.35　Ng Ⅳ 2-5 小层平面剩余油分布　　　图 3.3.36　Ng Ⅳ 2-6 小层平面剩余油分布

（2）吞吐前后剩余油分布

图 3.3.37 至图 3.3.48 表明，C2×1 井、C2-P2 井、C2-P3 井、C2-P4 井、C2-P5 井、

C2-P6 井两轮吞吐二氧化碳增溶膨胀具有较明显降黏效果，吞吐后近井地带剩余油饱和度均有所降低。

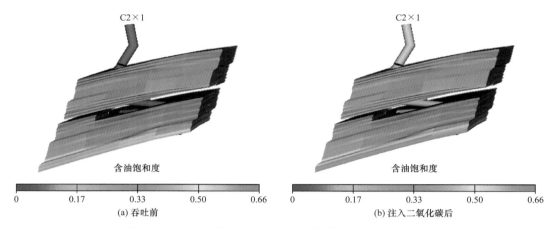

图 3.3.37 C2×1 井吞吐前和注入二氧化碳后剩余油饱和度

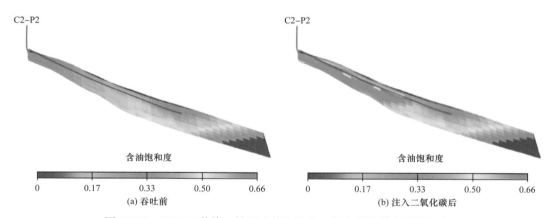

图 3.3.38 C2-P2 井第一轮吞吐前和注入二氧化碳后剩余油饱和度

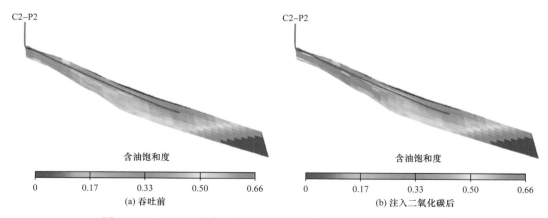

图 3.3.39 C2-P2 井第二轮吞吐前和注入二氧化碳后剩余油饱和度

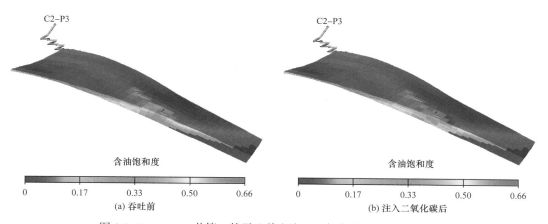

图 3.3.40 C2-P3 井第一轮吞吐前和注入二氧化碳后剩余油饱和度

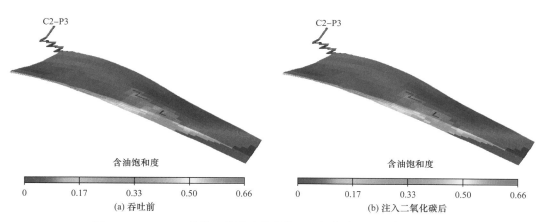

图 3.3.41 C2-P3 井第二轮吞吐前和注入二氧化碳后的剩余油饱和度

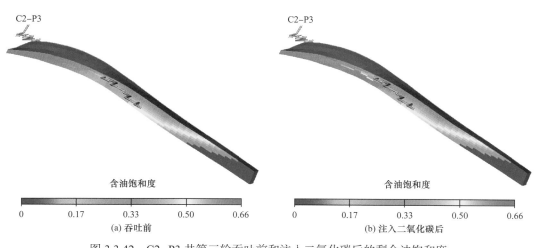

图 3.3.42 C2-P3 井第三轮吞吐前和注入二氧化碳后的剩余油饱和度

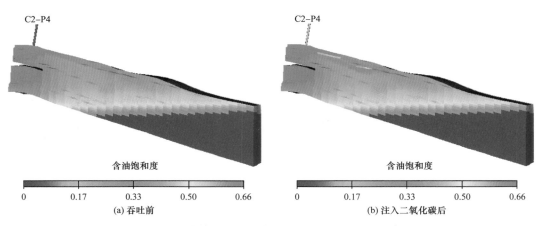

图 3.3.43　C2-P4 井第一轮吞吐前和注入二氧化碳后的剩余油饱和度

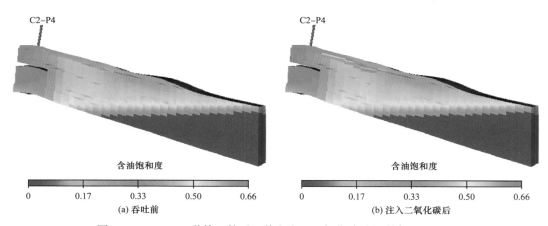

图 3.3.44　C2-P4 井第二轮吞吐前和注入二氧化碳后的剩余油饱和度

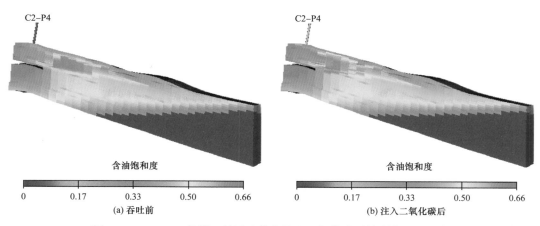

图 3.3.45　C2-P4 井第三轮吞吐前和注入二氧化碳后的剩余油饱和度

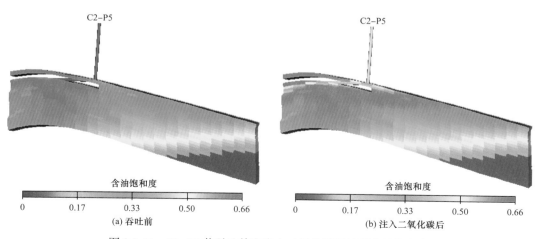

图 3.3.46 C2-P5 井吞吐前和注入二氧化碳后的剩余油饱和度

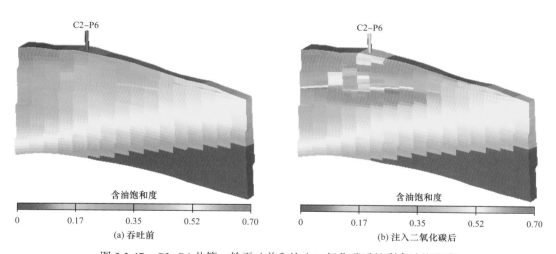

图 3.3.47 C2-P6 井第一轮吞吐前和注入二氧化碳后的剩余油饱和度

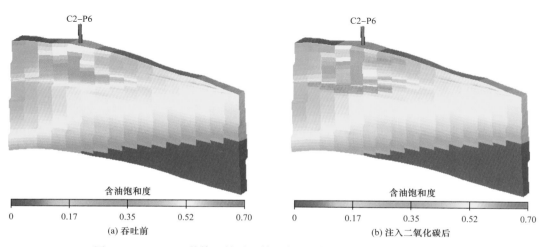

图 3.3.48 C2-P6 井第二轮吞吐前和注入二氧化碳后的剩余油饱和度

4）水平段产液及优势渗流通道分析

（1）水平段产液矛盾。

由于储层非均质性强、油藏原油黏度较高、水平段长度较长等影响，在实际生产中，水平段产液很不均匀，产液段长度远小于实际射孔段长度，说明存在优势渗流通道的影响[21-25]（表3.3.7）。

表3.3.7　水平井产液段分析

井号	层位	投产/措施日期	投产/措施	射孔段长度（m）	拟合产液段长度（m）
C2×1（直井）	NgⅣ2①~③	1991/7/7	低产油层投产	12.40	12.40
	NgⅣ1，NgⅣ2①~⑥	1991/10/22	低产油层投产	33.30	33.30
	NgⅢ，NgⅣ1，NgⅣ2①~⑥	1991/11/12	挤灰封72-73，后起管封井	42.60	42.60
	NgⅣ1，NgⅣ2①~⑥	2003/11	钻塞重射投产	42.90	42.60
C2×3（斜井）	NgⅣ2③~④	2005/11/9	投产	126.98	趾端126.98
	NgⅣ1，NgⅣ2①、②	2007/8/9	封③④	72.40	跟端72.40+趾端23.10
	NgⅣ1，NgⅣ2①~④	2008/11	打捞修套合采	199.38	跟端31.00+趾端126.98
C2-P1	NgⅣ2①、②	2006/10/18	投产	120.00	跟端33.30+趾端33.80
C2-P2	NgⅣ2①	2007/6/8	投产	272.23	趾端104.90
C2-P3	NgⅣ2①	2007/6/14	投产	241.39	跟端22.20+中间88.50+趾端55.50
C2-P4	NgⅣ2②	2007/9/7	投产	71.37	71.37
C2-P5	NgⅣ2④	2012/6/1	投产	76.70	76.70
C2-P6	NgⅣ2②	2012/9/1	投产	52.73	52.73

（2）优势渗流通道分析。

结合生产动态、数模历史拟合结果及剩余油分布，分析各井水平段出水段及优势渗流通道。T_k表示砂层中最大渗透率与平均渗透率的比值，是评价储层非均质性的重要参数，当$T_k > 3$时，表示储层为强非均质性。蚕2×1断块优势渗流通道情况见表3.3.8。

3. 协同吞吐参数优化与设计

在数模历史拟合分析基础上，考虑了构造位置、井网井型、吞吐井与等深线位置关系、气窜通道、错时注采等因素，总结了不同协同单元结构的协同效果。协同单元的理想结构：（1）地层有倾角、构造高部位与低部位井构成的协同单元，低部位井注二氧化碳时效果显著；（2）平行于等深线且有气窜通道的两口井构成的协同单元；（3）在储层正韵律条件下，直井及水平井构成的协同单元。

表 3.3.8　蚕 2×1 断块优势渗流通道表

井号	出液段分析	优势通道截面积（m²）	通道渗透率（mD）	突进系数
C2×1	生产段下部出水	48.09	6000.0	99.78
C2×3	趾端靠近油水边界，趾端出水	41.22	450.0	4.98
C2-P1	趾端靠近油水边界，趾端出水	68.70	3772.4	35.19
C2-P2	趾端靠近油水边界，趾端出水	24.06	1250.0	9.04
C2-P3	趾端靠近油水边界，趾端出水	50.38	2950.0	34.74
C2-P4	底水锥进，趾端出水	131.10	400.0	14.97
C2-P5	跟端出水	21.76	2000.0	22.76
C2-P6	底水锥进	28.63	1900.0	17.29

基于蚕 2×1 断块已实施协同吞吐井组综合分析，开展 3 口水平井井组协同模式研究。设置 8 种协同吞吐模式，明确了二氧化碳总注入量、不同部位井的注入量分配比例、焖井时间、采液强度对协同效果的影响规律，以此为基础开展蚕 2×1 断块协同吞吐方案整体部署。

1）不同协同方式参数优化

选择 C2-P2 井、C2-P3 井、C2-P6 井三口井构成的单元，考虑 8 种协同方式分析优化（表 3.3.9）。

表 3.3.9　吞吐方式设计

序号	协同方式
1	高、低部位井同时吞吐
2	同时注，低部位先采，高部位后采
3	同时注，高部位先采，低部位后采
4	低部位井先注、高部位井后注，相同焖井时间后开井生产
5	高部位井先注、低部位井后注，相同焖井时间后开井生产
6	低部位井吞吐，高部位井不吞吐
7	平行井同注同采
8	单井分别吞吐与协同吞吐对比

（1）方式一：高部位及低部位井同时吞吐。

表 3.3.10 给出方式一（高部位及低部位井同时吞吐）的具体 15 组方案设计。低部位 C2-P3 井与高部位 C2-P2 井和 C2-P6 井同时注采。

根据各井吞吐前的液量，设计吞吐后阶梯式液量进行生产（表 3.3.11）。

表 3.3.10　方式一方案设计

项目	方案	参数设计	
考虑不同二氧化碳注入量	方案 1	0.5 倍实际总注入量	775t
	方案 2	1 倍实际总注入量	1550t
	方案 3	1.5 倍实际总注入量	2325t
	方案 4	2 倍实际总注入量	3100t
注入量分配比例	方案 5	低部位与高部位等注入量	C2-P3 井占 1/2, C2-P2 井和 C2-P6 井各占 1/4
	方案 6	低部位多, 高部位少	C2-P3 井占 3/4, C2-P2 井和 C2-P6 井各占 1/8
	方案 7	低部位少, 高部位多	C2-P3 井、C2-P2 井和 C2-P6 井各占 1/3
考虑不同单井焖井时间	方案 8	0.5 倍实际平均单井焖井时间	20d
	方案 9	1 倍实际平均单井焖井时间	39d
	方案 10	1.25 倍实际平均单井焖井时间	49d
	方案 11	1.5 倍实际平均单井焖井时间	59d
考虑不同采液强度	方案 12	0.5 倍吞吐前液量	
	方案 13	1 倍吞吐前液量	
	方案 14	1.5 倍吞吐前液量	
	方案 15	2 倍吞吐前液量	

表 3.3.11　液量设计　　　　　　　　　　　　　　单位: m³/d

日期	C2-P2 井	C2-P3 井	C2-P6 井	日期	C2-P2 井	C2-P3 井	C2-P6 井
2013/2/1	1.63	4.63	2.38	2013/10/1	5.53	15.73	8.08
2013/3/1	2.17	6.17	3.17	2013/11/1	5.85	16.65	8.55
2013/4/1	3.25	9.25	4.75	2013/12/1	6.18	17.58	9.03
2013/5/1	3.90	11.10	5.70	2014/1/1	6.50	18.50	9.50
2013/6/1	4.23	12.03	6.18	2014/2/1	6.50	18.50	9.50
2013/7/1	4.55	12.95	6.65	2014/3/1	6.50	18.50	9.50
2013/8/1	4.88	13.88	7.13	2014/4/1	6.50	18.50	9.50
2013/9/1	5.20	14.80	7.60				

① 二氧化碳注入总量对协同吞吐效果的影响及参数优化。

设置总注入量 775t、1550t、2325t、3100t 四种情形, 焖井时间 39d, 三口井注入量各占总注入量的 1/3。由图 3.3.49 至图 3.3.52 可见, 随注入量增加, 其波及体积扩大, 各井含水率逐渐降低、产油量逐渐增加；注入量越大，井组增油量越多，换油率逐渐变小。协同吞吐系统注入量优化结果：二氧化碳总注入量 1550t，C2-P2 井、C2-P3 井、C2-P6 井各注入三分之一。

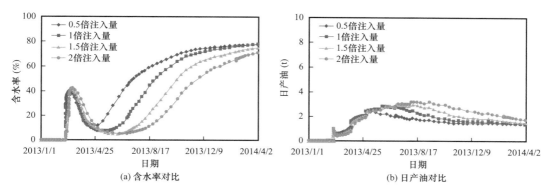

图 3.3.49 C2-P2 井不同二氧化碳注入量含水率对比和日产油对比

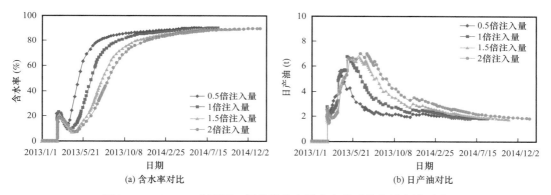

图 3.3.50 C2-P3 井不同二氧化碳注入量含水率对比和日产油对比

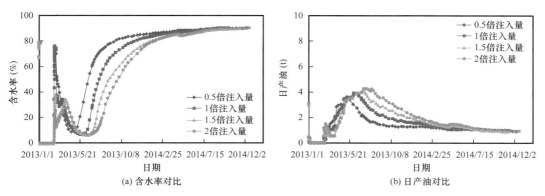

图 3.3.51 C2-P6 井不同二氧化碳注入量含水率对比和日产油对比

② 注入量分配比例对协同吞吐效果的影响及参数设计。

二氧化碳总注入量 1550t，单井焖井时间 39d。设置 3 种情形：低部位与高部位等注入量；低部位多、高部位少；低部位少、高部位多。表 3.3.12 为注入量分配优化结果。

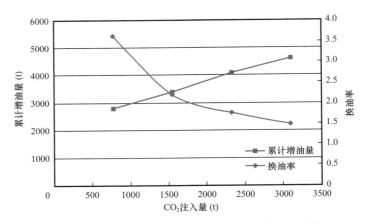

图 3.3.52　二氧化碳注入量与累计增油、换油率曲线

表 3.3.12　注入量分配方案设计

注入方案		单井二氧化碳注入量（t）		
		C2-P3 井	C2-P2 井	C2-P6 井
低部位与高部位等注入量	C2-P3 井占 1/2，C2-P2 井和 C2-P6 井各占 1/4	775.00	387.50	387.50
低部位多，高部位少	C2-P3 井占 3/4，C2-P2 井和 C2-P6 井各占 1/8	1162.50	193.75	193.75
低部位少，高部位多	C2-P3 井、C2-P2 井和 C2-P6 井各占 1/3	516.67	516.67	516.67

由图 3.3.53 至图 3.3.56 可见，从整体看，增油降水效果随低部位井注入量增加而变好；从单井看，随注入量增加，各井含水率逐渐降低、产油量逐渐增加。

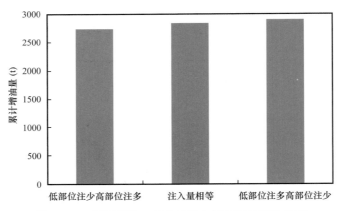

图 3.3.53　不同部位二氧化碳注入量与累计增油关系

③焖井时间优化。

总注入量 1550t。设置焖井 20d、39d、49d、59d 四种情形。由图 3.3.57 至图 3.3.59 可见，随焖井时间延长，开井后含水率及日产油无明显变化，说明其对两者影响不大，但油井采油时率会下降从而影响产量。推荐焖井时间控制在 39d 左右。

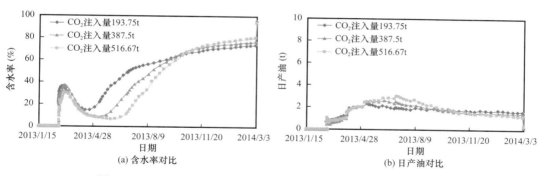

图 3.3.54 C2-P2 井不同二氧化碳注入量含水率对比和日产油对比

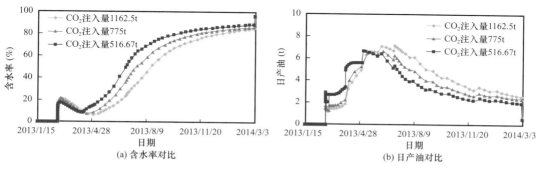

图 3.3.55 C2-P3 井不同二氧化碳注入量含水率对比和日产油对比

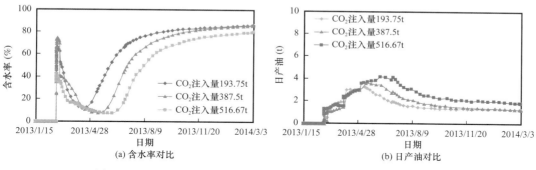

图 3.3.56 C2-P6 井不同二氧化碳注入量含水率对比和日产油对比

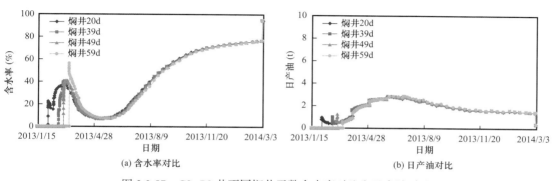

图 3.3.57 C2-P2 井不同焖井天数含水率对比和日产油对比

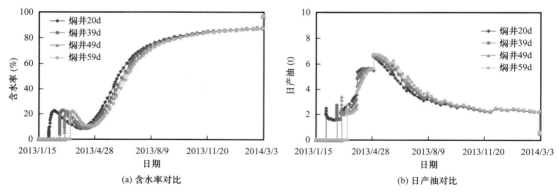

图 3.3.58　C2-P3 井不同焖井天数含水率对比和日产油对比

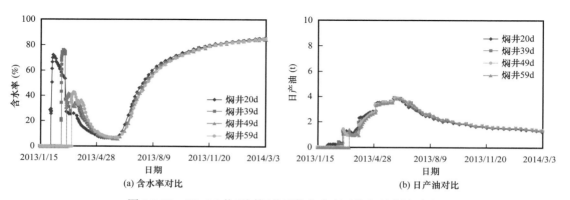

图 3.3.59　C2-P6 井不同焖井天数含水率对比和日产油对比

④ 采液强度优化。

总注入量 1550t，焖井 39d。设置吞吐后日产液量，与吞吐前相同、为吞吐前的 1.5 倍、为吞吐前的 2 倍三种情形。由图 3.3.60 至图 3.3.63 可见，随采液强度的提高，各井含水率有不同程度增加、日产油量和有效期都明显变差，三口井总采油量显著降低。说明：蚕 2×1 断块油藏属于稠油油藏，油水黏度比大，高采液强度易加剧边底水突进，使有效期缩短。推荐开井后以较低采液强度生产。

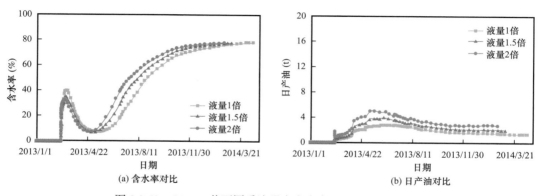

图 3.3.60　C2-P2 井不同采液强度含水率对比和日产油对比

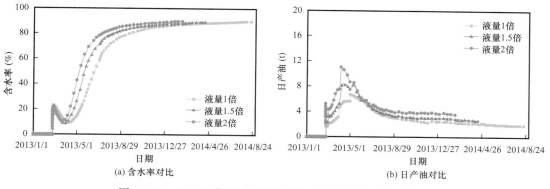

图 3.3.61　C2-P3 井不同采液强度含水率对比和日产油对比

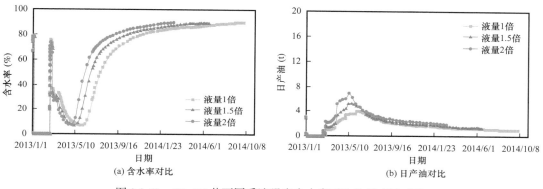

图 3.3.62　C2-P6 井不同采液强度含水率对比和日产油对比

（2）方式二：高部位及低部位井同时注二氧化碳，低部位先采，高部位后采。

总注入量 1550t，焖井 39d。设置三种情形：高、低部位井同时注采；低部位井生产 15d 高部位井再生产；低部位井生产 30d 高部位井再生产。由图 3.3.64 可见，低部位井 优先生产对其本身生产效果影响小，对高部位生产效果影响大，同时注采模式优于其他 两种。

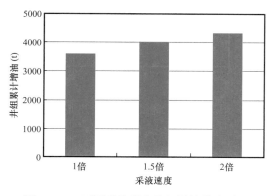

图 3.3.63　不同采液强度井组累计增油对比

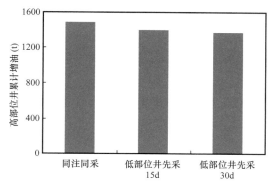

图 3.3.64　低部位井先采对高部位井吞吐 效果的影响

（3）方式三：高部位及低部位井同时注二氧化碳，高部位先采，低部位后采。

总注入量 1550t，焖井 39d。设置三种情形：高、低部位井同时注采；高部位井先生产 15d 低部位井再生产；高部位井先生产 30d 低部位井再生产。由图 3.3.65 可见，高部位井先生产对低部位井生产效果影响大，高部位开井时间早、采液强度大，对低部位井吞吐效果产生不利影响，同时注采模式优于其他两种。

（4）方式四：低部位井先注二氧化碳高部位井后注，相同焖井时间后开井生产。

总注入量 1550t，焖井 39d。设置两种情形：低部位井注气结束 7d 后，高部位井注，焖井后同时开井；低部位井注气结束 15d 后，高部位井注，焖井后同时开井。由图 3.3.66 至图 3.3.68 可见，低部位井先注对其本身吞吐有利，对高部位井不利，原因是低部位井先注将在低部位形成局部高压区，不利于高部位井挖潜下部剩余油；低部位井先注对井组吞吐增油量影响不大，同时吞吐增油效果略好。

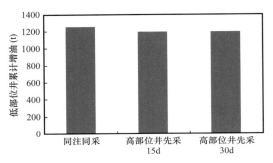

图 3.3.65　高部位井先采对低部位井吞吐
效果的影响

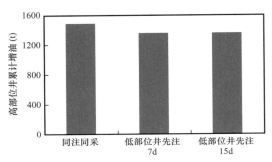

图 3.3.66　低部位井先注对高部位井吞吐
效果的影响

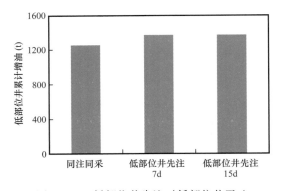

图 3.3.67　低部位井先注对低部位井吞吐
效果的影响

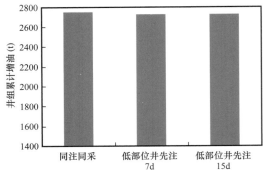

图 3.3.68　低部位井先注对井组吞吐
效果的影响

（5）方式五：高部位井先注二氧化碳低部位井后注，相同焖井时间后开井生产。

总注入量 1550t，焖井 39d。设置两种情形：高部位井注气结束 7d 后，低部位井注，焖井后同时开井；高部位井注气结束 15d 后，低部位井注，焖井后同时开井。由图 3.3.69 至图 3.3.71 可见，高部位井先注对其本身吞吐效果影响小，主要对低部位井生产效果产生不利影响，原因是高部位井注入二氧化碳后局部形成高压区，不利于低部位井二氧化碳挖潜生产段上部剩余油；同注同采增油效果较好，高部位井先注对井组吞吐增油有负面影响。

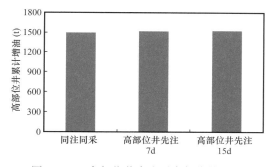

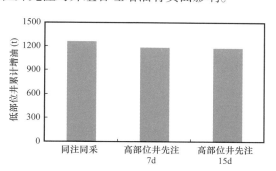

图 3.3.69　高部位井先注对高部位井吞吐　　　图 3.3.70　高部位井先注对低部位井吞吐
　　　　　　效果的影响　　　　　　　　　　　　　　　　　效果的影响

（6）方式六：低部位井二氧化碳吞吐，高部位井不吞吐。

总注入量 516.67t，焖井 39d。设置低部位 C2-P3 井吞吐，高部位 C2-P2 井、C2-P6 井四种生产情形：关井、以 0.5 倍采液强度生产、以 1 倍采液强度生产、以 2 倍采液强度生产。由图 3.3.71 可见，高部位井采液强度越大，对低部位井吞吐效果干扰越大。

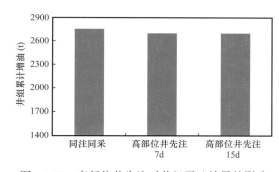

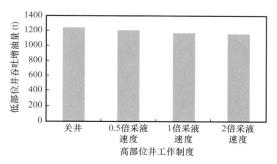

图 3.3.71　高部位井先注对井组吞吐效果的影响　　图 3.3.72　C2-P3 井累计增油对比

（7）方式七：平行井同时注采。

C2-P2 井、C2-P3 井是一组平行井，C2-P2 井位于高部位。二氧化碳总注入量 1100t，对平行井的注入量分配比例、焖井时间及采液强度进行优化。在 C2-P2 井、C2-P3 井同时注采，C2-P6 井关井情况下，方案设计见表 3.3.13。

表 3.3.13　平行井同时注采方案设计

项目	方案	参数设置
注入量分配比例	方案 1	低部位与高部位等注入量：C2-P3 井与 C2-P2 井各占 1/2
	方案 2	低部位多，高部位少：C2-P3 井占 3/4，C2-P2 井占 1/4
	方案 3	低部位少，高部位多：C2-P3 井占 1/4，C2-P2 井占 3/4

续表

项目	方案	参数设置
考虑不同单井焖井时间	方案 4	0.5 倍实际平均单井焖井时间
	方案 5	1 倍实际平均单井焖井时间
	方案 6	1.25 倍实际平均单井焖井时间
	方案 7	1.5 倍实际平均单井焖井时间
考虑不同采液强度	方案 8	0.5 倍吞吐前液量
	方案 9	1 倍吞吐前液量
	方案 10	1.5 倍吞吐前液量
	方案 11	2 倍吞吐前液量

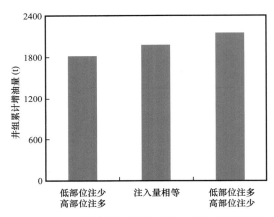

图 3.3.73 不同部位二氧化碳注入量与累计增油

① 高、低部位井注入量分配比例对协同吞吐效果的影响。

总注入量1100t，焖井39d，对注入量分配比例优化。由图3.3.73可见，低部位井注入量越大，整体增油降水效果越好。

② 低部井注入量大时，单井焖井时间对协同吞吐效果的影响。

总注入量1100t，高部位井注入275t，低部位井注入825t。设置焖井20d、39d、49d、59d四种情形。结果表明，焖井天数对开井后含水率及日产油有影响，焖井时间越长，二氧化碳与原油接触越充分，重力分异作用越明显，有利于挖潜生产段上部剩余油，提高降水增油效果，超过39d，油量增加不明显。

③ 低部井注入量大时，采液强度对协同吞吐效果的影响。

总注入量1100t，高部位井注入275t、低部位井注入825t，焖井39d。设置吞吐后产液量为吞吐前的0.5倍、1倍、1.5倍、2倍四种情形。结果表明，油水黏度比大的情况下，高采液强度易加剧边底水突进，含水上升加快，吞吐有效期变短。因此推荐吞吐开井后以较低采液强度生产。

（8）方式八：单井吞吐与协同吞吐效果对比。

C2-P2井、C2-P3井、C2-P6井分别单井吞吐，单井注入550t，焖井39d。结果表明，与单井吞吐相比，协同吞吐的单井含水低且上升慢，有效期长，井组累计增油量多（图3.3.74）。

4. 方案设计与效果预测

在上述协同吞吐方案优化设计分析基础上，开展开发指标预测研究。

1）吞吐方案设计

蚕2×1断块，生产井高含水，水平段产液不均衡，优势渗流通道发育，单井吞吐难以取得好效果，需先封堵优势渗流通道，以抑制气窜及其在强水淹层的消耗，采取协同吞吐。

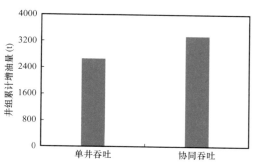

图 3.3.74　不同吞吐方式下井组累计增油对比

6口井同时吞吐，单井注入量500t，日注入83.3t，焖井30d。方案设计见表3.3.14。

表 3.3.14　方案设计

井号	调整措施
C2-P1	目前套变关井，不作考虑
C2×1	生产层位贯穿油层，连接底水，不作考虑
C2-3	趾端出水严重，考虑强封堵体系
C2-P2	趾端出水严重，考虑强封堵体系
C2-P3	趾端出水严重，考虑强封堵体系
C2-P4	底水锥进，趾端出水严重，考虑强封堵体系
C2-P5	跟端存在水窜通道，考虑强封堵体系
C2-P6	底水锥进，考虑强封堵体系

2）方案效果预测

（1）单井吞吐与协同吞吐效果对比。

从开井后的含水上升情况及增油效果看，协同吞吐效果好于单井单独吞吐，复合＋协同吞吐控水增油效果最好（图3.3.75至图3.3.80）。

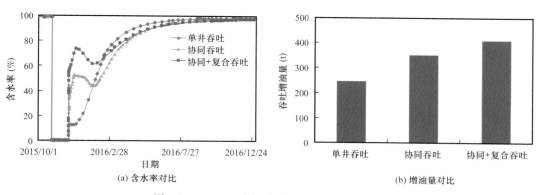

（a）含水率对比　　　　（b）增油量对比

图 3.3.75　C2-3 井含水率及吞吐增油量对比

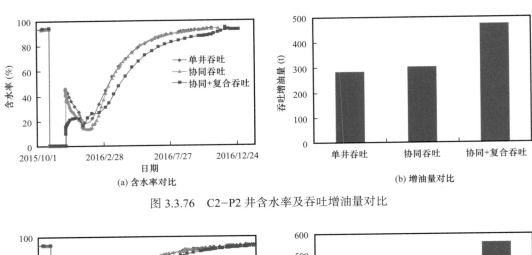

图 3.3.76　C2-P2 井含水率及吞吐增油量对比

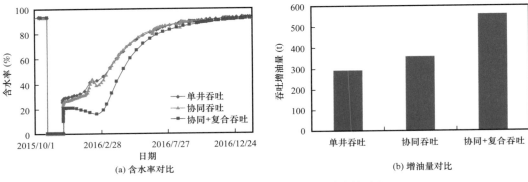

图 3.3.77　C2-P3 井含水率及吞吐增油量对比

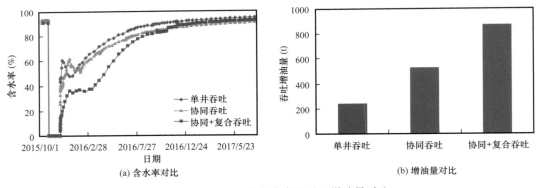

图 3.3.78　C2-P4 井含水率及吞吐增油量对比

（2）按吞吐井构造位置对比吞吐效果。

构造高部位 C2-P4 井、C2-P5 井，构造腰部 C2-3 井、C2-P2 井，构造低部位 C2-P3 井、C2-P6 井。由图 3.3.81 至图 3.3.84 可见，相对于单井吞吐，协同吞吐的所有井单井产油量、井组产油量均有大幅增加；协同吞吐对高部位井更有利，低部位注的二氧化碳对高部位存在更明显的协同作用；相对于单纯协同吞吐，协同 + 复合吞吐效果更好，所有井产油量均有较大幅度提高。

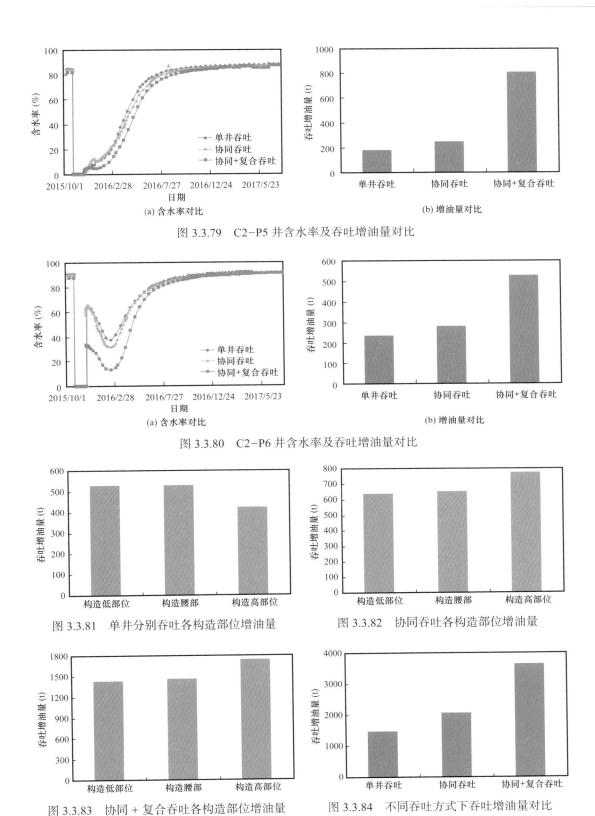

图 3.3.79　C2-P5 井含水率及吞吐增油量对比

图 3.3.80　C2-P6 井含水率及吞吐增油量对比

图 3.3.81　单井分别吞吐各构造部位增油量

图 3.3.82　协同吞吐各构造部位增油量

图 3.3.83　协同 + 复合吞吐各构造部位增油量

图 3.3.84　不同吞吐方式下吞吐增油量对比

第四节 水平井协同吞吐应用实例

一、多井协同吞吐实践

1. 高部位、中部位、低部位井多井协同吞吐效果分析

1) 蚕 2×1 断块 2010 年 10 月底实施协同吞吐的效果分析

当时开井 4 口（C2-3 井、C2-P2 井、C2-P3 井、C2-P4 井），其构造井位图如图 3.4.1 所示。

低部位 C2-P3 井、高部位 C2-P4 井同时吞吐。C2-P4 井于 2010 年 10 月 31 日至 11 月 1 日注入二氧化碳 430t，焖井 20d，2010 年 12 月 1 日开井。C2-P3 井于 2010 年 11 月 3 日至 6 日注入二氧化碳 460t，焖井 20d，2010 年 12 月 2 日开井。邻井注气期间关井，C2-3 井于 2010 年 10 月 31 日至 12 月 3 日关停；C2-P2 井于 2010 年 11 月 3 日至 26 日关井。

开井后，C2-P3 井、C2-P4 井见效，C2-3 井、C2-P2 井也有受效特征（表 3.4.1，图 3.4.2 和图 3.4.3 分别为剩余油饱和度与地层原油黏度变化情况，图 3.4.4 和图 3.4.5 分别为日产液与含水率对比曲线）。

邻井见效分析：C2-P2 井距注气井 C2-P3 井 70m，因该井注二氧化碳由低部位向高部位驱动作用而受效；C2-3 井距注气井 C2-P4 井 40m，因该井注二氧化碳动用了井间剩余油而受效。整体评价，协同吞吐高部位增油量高，有效期长。

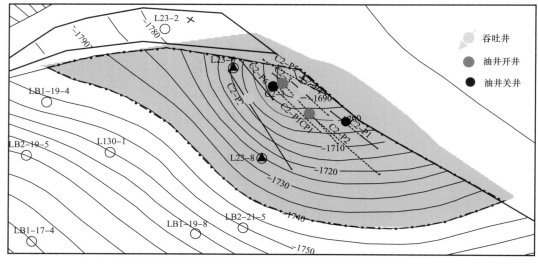

图 3.4.1 蚕 2×1 断块构造井位图（2010 年 10 月）

表 3.4.1 二氧化碳吞吐前后参数统计

井号		注气时间	焖井时间（d）	开井时间	吞吐前含水率（%）	吞吐后含水率（%）	吞吐增油量（t）	有效期（d）
吞吐井	C2-P3（低部位井）	2010/11/3 至 11/6	20	2010/12/2	93.2	4.84	617.85	120
	C2-P4（高部位井）	2010/10/31 至 11/1	20	2010/12/1	71.0	1.20	660.86	210
邻井	C2-3	关井，距 C2-P3 井 100m，距 C2-P4 井 40m		2010/12/4	99.0	62.20	414.67	147
	C2-P2	关井，距 C2-P3 井 70m，距 C2-P4 井 60m		2010/11/27	94/5	60.00	119.70	20

注：C2×1 井及 C2-P1 井关井，C2-P5 井、C2-P6 井此时尚未投产。

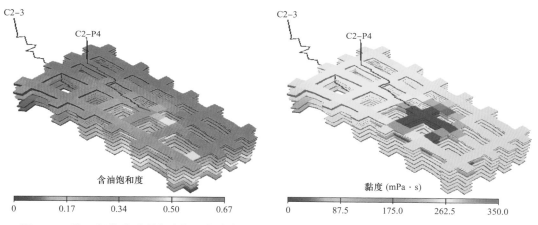

图 3.4.2 注二氧化碳后剩余油饱和度分布 　　图 3.4.3 二氧化碳吞吐后地层原油黏度分布

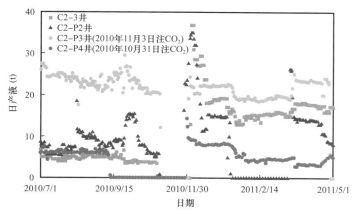

图 3.4.4 日产液曲线对比

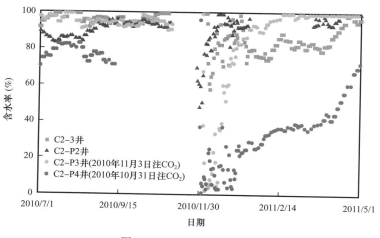

图 3.4.5　含水率曲线对比

2）蚕 2×1 断块 2013 年 1 月实施多井协同吞吐效果分析

2013 年 1 月 7 日开始实施（图 3.4.6）。设计 C2-P2 井、C2-P3 井分别注入微泡暂堵液 40m³+ 二氧化碳 550t、C2-P6 井注入二氧化碳 450t。

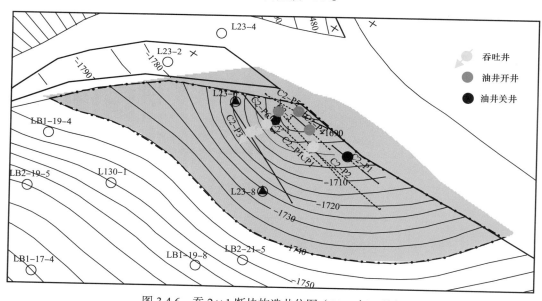

图 3.4.6　蚕 2×1 断块构造井位图（2013 年 1 月）

受效情况：C2-3 井、C2-P4 井效果主要受 C2-P2 井二氧化碳吞吐影响，高部位井增油量好于低部位井。对比数据分别见表 3.4.2 和表 3.4.3。

3）蚕 2×1 断块 2014 年 4 月实施协同吞吐效果分析

2014 年 4 月 15 日开始实施（图 3.4.7），设计 C2×1 井注入微泡暂堵液 10m³+ 二氧化碳 300t、C2-P2 井注入微泡暂堵液 20m³+ 二氧化碳 450t、C2-P4 井注入微泡暂堵液 15m³+ 二氧化碳 400t、C2-P6 井注入微泡暂堵液 25m³+ 二氧化碳 350t。

表 3.4.2　二氧化碳吞吐前后参数统计

	井号	注气时间	焖井天数（d）	开井时间	吞吐前含水率（%）	吞吐后含水率（%）	吞吐增油量（t）	有效期（d）
吞吐井	C2-P2（高部位）	2013/1/7 至 1/12	38	2013/2/26	99.2	4.67	1626.42	414
	C2-P3（低部位）	2013/1/7 至 1/12	42	2013/3/7	99.0	54.40	1878.54	595
	C2-P6（腰部位）	2013/1/7 至 1/10	37	2013/2/24	100.0	14.52	1899.90	387
邻井	C2-3	2013/1/6 至 2/26 关井，距 C2-P2 井 50m		2013/2/27	100.0	72.86	324.45	114
	C2-P4（高部位）	2012/11/4 至 2013/3/9 关井，距 C2-P2 井 60m		2013/3/10	99.0	62.15	671.39	402

注：C2×1 井及 C2-P1 井关井。

表 3.4.3　吞吐前后指标响应

井号		吞吐前后指标响应		
		气油比变化	动液面变化	含水率
吞吐井	C2-P2	—	230m 降至 300m	99.2% 降至最低 4.67%
		2013 年 11 月 30 日测二氧化碳浓度 98.95%		
	C2-P3	无数据	250m 升至 200m	100% 降至最低 50% 左右
		2013 年 12 月 21 日测二氧化碳浓度 99.6%；2013 年 12 月 24 日测二氧化碳浓度 99.6%		
	C2-P6	气油比上升	有所上升	100% 降至最低 15% 左右
		2013 年 12 月 21 日测二氧化碳浓度 97.82%		
观察井	C2×1	—	—	无变化，含水率 100%
	C2-3			100% 降至最低 52% 左右
	C2-P4	气窜明显	600m 升至 300m	100% 降至最低 65% 左右
		2013 年 11 月 30 日测二氧化碳浓度 98.97%		
	C2-P5	变化不大，稳中有升	略有降低	吞吐前含水率 10% 左右
		2013 年 11 月 30 日测二氧化碳浓度 99.41%		

受效分析（表 3.4.4 和表 3.4.5）表明：C2-P6 井注气期间，C2-P3 井因气窜关井，开井后液量下降，含水率由 57% 降至 1.8%，持续 20d，增油不明显，说明高部位 C2-P6 井注气对低部位 C2-P3 井影响小。C2-P5 井于 2014 年 4 月 27 日至 5 月 17 日关井，受 C2-P4 井注二氧化碳影响，开井后含水率由 59% 降至 4%，增油 37.8t，有效期 50d。高部位井累计增油量高于低部位井。

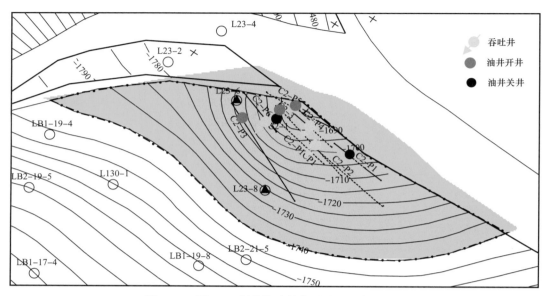

图 3.4.7　蚕 2×1 断块构造井位图（2014 年 4 月）

表 3.4.4　二氧化碳吞吐前后参数统计

井号		注气时间	焖井天数（d）	开井时间	吞吐前含水率（%）	吞吐后含水率（%）	吞吐增油量（t）	有效期（d）
吞吐井	C2-P2	2014/4/24 至 5/1	29	2014/6/4	92.8	36.4	664.18	267
	C2-P4	2014/4/17 至 4/25	40	2014/6/5	97.8	39.3	597.85	163
	C2-P6	2014/4/25 至 5/1	23	2014/5/25	99.0	31.5	626.60	180
	C2×1	2014/4/14 至 4/20	33	2014/5/28	100.0	100.0	不见效	不见效
邻井	C2-3	正常生产，日产液 15.5t			无影响		不增油	不见效
	C2-P3	2014/4/27 至 5/18 气窜关井，距 C2-P6 井 50m，距 C2-P2 井 70m		2014/5/19	57.0	1.8	增油不明显	21
	C2-P5	2014/4/27 至 5/17 关井，跟端距 C2-P4 井跟端最近处 30m		2014/5/18	59.0	4.0	37.80	50

注：C2×1 井及 C2-P1 井关井。

2. 直井、水平井混合井网协同吞吐效果分析

以高浅北区 Ng12 油层一个井组（图 3.4.8）2014 年 5 月协同吞吐为例分析。

G104-5P6 井、G111-6 井及 G211-6 井同时吞吐，其效果表明（表 3.4.6），高部位井吞吐效果好于低部位井，水平井吞吐效果好于直井。

表 3.4.5　吞吐前后指标响应

井号		吞吐前后指标响应		
		气油比变化	动液面变化	含水率
吞吐井	C2×1	无数据	缓慢上升	100%
		2014 年 6 月 12 日测二氧化碳浓度 95.89%；2014 年 7 月 30 日测二氧化碳浓度 99.27%；2014 年 9 月 24 日测二氧化碳浓度 99.38%；2014 年 10 月 24 日测二氧化碳浓度 98.1%；2014 年 12 月 5 日测二氧化碳浓度 99.48%		
	C2-P2	略有升高	缓慢上升	92.8% 降至最低 36% 左右
		2014 年 6 月 12 日测二氧化碳浓度 98.29%；2014 年 7 月 30 日测二氧化碳浓度 98.01%；2014 年 9 月 24 日测二氧化碳浓度 97.87%；2014 年 10 月 24 日测二氧化碳浓度 97.81%；2014 年 12 月 5 日测二氧化碳浓度 98.33%		
	C2-P4	略有升高	数据少	98% 降至最低 37.3% 左右
		2014 年 6 月 12 日测二氧化碳浓度 99.31%；2014 年 7 月 30 日测二氧化碳浓度 96.51%；2014 年 9 月 24 日测二氧化碳浓度 98.58%；2014 年 10 月 24 日测二氧化碳浓度 97.98%		
	C2-P6	升高	下降后趋于稳定	99% 降至最低 27% 左右
		2014 年 9 月 24 日测二氧化碳浓度 99.36%；2014 年 10 月 27 日测二氧化碳浓度 98.62%		
观察井	C2-3	无数据	无数据	100%
	C2-P3	开井后气窜	无数据	57% 降至最低 1.8% 左右后上升
		2014 年 6 月 12 日测二氧化碳浓度 99.81%；2014 年 7 月 30 日测二氧化碳浓度 24.78%；2014 年 9 月 24 日测二氧化碳浓度 99.52%；2014 年 10 月 24 日测二氧化碳浓度 99.53%；2014 年 12 月 5 日测二氧化碳浓度 99.50%		
	C2-P5	气窜	缓慢下降	59% 降至最低 4% 左右后上升
		2014 年 6 月 12 日测二氧化碳浓度 99.51%；2014 年 8 月 13 日测二氧化碳浓度 99.5%；2014 年 9 月 24 日测二氧化碳浓度 99.03%；2014 年 10 月 27 日测二氧化碳浓度 99.01%		

表 3.4.6　二氧化碳吞吐前后参数统计

井号	注气时间	注气量（t）	焖井天数（d）	吞吐前含水率（%）	吞吐后含水率（%）	吞吐增油量（t）	有效期（d）
G104-5P6	2014/5/16	200	23	99.9	36.9	950	260
G111-6	2014/5/16	205	23	99.4	43.9	320	210
G211-6	2014/5/14	200	24	99.0	27.7	600	250

3. 水平井连线平行于等深线井协同吞吐效果分析

以高浅北区 G104-5P70 井、G104-5P76 井 2014 年 3 月协同吞吐为例分析。吞吐井组如图 3.4.9 所示。分析结果（表 3.4.7）表明，注气后动液面上升，焖井后开井含水大幅下降。G104-5P70 井水平井段长、注气量大，但因靠近边水，含水上升快、吞吐有效期短、增油量少。

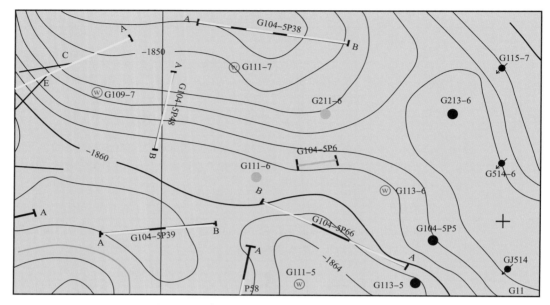

图 3.4.8　高浅北区 Ng12 油组协同吞吐井位图

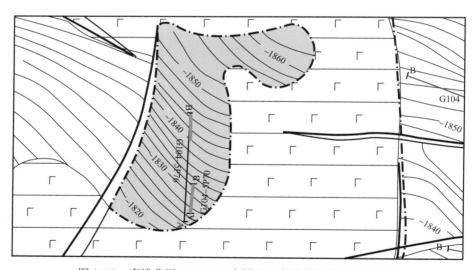

图 3.4.9　高浅北区 Ng12+13 小层两口水平井协同吞吐井位图

表 3.4.7　二氧化碳吞吐前后参数统计

井号	水平段长度（m）	注气时间	注气量（t）	焖井天数（d）	吞吐前含水率（%）	吞吐后含水率（%）	吞吐增油量（t）
G104-5P70	273.00	2014/3/2	350	25	98.5	30.1	200
G104-5P76	63.33	2014/3/28	250	23	98.6	9.8	700

二、区块协同吞吐实践

高浅北区 Ng12 油藏为一断鼻构造，边底水活跃，天然能量充足，埋深 1700～1950m，平均孔隙度 31%、渗透率 2121.1mD，地层原油黏度 90.34mPa·s，油藏温度 65℃，原始地层压力 18.2MPa，饱和压力 9.0MPa，属于未饱和的常规稠油油藏。目前，油藏主要开发方式为天然水驱 + 二氧化碳吞吐，整体表现为优势渗流通道发育、剩余油分散、含水率高（平均 98.1%）、单井产量低（0.85t/d）、采油速度低（0.37%）。

1. 深部调驱 + 二氧化碳吞吐机理研究

1）压力平衡机理

设计注水 + 二氧化碳吞吐、深部调驱 + 二氧化碳吞吐两种方案，模拟并对比生产过程中压力场分布情况。利用数模软件建立与实际油藏一致的模型，设置井距 125m、网格步长 10.0m×10.0m×0.5m、网格总数 45×30×10=13500、模型孔隙度 31%、渗透率 2000mD。

模拟结果表明（图 3.4.10），若注入端只注水，因其无法封堵优势渗流通道，采出端注二氧化碳时易气窜 ［图 3.4.10（a）］而无法实现憋压，不能发挥二氧化碳吞吐降黏增油作用。若注入端注入大量调驱剂封堵注采井间的优势渗流通道，采出端注二氧化碳时不易产生气窜而形成高压区 ［图 3.4.10（b）］，有效增加二氧化碳与原油接触，达到降黏增油目的。

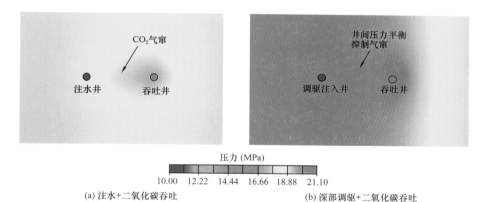

压力 (MPa)

10.00 12.22 14.44 16.66 18.88 21.10

(a) 注水+二氧化碳吞吐 　　　　　　　　　　　　　(b) 深部调驱+二氧化碳吞吐

图 3.4.10　不同方案压力场分布

2）有效扩大波及体积机理

两个方案生产三年后的剩余油平面分布模拟结果（图 3.4.11）表明，由于注水 + 二氧化碳吞吐方案注入水无法封堵优势渗流单元，平面波及系数 0.493；采用深部调驱 + 二氧化碳吞吐方案，调驱能够有效封堵优势通道，改变液流方向，平面波及系数 0.652。

深部调驱增大纵向波及范围。两个方案生产三年后的剩余油纵向分布模拟结果（图 3.4.12）表明，采用注水 + 二氧化碳吞吐方案，油层顶部仍存在一定的剩余油；采用深部调驱 + 二氧化碳吞吐方案，油层纵向上驱替较均匀，顶部剩余油较少。

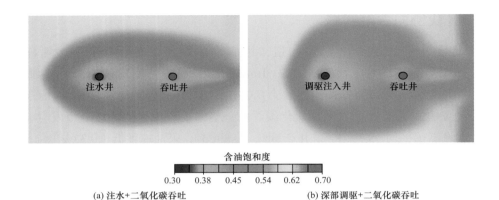

图 3.4.11　不同方案生产 3a 后平面剩余油分布

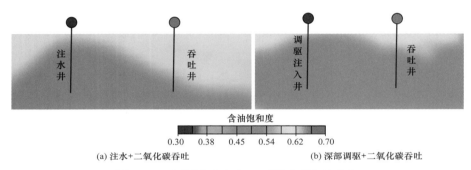

图 3.4.12　不同方案生产 3a 后纵向剩余油分布

2. 深部调驱 + 二氧化碳吞吐开发技术政策优化

1）调驱注入参数

注入量：利用调驱剂注入量数值模型，模拟注入孔隙体积倍数为 0.04、0.06、0.08、0.10、0.12、0.14、0.16、0.18 时的增油量。结果表明，随调驱剂注入量增加，增油量快速增加，超过 0.10 倍后，增油量逐渐变缓，因此，推荐调驱剂注入量为 0.10 倍孔隙体积。

注入速度：设计调驱注入速度，需综合考虑注入井控制范围内的剩余油潜力、历史调驱调剖速度、优势渗流通道发育级别及注入油层厚度等因素，推荐平均单井调驱注入速度为 $80 \sim 100 m^3/d$。

2）二氧化碳吞吐注入参数

注入量：分别利用椭圆柱体模型计算水平井（短轴半径 2.5m，长轴半径 5.0～8.0m）和椭球体模型计算定向井（短轴半径 2.5m，长轴半径 20.0～30.0m）注入量，分别为 436t、392t。设计二氧化碳注入量为 200t、300t、400t、500t、600t、700t、800t，利用数值模拟方法模拟注入量与累计增油量和换油率的关系。图 3.4.13 表明，注入量超过 400t 后，累计增油量增幅及换油率下降幅度变缓。综合体积法与数模结果，推荐二氧化碳吞吐注入量为 400t。

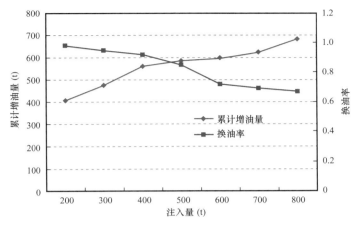

图 3.4.13 注入量与累计增油量和换油率关系曲线

注入速度：在低于破裂压力的前提下，较快的注入速度可提高二氧化碳在油层中的运移速度，扩大波及体积，但注入速度过快，可能导致井口刺漏及邻井气窜；较慢的注入速度可以保证原油与注入气充分溶解，但会延长施工时间，增加施工费用。推荐二氧化碳最佳注入速度为 3～5t/h。

焖井时间：设计焖井 10d、20d、30d、40d、50d，分别模拟其累计增油量，研究其对吞吐效果的影响（表 3.4.8）。结果表明，随焖井时间增加，累计增油量增加，超过 30d 后，增油幅度变小，综合考虑焖井后压力变化及二氧化碳与原油充分溶解时间，推荐焖井时间为 30～40d。

表 3.4.8 焖井时间与累计增油量关系

焖井时间（d）	10	20	30	40	50
累计增油量（t）	556.88	558.71	560.62	561.25	563.07

产液量：模拟开井后产液量对吞吐增油量与开井含水率的影响，推荐吞吐开井初期产液量为 8～10t/d，后期可将产液量提高至 10～15t/d 维持单井产量。

调驱剂注入倍数：设计注入调驱剂孔隙体积倍数 0、0.03、0.04、0.06 和 0.10 时，分别模拟油井累计增油量。结果表明，当调驱剂注入 0.04 倍孔隙体积时，采油井实施吞吐的累计增油量最高。

3）主要开发技术政策

计算不同非均质系数和油层厚度下的井底流压变化关系，确定合理井底流压 14.0～15.5MPa，生产压差 0.5～2.0MPa，采油速度 0.5%～0.6%，采液速度 6%～10%。

3. 实施效果

2017 年高浅北区 Ng12 油藏实施深部调驱＋二氧化碳吞吐，部署区含油面积 1.85km²、石油地质储量 113.7×10⁴t。设计 11 口注入井，其中 7 口调驱井用于封堵优势渗流通道和改变液流方向，设计注入调驱剂 $18.30 \times 10^4 m^3$；4 口调剖井用于封堵边部优势渗流通道，设计注入调剖剂 $3.30 \times 10^4 m^3$。设计 35 口吞吐井，平均单井注入二氧化碳 420t（考虑二氧化碳外溢，注入量增加 20t）。油藏综合含水率从 98.1% 下降至 82.1%，动液面下降 130m，平均单井增油 3t/d，累计增油 $6 \times 10^4 t$。

参 考 文 献

[1] 魏宏森. 系统论 [M]. 北京：世界图书出版公司，2009.

[2] 黄志坚. 工程概论——系统论在工程技术中的应用 [M]. 北京：北京大学出版社，2010.

[3] 冯·贝塔朗菲. 一般系统论——基础、发展和应用 [M]. 林康义，魏宏森，译. 北京：清华大学出版社，1987.

[4] 于景元. 创建系统学——开创复杂巨系统的科学与技术 [J]. 上海理工学院学报，2011（6）：548-562.

[5] 赫尔曼·哈肯. 协同学——大自然构成的奥秘 [M]. 凌复华，译. 上海：上海译文出版社，2001.

[6] 赫尔曼·哈肯. 高等协同学 [M]. 郭治安，译. 北京：科学出版社，1989.

[7] 李国书，李志国，黄诗杰，等. 协同开采理念发展与技术应用现状 [J]. 武汉工程大学学报，2021，43（1）：91-95.

[8] 赫尔曼·哈肯. 协同学导论 [R]. 张纪岳，郭治安，译. 西安：西北大学科研处，1981.

[9] 王志兴，赵凤兰，侯吉瑞，等. 断块油藏水平井组 CO_2 协同吞吐效果评价及注气部位优化实验研究 [J]. 石油科学通报，2018，3（2）：183-194.

[10] 刘承婷，杨钊，战非，等. 低渗透油藏二氧化碳吞吐井组优选方法研究 [J]. 科学技术与工程，2010，18（24）：6005-6007.

[11] 罗瑞兰，程林松，李春兰，等. 稠油油藏注 CO_2 吞吐适应性研究 [J]. 西安石油大学学报，2005，20（1）：43-46.

[12] 梁福元，周洪钟，刘为民，等. CO_2 吞吐技术在断块油藏的应用 [J]. 断块油气田，2001（4）：55-57，77.

[13] 马桂芝，陈仁保，张立民，等. 南堡陆地油田水平井二氧化碳吞吐主控因素 [J]. 特种油气藏，2013（5）：81-85，154.

[14] 沈平平，廖新维. 二氧化碳地质埋存与提高采收率技术 [M]. 北京：石油工业出版社，2009.

[15] 张娟. 浅薄稠油油藏水平井 CO_2 吞吐数值模拟研究 [D]. 成都：西南石油大学，2012.

[16] 庄永涛，刘鹏程，郝明强，等. 低渗透油藏 CO_2 驱井网模式数值模拟 [J]. 断块油气田，2013（4）：477-480.

[17] 王高峰，马德胜，宋新民，等. 气驱开发油藏井网密度数学模型 [J]. 科学技术与工程，2012（11）：2708-2710.

[18] 唐锡元. 文留油田二氧化碳吞吐采油方案研究 [D]. 北京：中国地质大学（北京），2006.

[19] 谈士海，周正平，刘伟，等. 复杂断块油藏 CO_2 吞吐试验及效果分析 [J]. 石油钻采工艺，2002（4）：56-59，84.

[20] 周洪钟，张燕，王炎明，等. 注水开发对孤岛油田馆上段储层的影响研究 [J]. 石油天然气学报，2002，24（3）：70-71.

[21] 付美龙，叶成，熊帆，等. 茨 31 块 CO_2 驱参数优化与方案设计 [J]. 钻采工艺，2011，34（1）：56-58.

[22] 罗文波，朱迎辉，廖意，等. CO_2 驱提高采收率技术研究进展 [J]. 内蒙古石油化工，2011（10）：153-155.

［23］Wigand M，Carey J W. Geochemical effects of CO_2 sequestration in sandstones under simulated in situ conditions of deep saline aquifers ［J］. Applied Geochemistry，2008，23（9）：2735−2745.

［24］Suzanne JT H，Christopher J S. Reaction of plagioclase feldspars with CO_2 under hydrothermal conditions ［J］. Chemical Geology，2009，265（1−2）：88−98.

［25］Suzanne JT H，Christopher J S. Coastal spreading of olivine to control atmospheric CO_2 concentrations：A critical analysis of viability ［J］. International Journal of Greenhouse Gas Control，2009（3）：757−767.

第四章　水平井二氧化碳吞吐复合增效技术

由于储层非均质性强，开发过程中逐渐形成优势渗流通道，导致多轮次后出现吞吐效果差、二氧化碳利用效率低、经济效益差等问题，冀东油田针对性地研究形成了以"先封堵地层大孔道，再进行二氧化碳吞吐"为基本思路的水平井二氧化碳吞吐复合增效技术。

第一节　水平井二氧化碳吞吐复合增效技术的配套堵剂体系

为了有效封堵优势渗流通道，使二氧化碳注进剩余油饱和度比较高的水平段，显著改善控水增油效果和经济效益，在室内实验和矿场先导试验基础上，通过在实践中不断发展完善，形成了强化泡沫、耐冲刷凝胶、有机纤维复合凝胶等"弱堵、中堵、强堵"系列堵剂。

一、强化泡沫体系

强化泡沫体系是在泡沫体系中加入增强稳定性助剂形成的。按照作用方式，常用助剂可以分为两类：一类是增黏性稳泡剂，主要通过增加体系液相黏度来增加液膜表面强度，减缓泡沫排液速率，如聚合物、CMC（羧甲基纤维素钠）均属于这类稳泡剂；另一类是固泡类稳泡剂，对液相黏度几乎没有影响，主要通过提高液膜表面黏度、增加液膜黏弹性、减小液膜透气性来提高泡沫稳定性，如纳米颗粒就属于这类稳泡剂[1-4]。

聚合物强化泡沫体系由聚合物、表面活性剂和气体组成。表面活性剂作为起泡剂，与气体反应生成泡沫；聚合物作为稳泡剂，使体系黏度增加，提高泡沫稳定性；气液比决定着泡沫浓度与运移速度。在该体系中，表面活性剂、聚合物和气液比的配方组合是泡沫驱油效果好坏的关键[1-4]。

不同浓度聚合物强化泡沫封堵实验。以 1mL/min 的注入速度进行驱替，水驱至压力稳定后，注入泡沫剂，压力再次稳定后，记录压差，计算阻力因子；后续水驱至含水率99%，计算采收率。实验岩心参数见表 4.1.1。

表 4.1.1　岩心参数

参数	数值	参数	数值
渗透率（mD）	340	岩心尺寸（半径 × 长）（cm×cm）	2.5×10
孔隙度（%）	22.7	含油饱和度（%）	69

1. 聚合物浓度优化

室内将浓度为 0.5% 的泡沫剂分别与不同浓度的聚合物溶液复配，通过岩心封堵实验，分别测试其封堵能力。由表 4.1.2 可见，聚合物浓度对综合指数的影响较大，随着聚合物浓度增加，综合指数增加，泡沫剂对岩心的封堵效果明显增强；聚合物浓度为 0.15% 时，综合指数增幅最大，聚合物浓度高于 0.15% 时，综合指数增幅减小，考虑到施工经济性，最优聚合物浓度选择 0.15%。

表 4.1.2　强化泡沫体系优选结果（气液比 1∶1 时）

配方	发泡体积（mL）	析液半衰期（min）	综合指数值（mL·min）
0.5%ZCY−2	500	12.50	6250.00
0.5%ZCY−2+0.05% 聚合物	500	14.20	7100.00
0.5%ZCY−2+0.10% 聚合物	483	18.35	8863.05
0.5%ZCY−2+0.15% 聚合物	460	26.43	12157.80
0.5%ZCY−2+0.20% 聚合物	413	30.87	12749.31

2. 表面活性剂浓度优化

表面活性剂在泡沫体系中起发泡作用，其浓度越高，发泡能力越强，泡沫生成速度越快，封堵能力越强，阻力因子越大。泡沫综合值随表面活性剂浓度变化曲线如图 4.1.1 所示，当浓度小于 0.5% 时，随着表面活性剂浓度增加，泡沫综合值快速增加，表明表面活性剂浓度对发泡能力影响很大；当浓度超过 0.5% 后，随着表面活性剂浓度增加，泡沫综合值增加幅度变小，表明表面活性剂浓度达到一定值后，发泡能力趋于稳定。

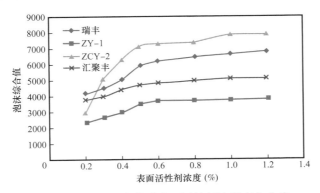

图 4.1.1　泡沫综合值随表面活性剂浓度变化曲线

3. 气液比优化

气液比是泡沫生成量的直接影响因素，影响着泡沫流体在多孔介质中的渗流阻力。岩心驱替实验获得的阻力因子随着气液比变化曲线如图 4.1.2 所示。随着气液比增加，阻力

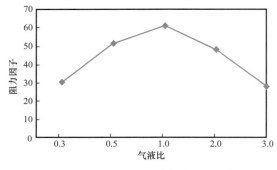

图 4.1.2　泡沫阻力因子随气液比变化曲线

因子先增加后减小，气液比为 1 时，阻力因子最大，泡沫剂对岩心的封堵效果最强；气液比小于 1 时，随着气液比增加，泡沫生成量急剧增加，封堵能力增强，阻力因子增大；气液比大于 1 以后，随着气液比增加，泡沫阻力因子降低，这是由于气体黏度远小于液体黏度，其推进速度要高于液体，气窜现象明显，不利于泡沫体系中的气液混合，因此最优气液比为 1。

二、PASP 耐冲刷凝胶体系

凝胶堵剂在高含水油田提高采收率过程中发挥着重要作用。目前广泛使用的凝胶堵剂，主要由聚丙烯酰胺或者部分水解聚丙烯酰胺制备，不能满足在多孔介质中的耐冲刷性能要求。一般而言，增大凝胶浓度有助于提高强度，但对提高耐冲刷能力没有太大作用，这种方法还会大幅提高成本[1-4]。已有研究成果表明，在聚合物分子链上引入一些阳离子功能基团能够提高复合材料的吸附性能，在这种思路的启发与前期研究基础上，冀东油田研发形成耐冲刷的 PASP 凝胶体系。耐冲刷凝胶由丙烯酰胺、丙烯酸、2- 丙烯酰胺基 -2- 甲基丙磺酸、交联剂和引发剂组成。与相同浓度的 HPAM 凝胶相比，PASP 凝胶黏性模量和弹性模量较高（分别为 11.2Pa 和 1.34Pa），封堵强度高（封堵率达到 92.3%）、耐冲刷性能好（后续水驱 15PV 后，封堵率仍达到 90.1%），剖面改善效果好。

1. PASP 耐冲刷凝胶黏弹性评价

用注入水分别配制质量浓度 5000mg/L 的 PASP 耐冲刷凝胶和 HPAM 凝胶，在 65℃下放置 24h，然后用流变仪（测试系统：双筒；转子：DG41Ti）研究聚合物溶液在 65℃下的动态黏弹性。与相同浓度的 HPAM 凝胶相比，PASP 凝胶黏性模量和弹性模量均比较高（图 4.1.3）；PASP 凝胶成胶后形成黏稠度较高的流体（图 4.1.4）。

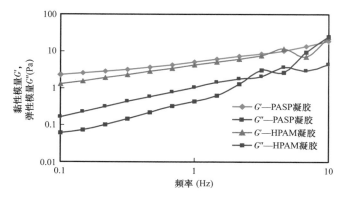

图 4.1.3　PASP 凝胶与 HPAM 凝胶的黏弹性曲线

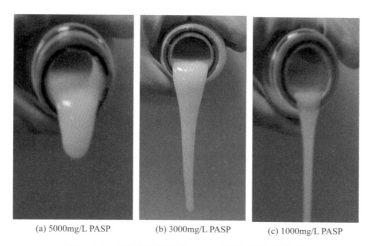

(a) 5000mg/L PASP　　　(b) 3000mg/L PASP　　　(c) 1000mg/L PASP

图 4.1.4　不同质量浓度 PASP 凝胶的成胶情况

2. PASP 耐冲刷凝胶封堵率实验评价

1）实验条件

（1）温度：65℃。（2）注入流速：饱和水时 3mL/min，注堵剂时 3mL/min。（3）实验用水：冀东油田高浅北区块采出水处理至 A2 标准后的回注水。（4）堵剂：PASP 耐冲刷凝胶、质量浓度 2000mg/L。（5）实验仪器：微量泵，双缸连续高压恒速恒压泵，最高工作压力 20MPa，排量 0.01～50.00mL/min；中间容器 2 个、容量 2000mL，最高工作压力 20MPa；恒温箱、搅拌器、悬臂式搅拌器、压力传感器；一维填砂模型，内径 2.5cm、长 25cm，充填不同目数石英砂。

2）实验步骤

水测渗透率：以 3mL/min 的流速向一维填砂模型注入盐水，测定一维填砂模型的稳定注入压力，计算渗透率；通过"称重法"测定填砂模型的孔隙体积，计算孔隙度。

注入堵剂：以 3mL/min 的流速向一维填砂模型注入质量浓度为 2000mg/L 的 PASP 耐冲刷凝胶，注入量为 1.5PV。实验流程如图 4.1.5 所示。

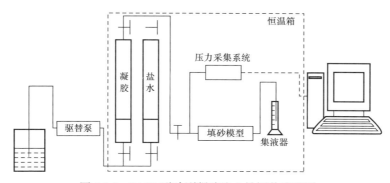

图 4.1.5　PASP 耐冲刷凝胶注入性评价流程图

3）实验结果与分析

由表 4.1.3 和图 4.1.6 可知，注入 1.5PV 堵剂期间未对填砂模型形成堵塞，表明 PASP 耐冲刷凝胶具有较好的注入性能；成胶后，继续用水驱替填砂模型，注入压力持续升高，在突破以后，注入压力下降，之后注入压力逐渐趋于稳定；通过注入压力计算得到的填砂模型封堵前后渗透率及堵剂封堵率表明，PASP 耐冲刷凝胶具有较好封堵性能及耐冲刷性能。

表 4.1.3　PASP 耐冲刷凝胶封堵实验结果

实验编号	孔隙度（%）	堵前渗透率（D）	堵后渗透率（D）	封堵率（%）
1	36.4	3.12	0.026	99.2
2	32.7	1.95	0.020	99.0
3	30.5	1.11	0.014	98.7

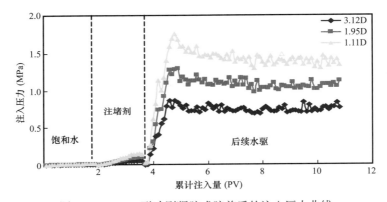

图 4.1.6　PASP 耐冲刷凝胶成胶前后的注入压力曲线

3. 选择性封堵性能评价实验

堵剂的剖面改善率通过岩心并联实验测定。岩心并联实验就是把不同渗透率的岩心并联起来以后，分别测定堵水前后的渗透率，用以评价堵剂的选择封堵能力和剖面改善率。吸水剖面改善率计算公式如下：

$$v = \frac{\dfrac{Q_{hb}}{Q_{ib}} - \dfrac{Q_{ha}}{Q_{ia}}}{\dfrac{Q_{hb}}{Q_{ib}}} \times 100\% \qquad (4.1.1)$$

式中　v——吸水剖面改善率，%；

　　　Q_{ib}——低渗透层封堵前的吸水量，mL；

　　　Q_{ia}——低渗透层封堵后的吸水量，mL；

Q_{hb}——高渗透层封堵前的吸水量，mL；

Q_{ha}——高渗透层封堵后的吸水量，mL。

实验方法：制作两根不同渗透率的填砂管，用冀东油田高浅北区块采出水处理至 A2 标准后的回注水，以 180mL/h 的流量分别对两根填砂管测试渗透率，渗透率见表 4.1.4；将填砂管并联并连接实验流程（图 4.1.7），用冀东油田高浅北区块采出水处理至 A2 标准后的回注水（流量 300mL/h）测定其分流量；注入 1.5 倍孔隙体积堵剂（流量 120mL/h）；将注入堵剂的并联填砂管在恒温箱中（65℃）放置 24h；用冀东油田高浅北区块采出水处理至 A2 标准后的回注水（流量 180mL/h）进行后续水驱，测注入堵剂后的渗透率和吸水量，评价堵剂选择性封堵能力。

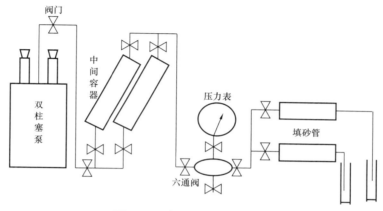

图 4.1.7   岩心并联实验流程图

由表 4.1.4 可见，渗透率级差为 7 时，PASP 凝胶具有更高的剖面改善率，渗透率级差越大，剖面改善效果越明显。

表 4.1.4   PASP 凝胶岩心并联实验数据

渗透率级差	孔隙度（%）	渗透率（D）		水流分布（mL）		封堵率（%）	剖面改善率（%）
		封堵前	封堵后	封堵前	封堵后		
3	36.3	3.3	1.5	65	53	54.5	39.3
	30.2	1.0	0.9	35	47	10.0	
7	39.4	7.9	1.9	72	54	75.9	54.3
	30.5	1.2	1.1	28	46	8.3	

三、新型有机纤维复合凝胶体系

有机纤维复合凝胶由聚丙烯酰胺、纤维、交联剂组成。新型有机纤维复合凝胶堵剂是在交联聚合物体系中加入有机纤维来提高复合凝胶体系的强度，其黏性模量和弹性模量较常规凝胶均有较大提高，具有较好的注入性能（初始黏度 58mPa·s，黏性模量和弹性模量分别为 25.6Pa、3.57Pa），对大孔道封堵效果良好，封堵率达 99.5%；剖面改善效果好，级差 27 时，剖面改善率达 82%。

1. 有机纤维复合凝胶体系黏弹性评价

用注入水分别配制质量浓度 1000mg/L、2000mg/L 的有机纤维复合凝胶体系，65℃恒温下放置 24h，然后用流变仪（测试系统：双筒；转子：DG41Ti）研究聚合物稀溶液在 65℃下的动态黏弹性。

由图 4.1.8 可知，1000mg/L、2000mg/L 的有机纤维复合凝胶体系的弹性模量均高于其黏性模量，凝胶体系以弹性为主；黏性模量和弹性模量均较高，说明凝胶体系强度较高。图 4.1.9 展示了不同质量浓度有机纤维复合凝胶的成胶情况。

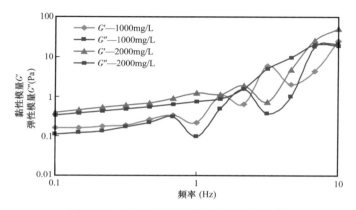

图 4.1.8　有机纤维复合凝胶的黏弹性曲线

图 4.1.9　不同质量浓度有机纤维复合凝胶的成胶情况

2. 有机纤维复合凝胶体系岩心流动实验评价

除一维填砂模型中充填介质由石英砂改为砾石外，实验条件、步骤与 PASP 耐冲刷凝胶岩心流动实验相同。

实验结果见表 4.1.5 和图 4.1.10。可以看出，有机纤维复合凝胶在注入 1.5PV 堵剂期间未对填砂模型形成堵塞，表明其具有较好的注入性能；成胶后，继续用水驱替填砂模型，注入压力持续升高，在突破以后，注入压力下降，随后注入压力逐渐稳定；填砂模型封堵前后的渗透率及堵剂的封堵率计算结果表明，有机纤维复合凝胶具有较好的封堵性能。

表 4.1.5　有机纤维复合凝胶封堵实验结果

实验编号	孔隙度（%）	堵前渗透率（D）	堵后渗透率（D）	封堵率（%）
1	35.6	2.99	0.054	98.2
2	32.4	1.91	0.025	98.7
3	30.2	1.08	0.018	98.3

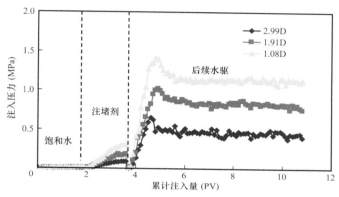

图 4.1.10　有机纤维复合凝胶成胶前后的注入压力曲线

3. 有机纤维复合凝胶体系选择性封堵性能

运用 PASP 耐冲刷凝胶选择性封堵能力评价方法评价有机纤维复合凝胶体系。实验结果（表 4.1.6）表明，渗透率级差越大，剖面改善效果越明显。

表 4.1.6　有机纤维复合凝胶岩心并联实验数据

渗透率级差	孔隙度（%）	渗透率（D）		水流分布（mL）		封堵率（%）	剖面改善率（%）
		封堵前	封堵后	封堵前	封堵后		
3	37.1	3.7	1.8	62	52	51.4	33.6
	30.4	1.2	0.8	38	48	33.3	
7	39.6	7.5	2.1	75	59	72.0	52.0
	30.2	1.1	0.9	25	41	18.2	

第二节　水平井二氧化碳吞吐复合增效技术的提高采收率实验

因为水平井堵剂复合二氧化碳吞吐涉及堵剂在油藏中的化学反应与封堵特性，所以研究过程中采用了真实岩石模型，开展三维物理模拟实验[5-8]，揭示堵剂对优势渗流通道封堵、平衡井段注入压力等机理。

一、实验设计

1. 实验设备

实验所用的设备主要包括：内加温系统、线切割设备、温度测量系统、自制回压控制及采集系统、外加温系统、抽真空饱和设备、混样设备、驱替泵、大模型夹持器、岩石切割机、回压控制系统、压力传感器、气体增压泵，以及气体流量测量系统，部分实验装置如图 4.2.1 和图 4.2.2 所示。

图 4.2.1　大露头设备

图 4.2.2　线切割设备

2. 实验准备

真实岩石模型建立：在野外寻找露头并取样，对样品筛选并放入加工好的模型中封装（图 4.2.3）。对模型抽真空并饱和水，接到系统饱和原油（图 4.2.4）后即可开展实验。在建立的三维物理模型上布置测压点，在两个对侧割缝用以模拟水平段，在水平段合适位置设置短割缝用以模拟优势渗流通道（图 4.2.5）。模型大小为 400mm×400mm×30mm，包含两条长度均为 10cm 的裂缝，图 4.2.5 中 1、6、8、13 分别表示实验中的注入产出点位置。

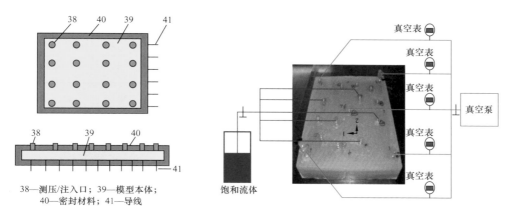

38—测压/注入口；39—模型本体；
40—密封材料；41—导线

图 4.2.3 模型示意图

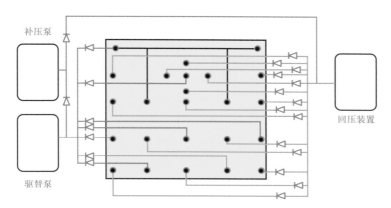

图 4.2.4 实验流程装置图

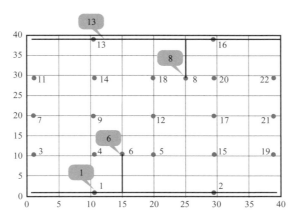

图 4.2.5 堵剂复合二氧化碳吞吐室内实验模型

实验条件：冀东油田脱气原油（由于采用二氧化碳吞吐采油，没有对原油进行复配）；实验温度 50℃（设备最高温度）；实验用水为 10000mg/L 标准盐水（考虑模型为水层岩石，为防止水敏而使用）；封堵剂选用冀东油田矿场使用的堵剂。

实验方案设计：设计二氧化碳直接吞吐、堵剂复合二氧化碳吞吐两组多轮次吞吐实验，各模型吞吐实验均在 3 轮次以上。各实验模型参数见表 4.2.1。

表 4.2.1　三维物理模型物性参数分析表

实验内容	孔隙度（％）	渗透率（mD）	孔隙体积（mL）	饱和油量（mL）	含油饱和度（％）
二氧化碳直接吞吐	16.0	400	765.8	605	79
堵剂复合二氧化碳吞吐	15.8	400	758.4	480	67

实验步骤：（1）抽真空饱和地层水，用原油驱替地层水，饱和原油计算初始含油饱和度。（2）开展水驱油实验，图 4.2.5 中 13 号口注水、1 号口采油，模拟水平井通过一套裂缝系统采油过程。采出流体含水率达到 90％ 结束。（3）注入凝胶与二氧化碳吞吐实验。将配制好的凝胶从 6 号口注入，8 号为采出口，采出流体 20mL 后结束。从 1 号口注入地层水，6 号口采出，模拟注入后置液，清洗裂缝。放置 48h 以上，待凝胶凝固。（4）在 15MPa 压力下，将二氧化碳从 1 号口注入模型，保持 1h，然后从 1 号口采出（出口压力为 0MPa），计量采出油、水量。如此进行 3 个周期，结束实验。二氧化碳直接吞吐实验执行（1）（2）（4）步骤；堵剂复合二氧化碳吞吐实验执行（1）（2）（3）（4）步骤。

二、实验分析

1. 阶段采出程度对比分析

二氧化碳直接吞吐实验结果：实验模型饱和原油 605mL，初始含油饱和度 79％。从各轮次采出参数（表 4.2.2）分析，二氧化碳直接吞吐效果很差。随吞吐轮次增加，二氧化碳注入量逐渐增加，注入孔隙体积倍数约 0.07。第 1 轮次的阶段采出程度仅 1.6％，第 2 轮次为 0.9％，第 3 轮次采出程度为 0.9％，采收率提高 3.4％。从采油量看，二氧化碳直接吞吐的采油效果也差，主要是由于原油黏度高，水驱后形成水窜通道，二氧化碳仅能进入水窜部位（剩余油饱和度低），波及范围有限。

表 4.2.2　二氧化碳直接吞吐实验方案结果

参数设计	水驱	第 1 轮次	第 2 轮次	第 3 轮次
注入二氧化碳体积（mL）	—	28.0	30.0	89.8
阶段采油量（mL）	111.4	9.5	5.4	5.2
阶段采出程度（％）	18.4	1.6	0.9	0.9
累计采出程度（％）	18.4	20.0	20.9	21.8
剩余油饱和度（％）	66.5	64.5	63.3	62.6

堵剂复合二氧化碳吞吐实验结果：实验模型饱和原油 480mL，初始原油饱和度 67%。从各轮次采出参数（表 4.2.3）分析，随吞吐轮次增加，二氧化碳注入量逐渐增加，注入孔隙体积倍数约 0.12。第 1 轮次阶段采油量较低，第 2 轮次最高，后续轮次逐渐降低，三轮次后采出程度达 50.2%，随着开采时间增加，采出程度都呈现大幅增加趋势。与直接吞吐相比，堵剂复合吞吐的采出程度略高；从采油量看，首轮直接吞吐的采油效果较好，主要是由于首轮注气后二氧化碳既作用于水平段附近又沿优势渗流通道渗流，扩大了波及范围。

表 4.2.3　堵剂复合二氧化碳吞吐实验方案结果

参数设计	水驱	第 1 轮次	第 2 轮次	第 3 轮次
注入二氧化碳体积（mL）	—	30.65	89.80	89.80
阶段采油量（mL）	73.6	37.5	66.9	62.9
阶段采出程度（%）	15.3	7.8	13.9	13.1
累计采出程度（%）	15.3	23.1	37.1	50.2
剩余油饱和度（%）	53.6	48.6	39.8	31.5

2. 含水率对比分析

二氧化碳直接吞吐实验过程中，含水率随时间变化曲线如图 4.2.6 所示。水驱阶段含水率逐渐升高；第 1 轮次初期含水率略有上升，产出水主要为水驱阶段残留水；后续轮次由于二氧化碳注入对残余水有推动作用，使其远离吞吐井，从而阻止了残留水的较早产出，吞吐阶段未见采出水。

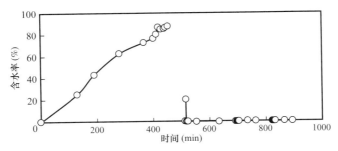

图 4.2.6　二氧化碳直接吞吐含水率变化曲线

堵剂复合二氧化碳吞吐的实验过程中，含水率随时间变化曲线如图 4.2.7 所示。水驱阶段含水率逐渐增大。注入堵剂后，第 1 轮次后期含水率略有上升，产出水主要为水驱阶段残留水；后续轮次由于堵剂封堵了高渗透带，阻止了残留水的产出，吞吐阶段未见采出水。

3. 模型中心测点对比分析

二氧化碳直接吞吐 3 个轮次过程中，模型中心测点 12 压力随时间变化曲线如图 4.2.8 所示。可以看出，由于原油黏度大，二氧化碳注入量少，模型弹性作用小，压力下降很快，但绝对值仍较高。第 1 轮次不同开采时刻压力分布显示形成的水窜通道压力较低，产生了明显的压力不均衡。

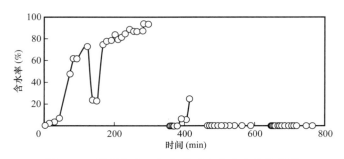

图 4.2.7　堵剂复合二氧化碳吞吐含水率变化曲线

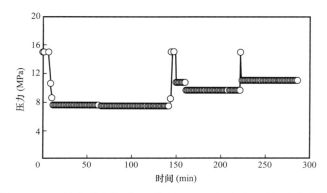

图 4.2.8　二氧化碳直接吞吐时测点 12 压力随吞吐时间变化曲线

堵剂复合二氧化碳吞吐 3 个轮次过程中，模型中心测点 12 压力随时间变化曲线如图 4.2.9 所示。可以看出，压力随采出时间逐渐降低，最终降至 1.6MPa 左右，说明由于原油黏度较高，即使采出端压力降低到大气压，模型中残余压力仍然较高。

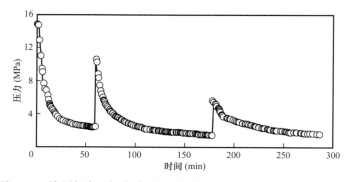

图 4.2.9　堵剂复合二氧化碳吞吐时测点 12 压力随吞吐时间变化曲线

4. 压力分布对比分析

对比图如图 4.2.10 和图 4.2.11 所示，可以看出，相对二氧化碳直接吞吐，堵剂注入后扩大了二氧化碳在近井两侧的波及面积，压力波及更加均匀，堵剂抑制了二氧化碳沿水窜通道突进。

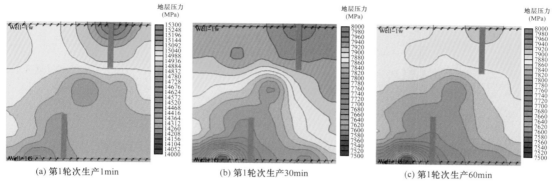

图 4.2.10 二氧化碳直接吞吐压力场分布

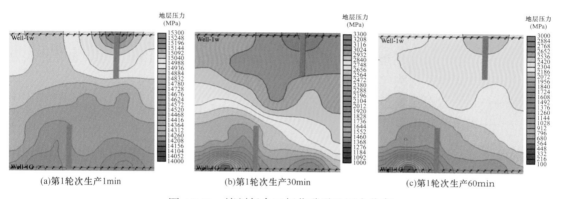

图 4.2.11 堵剂复合二氧化碳吞吐压力分布

第三节 水平井二氧化碳吞吐复合增效技术的封堵机理

在室内实际岩心实验成果和认识基础上，本节重点研究堵剂复合二氧化碳吞吐的数学模型，建立堵剂复合二氧化碳吞吐机理表征模型，并对其提高采收率机理进行分析。

一、二氧化碳吞吐机理数学模型

研究采用的是 CMG 油藏数值模拟软件中的 Stars 模块，Stars 是一个三维四相多组分并且能够模拟热采、化学驱和气驱的数值模拟器，具有全隐式和自适应隐式两种求解方法，其中自适应隐式求解方法兼顾了收敛性和计算速度。

1. 基本数学模型

二氧化碳吞吐过程中不涉及固相，因此，研究过程中 Stars 数值模拟器使用的数学模型的基本假设为：（1）油藏内存在油、气、水三相，共有 n_c 种化学组分，其中存在 n_c-1

个碳氢化合物组分和一个水组分；（2）流动满足达西定律；（3）考虑重力和毛管力作用；（4）考虑油、气、水三相随温度和压力变化的相平衡；（5）岩石和流体均可压缩。

1）物质平衡方程

物质平衡方程如下：

$$\nabla\left[\sum_{j=o,g,w}\frac{K_0K_{rj}}{\mu_j}\rho_jx_{ij}\nabla\left(p_j-\rho_jgD\right)\right]+\sum_{j=o,g,w}q_jx_{ij}=\sum_{j=o,g,w}\frac{\partial}{\partial t}\left(\phi\rho_jS_jx_{ij}\right),i=1,2,\cdots,n_c \tag{4.3.1}$$

式中　　x_{ij}——组分 i 在 j 相中的摩尔分数；

K_0——地层的绝对渗透率，mD；

K_{rj}——第 j 相相对渗透率；

μ_j——第 j 相流体黏度，mPa·s；

ρ_j——第 j 相的密度，kg/m^3；

p_j——第 j 相压力，Pa；

D——由某一基准面算起的垂直方向深度（或海拔），m；

q_j——单位时间内，地层条件下单位岩石体积中注入或采出第 j 相的质量，注入为"+"，采出为"–"，kg/（m^3·s）；

ϕ——地层岩石孔隙度；

S_j——第 j 相流体饱和度。

2）辅助方程

饱和度方程：

$$S_o+S_w+S_g=1 \tag{4.3.2}$$

毛细管压力方程：

$$p_{cow}=p_o-p_w \tag{4.3.3}$$

$$p_{cgo}=p_g-p_o \tag{4.3.4}$$

式中　　p_{cow}——油水毛细管压力，Pa；

p_{cgo}——气水毛细管压力，Pa。

摩尔分数归一化方程：

$$\sum_{i=1}^{n_c}x_{ij}=1,j=o,g,w \tag{4.3.5}$$

平衡常数方程：

$$K_{oi}\left(p_g,T\right)=\frac{x_{ig}}{x_{io}},i=1,2,\cdots,n_c \tag{4.3.6}$$

$$K_{wi}\left(p_g,T\right)=\frac{x_{ig}}{x_{iw}},i=1,2,\cdots,n_c \qquad (4.3.7)$$

2. 基本参数的处理方式

Stars 数值模拟器中的油藏岩石和流体的基本参数处理方式如下：

1）岩石压缩性参数

岩石压缩系数是模拟地层能量释放的关键参数，而在数学模型中的体现主要是岩石压缩系数、温度和压力对孔隙度的影响。数模软件中模拟砂层的膨胀和再压实的地质力学模型见式（4.3.8）。

$$\varphi\left(p,T\right)=por\left\{1+\min\left[por_{max},cpor\left(p-prpor\right)+cporpd\right]-ctpor\left(T-Temr\right)\right\} \qquad (4.3.8)$$

式中 por——参照孔隙度；

por_{max}——最大孔隙度；

p——流体压力；

cporpd——压力对压缩系数的贡献；

T——流体温度；

Temr——参照温度；

cpor——有效地层压缩系数，也就是地层孔隙空间的压缩系数；

prpor——岩石压缩系数的参考压力；

ctpor——岩石热膨胀系数。

压力对压缩系数的贡献计算式见式（4.3.9）。

$$cporpd = A\left[D\left(p-prpor\right)+\lg\left(B/C\right)\right] \qquad (4.3.9)$$

其中，A=（cporp2−cpor）/D；cporp2 为 ppr2 附近的有效地层压缩系数；ppr2 为压缩系数对压力变化率的高端参照压力；ppr1 为压缩系数对压力变化率的低端参照压力；B=1+exp［D（pav−p）］；C=1+exp［D（pav−prpor）］；D=10/（ppr2−ppr1）；pav=20/（ppr1+ppr2）。

2）气体平衡常数

气体平衡常数主要是在二氧化碳吞吐模拟时使用，主要用来反映二氧化碳等气体的溶解降黏机理。数模软件中需要输入五个与平衡常数相关的系数，平衡常数计算见式（4.3.10）。

$$K=\left(\frac{KV1}{p_g}+KV2\cdot p_g+KV3\right)\cdot e^{\frac{KV4}{KV5}} \qquad (4.3.10)$$

式中 KV1～KV5——输入的五个与平衡常数相关的系数；

p_g——气相压力。

二、堵剂复合二氧化碳吞吐机理表征模型

冀东油田堵剂复合二氧化碳吞吐体系有两种：一种是强堵体系，包括高黏弹性调堵剂、有机纤维复合凝胶等，具有阻力系数低（流体黏度低）、吸附后残余阻力系数高的特点，适用于渗透率级差较大的储层；另一种是弱堵体系，包括微泡、氮气泡沫等，具有阻力系数高（流体黏度高）、吸附后残余阻力系数低、高轮次堵剂易失效的特点，适用于渗透率级差较小的储层[9]。

两种不同堵剂体系封堵机理表征。（1）强堵体系基于凝胶机理表征。堵剂通过在地层中的化学反应成胶而封堵储层优势渗流通道，在二氧化碳注入过程中达到防窜的目的。开井生产后，油层可正常生产，凝胶体系生成的屏障使渗流场发生改变，扩大二氧化碳波及体积。（2）弱堵体系基于泡沫生成、破灭反应机理表征。泡沫体系具有"遇油消泡、遇水稳定"和"堵大不堵小"的特性，泡沫在含油饱和度较低的高渗透部位稳定性好，气相视黏度高，具有较高的渗流阻力来抑制气窜；另外，泡沫本身也是起泡剂，可在一定程度上降低油水界面张力，提高驱油效率。

1. 强堵体系封堵机理表征模型

数值模拟软件能够有效表征凝胶泡沫封堵机理。本次建立了包含水、起泡剂、凝胶、聚合物、交联剂、原油、氮气、二氧化碳、液膜等3相9组分模型，并通过聚合物交联反应、泡沫生成、破灭反应机理表征封堵机理，组分体系数据文件见表4.3.1。

表 4.3.1 组分表征模型

组分名称 COMPNAME	WATER	SURFACT	XLINKER	POLYMER	PERGEL	OIL	CO₂	N₂	LAMELLA
分子质量 CMM （kg/mol）	0.018	0.018	0.206	0.480	10.206	0.500	0.044	0.028	0.029
临界压力 PCRIT （kPa）	0	144.00	144.00	144.00	144.00	1154.59	7376.46	3394.00	3394.00
临界温度 TCRIT （℃）	0	0	0	0	527.00	513.15	31.05	−146.95	−146.95
气相黏度常数1 （AVG）	0.540	0.540	0.540	1.000	1.000	50.000	0.042	0.042	550.000
气相黏度常数2 （BVG）	0	0	0	0	0	0	0	0	0

在凝胶机理表征时，根据其生成过程和特征，可划分为三个阶段：

（1）注入阶段。该阶段，聚合物和交联剂为流动状态，呈现普通聚合物和凝胶流动特征，其生成交联反应见表4.3.2。凝胶体系在流动过程中，生成、分解反应达到平衡，不会形成高强度封堵体系。

表 4.3.2 注入过程凝胶生成化学反应表征

组分名称 COMPNAME	WATER	SURFACT	XLINKER	POLYMER	PERGEL	OIL	CO₂	N₂	LAMELIA
反应物配平系数 STOREAC	0	0	0.04	0.05	0	0	0	0	0
生成物配平系数 STOPROD	0	0	0	0	0.09	0	0	0	0
反应物与生成物所在相 RPHASE	0	0	1	1	1	0	0	0	0
反应物与生成物反应级数 RORDER	0	0	1	1	1	0	0	0	0
反应频率因子 FREQFAC	5800								

（2）凝胶成胶阶段。该阶段，停止注入，凝胶成胶。为表征该现象，在化学反应的分解反应模型中，引入凝胶分解临界速度参数（表 4.3.3），表征凝胶静止后的成胶作用，凝胶分解速度通过式（4.3.11）修正。

$$k = \ln\left(\frac{v - v_{crit}}{v_{ref}}\right) \tag{4.3.11}$$

式中　k——地层条件下凝胶分解速度修正系数；

　　　v——渗流速度，m/s；

　　　v_{crit}——临界渗流速度，m/s；

　　　v_{ref}——参考渗流速度，m/s。

表 4.3.3 凝胶成胶与分解化学反应表征

组分名称 COMPNAME	WATER	SURFACT	XLINKER	POLYMER	PERGEL	OIL	CO₂	N₂	LAMELIA
反应物配平系数 STOREAC	0	0	0	0	0.09	0	0	0	0
生成物配平系数 STOPROD	0	0	0.04	0.05	0	0	0	0	0
反应物与生成物所在相 RPHASE	0	0	1	1	1	0	0	0	0
反应物与生成物反应级数 RORDER	0	0	1	1	1	0	0	0	0
反应频率因子 FREQFAC	18000								
反应传质速率计算参数 MTVEL	W（所在相）	1 （exp）	0.001 （vref）	0.001 （vcrit）					

（3）凝胶吸附封堵阶段。该阶段，高分子结构发生变化，开始形成纤维状强封堵体系，难以流动。因此，模型中通过凝胶吸附和残余阻力系数表征凝胶封堵效果，机理表征见表 4.3.4。

凝胶在地层中的吸附，改变了气体渗流阻力因子，达到封堵防窜效果。凝胶在地层中的吸附量决定了其封堵作用强弱，吸附量越大封堵能力越强。在数值模拟模型中，采用 Langmuir 等温吸附计算凝胶吸附量，进而实现封堵特性。通过式（4.3.12）至式（4.3.14）实现了凝胶封堵能力的改变：

凝胶吸附量计算公式：

$$ad = \frac{(tad_1 + tad_2 \cdot xnacl) \cdot ca}{1 + tad_3 \cdot ca}$$ （4.3.12）

残余阻力系数计算公式

$$R_g = 1 + (rrf - 1) \cdot ad/ADMAX$$ （4.3.13）

气相渗透率计算公式

$$K_g = K_0 \cdot K_{rg}/R_g$$ （4.3.14）

式中 ad——凝胶吸附量；

tad_1，tad_2，tad_3——Langmuir 等温系数；

$xnacl$——盐质量分数；

ca——凝胶组分摩尔分数；

K_0——绝对渗透率；

K_{rg}——气相相对渗透率；

rrf——最大阻力因子；

$ADMAX$——最大吸附量。

表 4.3.4 凝胶吸附封堵机理表征

吸附相组分 ADSCOMP	'PREGEL'	*water	
最大吸附量 ADMAXT（$gmol/m^3$）	0.001		
残余吸附量 ADRT（$gmol/m^3$）	0.001		
可及孔隙体积 PORFT	0.8		
吸附组分的残余阻力系数 RRFT	6000		
Langmiur 系数 ADSLANG	1000	0	15

2. 弱堵体系封堵机理表征

这里采用数模软件中的化学反应模型描述泡沫封堵和驱油机理。该模型通过不同组分间的化学反应描述泡沫生成（表 4.3.5）、破灭（表 4.3.6）机理。在组分模型中，泡沫被看成是一种独立的气相液膜。泡沫表征模型同时考虑起泡剂的吸附增效作用，机理表征见表 4.3.7。

表 4.3.5　泡沫生成机理表征

组分名称 COMPNAME	WATER	SURFACT	XLINKER	POLYMER	PERGEL	OIL	CO_2	N_2	LAMELIA
反应物配平系数 STOREAC	1	0.02	0	0	0	0	0	2.00	1.00
生成物配平系数 STOPROD	1	0.01	0	0	0	0	0	1.00	2.00
反应物与生成物所在相 RPHASE	1	1	0	0	0	0	0	3	3
反应物与生成物反应级数 RORDER	0	1	0	0	0	0	0	1	0
反应频率因子 FREQFAC	1500								
反应活化能 EACT （J/gmol）	0								
反应熵 RENTH （J/gmol）	0								

表 4.3.6　泡沫自然破灭机理表征

组分名称 COMPNAME	WATER	SURFACT	XLINKER	POLYMER	PERGEL	OIL	CO_2	N_2	LAMELIA
反应物配平系数 STOREAC	1	0.02	0	0	0	0	0	1.00	2.00
生成物配平系数 STOPROD	1	0.01	0	0	0	0	0	2.00	1.00
反应物与生成物所在相 RPHASE	1	1	0	0	0	0	0	3	3
反应物与生成物反应级数 RORDER	0	1	0	0	0	0	0	0	1
反应频率因子 FREQFAC	2000								
反应活化能 EACT （J/gmol）	0								
反应熵 RENTH （J/gmol）	0								

表 4.3.7　泡沫吸附封堵增效机理表征

吸附相组分 ADSCOMP	'PREGEL'	*water		'LAMELIA'	*gas	
最大吸附量 ADMAXT（gmol/m³）	0.001			0.000001		
残余吸附量 ADRT（gmol/m³）	0.001			0.0000002		
可及孔隙体积 PORFT	0.8			0.8		
吸附组分的残余阻力系数 RRFT	6000			5		
Langmiur 系数 ADSLANG	1000	0	15	100	0	15

1）泡沫生成过程

注入的起泡剂与二氧化碳气体混合时，气相与起泡剂溶液接触，生成泡沫体系，具体化学反应过程描述如下：

$$N_2 + 水 + 起泡剂 \rightarrow 泡沫液膜$$

生成过程化学反应速度为：

$$r_g = k_g \left[\phi S_g \left(1 - x_{gf}\right) \rho_g \right]^a \left(\phi S_w x_{ws} \rho_w \right)^b \tag{4.3.15}$$

式中　r_g——液膜生成速度，mol/（m³·s）；

k_g——液膜生成速度常数，m³/（mol·s）；

x_{fg}——液膜中泡沫摩尔分数；

x_{ws}——水相中表面活性剂摩尔分数；

ϕ——孔隙度；

ρ——相摩尔密度，mol/m³；

S——相饱和度；

a，b——由实验确定的大于 0 的常数。

2）泡沫自然破灭过程

泡沫运移过程中，液膜也在不断破灭，该破灭过程是泡沫生成的逆过程，破灭速率与液膜浓度有关，具体化学反应过程描述如下：

$$泡沫液膜 \rightarrow N_2 + 水 + 起泡剂$$

破灭过程化学反应速度为：

$$r_c = k_c \left(\phi S_g x_{gf} \rho_g \right)^c \left(\phi S_w x_{ws} \rho_w \right)^b \tag{4.3.16}$$

式中　r_c——泡沫破灭速度，mol/（m³·s）；

k_c——液膜破灭速度常数，m³/（mol·s）；

c——实验确定的大于 0 的常数，本研究中取 1.0。

3）遇油消泡作用

油藏中油相的存在明显降低了泡沫的稳定性，随着含油饱和度的增大，液膜会很快破灭，该过程通过下述反应模型描述：

$$油 + 泡沫液膜 \rightarrow 气相 + 水 + 起泡剂$$

破灭过程化学反应速度为：

$$r_{co} = k_{co} \left(\phi S_o \rho_o \right) \left[\phi S_w x_{ws} \rho_w \left(1 - x_{wp} \right) \right]^b \tag{4.3.17}$$

式中　r_{co}——油相消泡速度，mol/（m³·s）；

$\quad\quad k_{co}$——液膜遇油破灭速度常数，m³/（mol·s）。

4）气相（泡沫）黏度

气相黏度相对液相黏度来说，其值很小，但生成泡沫后，液膜组分黏度很高。气相黏度为自由气组分和液膜组分混合后的视黏度，气相黏度计算公式如下：

$$\mu_g = \frac{\sum_{i=1}^{n_c} \omega_i \mu_{gi}}{\sum_{l=1}^{n_c} \omega_i} \tag{4.3.18}$$

其中

$$\omega_i = y_i \sqrt{M_i} \tag{4.3.19}$$

式中　y_i——i 组分的摩尔分数；

$\quad\quad M_i$——i 组分的分子量。

本次研究中，油藏条件下气相黏度为 0.15mPa·s，液膜的黏度为 160mPa·s。

5）起泡剂 / 液膜在多孔介质中的吸附

鉴于凝胶泡沫体现了凝胶体系和泡沫体系的协同增效机理，在凝胶泡沫体系封堵过程中，考虑了液膜吸附增效作用。起泡剂水溶液及泡沫在多孔介质中运移时，部分活性剂离子及液膜会吸附到介质表面，同时被吸附的活性剂离子和液膜也会发生脱附现象，重新回到溶液中，根据 Langmuir 模型，该动态过程可由式（4.3.20）描述：

$$\frac{dC_r}{dt} = k_1 C \left(A - C_r \right) - k_2 C_r \tag{4.3.20}$$

式中　C_r——介质吸附的活性剂及液膜量，mol/m³；

$\quad\quad C$——水溶液的活性剂浓度及液膜在气相的物质的量浓度；

$\quad\quad A$——岩石最大吸附量，mol/m³；

$\quad\quad k_1$——吸附速度常数；

k_2——脱附速度常数。

若吸附—脱附达到平衡时，式（4.3.21）就变为 Langmuir 等温吸附方程：

$$C_r = \frac{k_{eq}A}{1+k_{eq}C}C$$ （4.3.21）

$$k_{eq} = \frac{k_1}{k_2}$$ （4.3.22）

式中 k_{eq}——平衡吸附常数。

6）泡沫吸附引起相渗的变化

泡沫吸附在岩石表面，相当于泡沫在岩石孔隙中的捕集效应，会同时降低油、气、水在孔隙中的渗透率，渗透率下降主要通过渗透率下降系数计算得到：

$$RK = 1 + \frac{(RRF-1)\cdot AD(C,T)}{ADMAX_T}$$ （4.3.23）

式中 RK——渗透率下降系数；

RRF——水吸附组分在岩石表面产生的残余阻力因子；

AD（C，T）——某温度下和液膜浓度下泡沫吸附量，mol/m^3；

$ADMAX_T$——某温度下最大吸附量，吸附后改变了油藏渗透率，mol/m^3。

$$K_1 = \frac{K_0}{RK}$$ （4.3.24）

式中 K_0——吸附前岩石的标准渗透率，D；

K_1——吸附后岩石的标准渗透率，D。

三、堵剂复合二氧化碳吞吐提高采收率机理分析

在均质二氧化碳吞吐模型基础上，建立渗透率级差分别为 5、10 的优势渗流通道模型，用于模拟其对二氧化碳吞吐的影响，并研究堵剂复合二氧化碳吞吐效果与机理。优势渗流通道分布如 4.3.1 所示。

1. 优势渗流通道对二氧化碳吞吐效果影响分析

在包含优势渗流通道的数值模拟模型的基础上，进行二氧化碳吞吐实验，分别比较了均质模型和渗透率级差为 5 倍、10 倍模型的含水率与累计产油量。由图 4.3.2 可以看出，优势渗流通道对累计产油量有明显负面影响，随着优势渗流通道渗透率级差增加，增产效果不断变差。从图 4.3.3 和图 4.3.4 可以看出，随着优势渗流通道渗透率级差的增加，二氧化碳沿优势渗流通道发生气窜越发严重，其波及范围不断减小，致使增油效果变差。

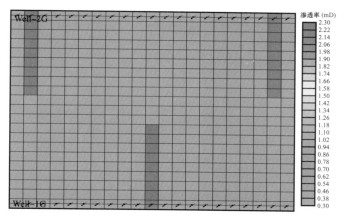

图 4.3.1 中间层位优势渗流通道分布

红色为优势渗流通道

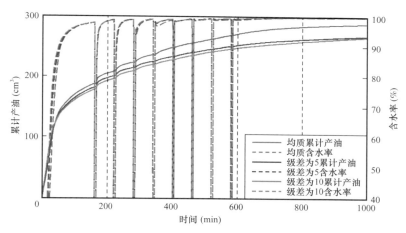

图 4.3.2 不同渗透率级差优势渗流通道对二氧化碳吞吐效果的影响

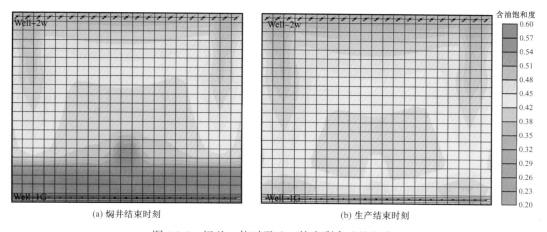

(a) 焖井结束时刻

(b) 生产结束时刻

图 4.3.3 级差 5 倍时吞吐 1 轮次剩余油饱和度

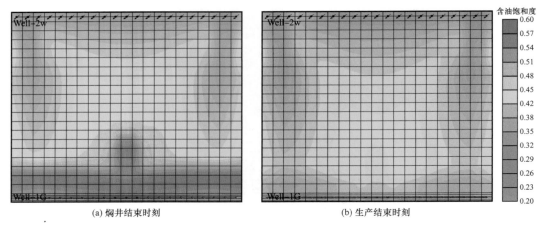

(a) 焖井结束时刻　　　　　　　　　　　　　(b) 生产结束时刻

图 4.3.4　级差 10 倍时吞吐 1 轮次剩余油饱和度

2. 堵剂复合二氧化碳吞吐效果与机理分析

选用凝胶和泡沫两种堵剂复合二氧化碳分别开展吞吐实验。从第 3 轮次开始，每轮次均先注堵剂再注二氧化碳。由图 4.3.5 可见，加入堵剂后，累计产油增加、含水率降低，增产效果明显改善。对比模型（级差为 10），从第 3 轮次开始 6 个轮次不同开发方式及不同类型堵剂复合二氧化碳吞吐的产油量如图 4.3.6 和图 4.3.7 所示，可以看出，前 2 个轮次，二氧化碳直接吞吐效果好，第 3 轮次后增油效果变差，后续采用了堵剂复合二氧化碳吞吐的方式。在级差倍数为 10 的条件下，凝胶封堵效果好于泡沫，但随吞吐轮次增加，凝胶复合吞吐的增油量也逐渐减少。

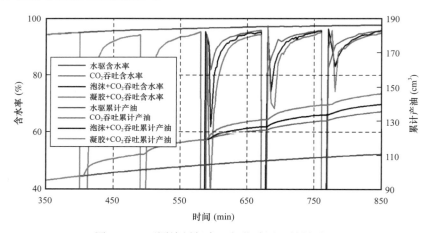

图 4.3.5　不同堵剂复合二氧化碳吞吐效果对比

从图 4.3.8 和图 4.3.9 可以看出，二氧化碳直接吞吐时，气体沿高渗透带发生气窜，波及区域浓度增大，二氧化碳发挥溶解膨胀驱油作用使该区域剩余油饱和度降低，但其未波及的高渗透带两侧剩余油仍然富集；凝胶在一定程度上能够部分封堵高渗透带，其复合二氧化碳吞吐使二氧化碳向高渗透带两侧流动，扩大了波及范围，增产效果变好。

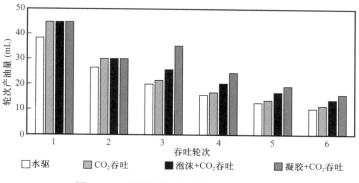

图 4.3.6 不同开发方式阶段产油量对比

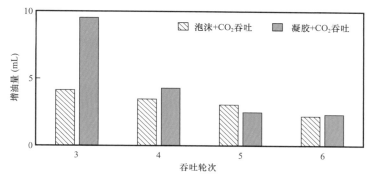

图 4.3.7 不同堵剂增油量对比

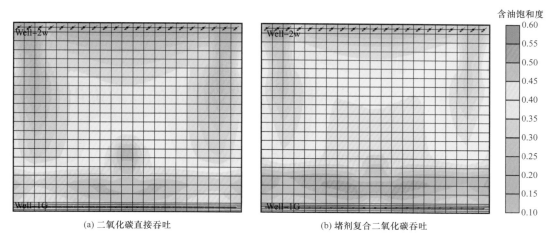

图 4.3.8 焖井结束时刻剩余油饱和度分布对比

由图 4.3.10 和图 4.3.11 可以看出，二氧化碳吞吐时气体沿高渗透条带发生窜流，减小了二氧化碳气体波及范围，使增产效果变差。而加入凝胶封堵后，在高渗透条带附近形成封堵，流线分布较为均匀，使得气体向其他范围波及，扩大了二氧化碳气体波及体积，改善了增产效果。

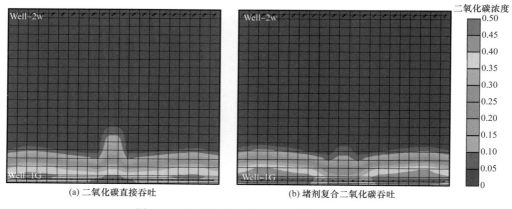

（a）二氧化碳直接吞吐　　　　　　　　　　　　（b）堵剂复合二氧化碳吞吐

图 4.3.9　焖井结束时刻二氧化碳浓度分布对比

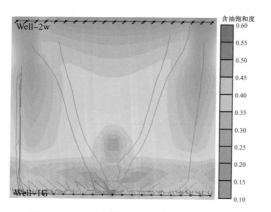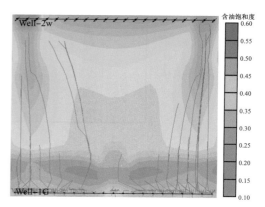

图 4.3.10　二氧化碳吞吐注入阶段流线　　　　　图 4.3.11　凝胶辅助二氧化碳吞吐注入阶段流线
（底图为剩余油饱和度图）　　　　　　　　　　　（底图为剩余油饱和度图）

第四节　水平井二氧化碳吞吐复合增效技术的参数优化与设计

一、已实施二氧化碳吞吐井生产动态分析

1. 吞吐井生产动态分析方法

冀东油田基于有效期、含水率两项指标分析二氧化碳吞吐井生产动态特征，以吞吐有效期为横坐标、吞吐后的含水率为纵坐标绘制生产动态曲线，有效的吞吐井曲线呈现漏斗特征，即含水率先迅速降低、然后逐渐升高（图 4.4.1）。不同井及同一口井的不同轮次吞吐效果不同，其漏斗形态也不同。为表征其效果，设立开口宽度、最低含水率、含水上升率三个指标作为漏斗特征值，其中开口宽度定义为吞吐有效期，最低含水率表征含水率的最高水平，含水上升率表征含水率上升速度。

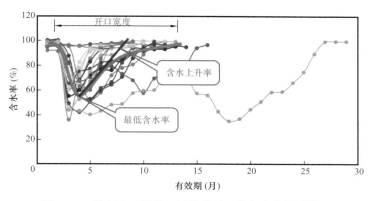

图 4.4.1　冀东油田部分二氧化碳吞吐井含水率统计结果

2. 复合增效技术效果分析

采用上述方法，统计分析了冀东油田 2497 井次的二氧化碳吞吐井生产动态，单井吞吐、协同吞吐和复合增效技术实施井的漏斗特征值见表 4.4.1。

表 4.4.1　单井吞吐、协同吞吐和复合增效技术实施井的漏斗特征值

轮次	吞吐方式	特征指标	统计井数（口）	平均开口宽度（月）	平均最低含水率（%）	初期含水上升率（%/月）
第1轮	单井吞吐	二氧化碳吞吐	432	7.5	53.4	7.4
		复合增效	28	7.8	52.3	7.3
	协同吞吐	二氧化碳吞吐	480	7.9	55.2	7.2
		复合增效	27	8.2	48.2	6.5
第2轮	单井吞吐	二氧化碳吞吐	256	6.2	62.6	12.0
		复合增效	86	6.6	58.5	8.5
	协同吞吐	二氧化碳吞吐	239	6.3	60.4	8.7
		复合增效	102	6.9	55.6	8.2
第3轮	单井吞吐	二氧化碳吞吐	95	4.3	63.2	12.4
		复合增效	145	5.9	61.2	11.2
	协同吞吐	二氧化碳吞吐	111	5.4	63.5	10.2
		复合增效	156	6.1	56.8	9.5
第4轮	单井吞吐	二氧化碳吞吐	31	3.7	76.3	14.8
		复合增效	122	5.4	65.5	13.3
	协同吞吐	二氧化碳吞吐	40	5.8	74.5	12.6
		复合增效	147	6.2	62.5	11.5

1）单井二氧化碳吞吐生产动态分析

单井吞吐的生产动态分析表明，采用复合增效技术的井吞吐效果优势明显。（1）平均开口宽度：各轮次的平均开口宽度均有所增加，按 4 个轮次统计，每轮次的平均开口宽度增加 1 个月；平均开口宽度随轮次增加而增加，第 1 轮增加 0.3 个月，第 2 轮增加 0.4 个月，第 3 轮增加 1.6 个月，第 4 轮增加 1.7 个月。（2）平均最低含水率：各轮次的平均最低含水率下降幅度均有所增大，按 4 个轮次统计，每轮次的平均最低含水率下降幅度增加 4.5 个百分点；随着轮次增加，平均最低含水率下降幅度总体上呈增加趋势，第 1 轮增加 1.1 个百分点，第 2 轮增加 4.1 个百分点，第 3 轮增加 2 个百分点，第 4 轮增加 10.8 个百分点。（3）初期含水上升率：各轮次的初期含水上升率均有一定程度下降趋势，按 4 个轮次统计，平均每轮次的含水上升率下降 1.6 个百分点 / 月。

2）二氧化碳协同吞吐生产动态分析

基于协同吞吐的生产动态分析表明，相比于未采用复合增效技术的吞吐井，采用复合增效技术的吞吐井效果优势明显。（1）平均开口宽度：各轮次的平均开口宽度有所增加，按 4 个轮次统计，平均每轮次的开口宽度增加 0.5 个月。（2）平均最低含水率：各轮次的平均最低含水率下降幅度有所增加，按 4 个轮次统计，平均每轮次的最低含水率下降幅度增加 7.6 个百分点；前 3 个轮次平均最低含水率下降幅度增加 5～7 个百分点，第 4 轮次平均最低含水率下降幅度增加 12 个百分点。（3）初期含水上升率：各轮次的含水上升率均有一定程度下降趋势；按 4 个轮次统计，平均每轮次的含水上升率下降 0.75 个百分点 / 月。

3. 二氧化碳直接吞吐增油效果分区图版

通过已实施井资料和前述机理模型成果分析发现，二氧化碳吞吐效果主要体现在最低含水率和有效期两个方面，优势渗流通道分布是其主控因素（包括优势渗流通道级差和宽度）。

优势渗流通道级差：优势渗流通道部位渗透率与原始渗透率的比值[10-11]。

优势渗流通道井段占比（图 4.4.2）：

$$F = \frac{M}{L} \tag{4.4.1}$$

式中　F——优势渗流通道井段占比；

　　　M——高渗透井段长度，m；

　　　L——生产井段长度，m。

建立不同模型，分析优势渗流通道对二氧化碳吞吐含水率变化的影响规律（图 4.4.3）。优势渗流通道渗透率级差越大，最低含水率越低、有效期越短，主要原因是级差越大，进入其中的二氧化碳越多，所波及区域原油黏度快速下降、同时膨胀作用变大，初期表现产液含水率低，但生产过程中含水率上升比较快、有效期短。

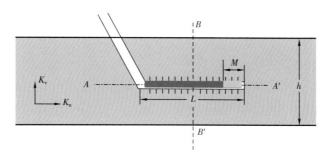

图 4.4.2 水平井优势渗流通道井段占比

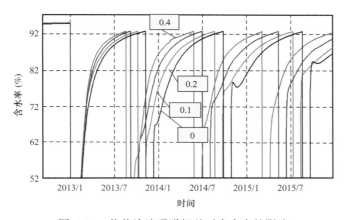

图 4.4.3 优势渗流通道级差对含水率的影响

分析不同优势渗流通道井段占比对二氧化碳吞吐含水率的影响（图 4.4.4），发现优势渗流通道井段占比越大，最低含水率越低、有效期越短。

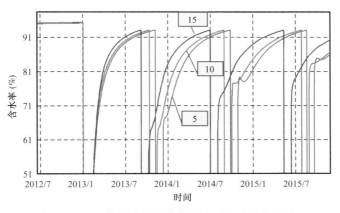

图 4.4.4 优势渗流通道井段占比对含水率的影响

基于优势渗流通道二氧化碳吞吐典型模型，分别建立不同优势渗流通道井段占比、不同级差的 36 套方案 3 个轮次共 106 井次的二氧化碳吞吐模拟模型，分析其含水率变化。按照分区统计，构建了含水率特征（即二氧化碳吞吐效果）与优势渗流通道级差和井段占比的定性关系，绘制了吞吐效果分区图版（图 4.4.5）。二氧化碳吞吐含水率变化特征可分为四个区：

Ⅰ区：级差＜3、井段占比＜0.1。

Ⅱ区：级差 3～5、井段占比 0.1～0.15。

Ⅲ区：级差 5～10、井段占比 0.15～0.2。

Ⅳ区：级差＞10、井段占比 0.2～0.25。

其中：Ⅰ区代表级差小、井段占比较小的较均质油藏，一般无须封堵；Ⅱ区代表了级差较低、井段占比小的油藏，前期吞吐效果好，有效期长，后期采用弱堵即可；Ⅲ区代表了级差较大、井段占比较大的油藏，前期吞吐受优势渗流通道影响，初期含水率低、有效期短，后期需采用强堵体系封堵；Ⅳ区代表了边水附近油井情况，前期吞吐效果很差、有效期很短，后期需采用弱堵体系封堵边水，但吞吐效果可能仍然较差。

高浅北区典型井前期二氧化碳吞吐效果分区如图 4.4.5 中五角星标注位置所示，为后期堵剂选择和参数优化提供了依据。

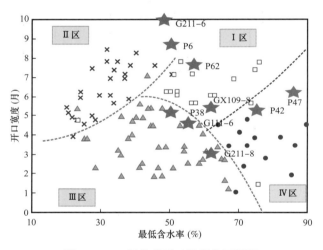

图 4.4.5　二氧化碳吞吐效果分区图版

二、堵剂封堵效果主控因素研究

1. 基础模型建立

由于已实施井堵剂复合二氧化碳吞吐增油效果干扰因素较多，为了系统研究油藏注堵剂后的开发特点，采用上一小节堵剂复合二氧化碳吞吐典型模型，讨论不同油藏静、动态条件下对堵剂开发效果的影响，确定堵剂复合二氧化碳吞吐效果主控因素[10-11]。

首先建立水驱、二氧化碳吞吐和堵剂复合二氧化碳吞吐开发基础方案：

（1）方案一：3 口井都以 20m³/d 的产液速度进行水驱生产。

（2）方案二：1 号井以 20m³/d 的产液速度进行生产；2 号、3 号井进行二氧化碳吞吐，二氧化碳注入速度50000m³/d，注入强度 $25×10^4m^3$ ，产液速度20m³/d，焖井时间20d，以日产油1.4m³作为吞吐周期结束标准。

（3）方案三：在二氧化碳吞吐基础上，对3号井模拟注入堵剂后二氧化碳吞吐生产，堵剂注入速度50m³/d。

对基础方案模拟生产三个周期。

三种方式的产油量和增产油情况（表4.4.2）表明，水驱产油量较低，实施二氧化碳吞吐增产效果明显，第三轮次由于高渗透条带影响产油量有所下降，第三轮次注入堵剂后增产效果显著。

表 4.4.2　基础开发方案产油量与增产油统计表　　　　单位：t

轮次	水驱	二氧化碳吞吐		堵剂 + 二氧化碳吞吐	
	产油量	产油量	二氧化碳增油量	产油量	堵剂增油量
1	258	851	593	—	—
2	274	886	612	—	—
3	269	801	532	1106	305

2. 静态参数对增油效果的影响规律

1）油层厚度的影响

分别模拟计算了油层厚度为3m、4.5m、6m、8m和10m时水驱、二氧化碳吞吐、堵剂复合二氧化碳吞吐三个周期的效果，见表4.4.3。可以看出，随着油层厚度增加，二氧化碳吞吐和堵剂复合二氧化碳吞吐增油量逐渐增大，注堵剂后增产效果突出，但厚度超过6m后，增幅逐渐减小。

表 4.4.3　不同地层厚度下产油量及增油量统计表　　　　单位：t

厚度（m）	第一轮次			第二轮次			第三轮次				
	水驱	二氧化碳吞吐		水驱	二氧化碳吞吐		水驱	二氧化碳吞吐		堵剂 + 二氧化碳吞吐	
	产油量	产油量	增油量	产油量	产油量	增油量	产油量	产油量	增油量	产油量	增油量
3.0	60	542	482	77	651	574	73	500	427	684	184
4.5	135	680	545	160	774	614	158	671	513	917	246
6.0	258	851	593	274	886	612	269	801	532	1106	305
8.0	338	941	603	335	948	613	328	855	527	1178	323
10.0	338	941	603	335	948	613	328	855	527	1178	323

2）油层渗透率的影响

为了研究油层渗透率对产油效果的影响，分别模拟了平均渗透率为典型模型0.5倍

（即平均渗透率300mD）、2倍（即平均渗透率1200mD）时水驱、二氧化碳吞吐及堵剂复合二氧化碳吞吐三个周期的开发效果（表4.4.4），可见，随着渗透率增加，二氧化碳吞吐增油量略有增加，堵剂增油量变化不大。

表 4.4.4　不同渗透率下产油量及增油量　　　　　　　　　　　　　　单位：t

平均渗透率为典型模型倍数	第一轮次		第二轮次			第三轮次				
	水驱	二氧化碳吞吐	水驱	二氧化碳吞吐		水驱	二氧化碳吞吐		堵剂 + 二氧化碳吞吐	
	产油量	产油量	产油量	产油量	增油量	产油量	产油量	增油量	产油量	增油量
0.5	184	734	204	738	534	201	662	461	937	275
1.0	258	851	274	886	612	269	801	532	1106	305
2.0	304	973	320	1027	707	305	919	614	1224	305

　　3）优势渗流通道级差的影响

　　考虑优势渗流通道对堵剂封堵效果的影响，模拟计算了优势渗流通道级差为5、10、15和20时水驱、二氧化碳吞吐、堵剂复合二氧化碳吞吐三个周期的开发效果（表4.4.5）。可见，二氧化碳吞吐增油量随优势渗流通道级差变大呈下降趋势，且对第一轮、第二轮次的产油量影响较大，对第三轮影响不大。随着优势渗流通道级差增加，堵剂增油量呈现先升后降趋势。级差较小时，二氧化碳直接吞吐波及范围相对均匀，增油量较高，堵剂作用受限；渗透率级差特别大时，堵剂封堵作用减弱，二氧化碳会沿着优势渗流通道发生严重气窜或绕流，波及面积减小，增油量下降。

表 4.4.5　不同优势渗流通道级差下产油量及增油量　　　　　　　　　单位：t

级差	第一轮次		第二轮次			第三轮次				
	水驱	二氧化碳吞吐	水驱	二氧化碳吞吐		水驱	二氧化碳吞吐		堵剂 + 二氧化碳吞吐	
	产油量	产油量	产油量	产油量	增油量	产油量	产油量	增油量	产油量	增油量
5	258	851	593	274	886	612	269	801	532	1106	305
10	242	789	547	264	756	492	258	603	345	1053	450
15	230	734	504	254	688	434	253	412	159	680	268
20	210	679	469	244	584	340	241	465	224	651	186

　　3. 动态参数对增油效果的影响规律

　　1）产液速度的影响

　　产液速度直接关系到井底流压下降速度，从而影响吞吐有效期。模拟研究了产液速度为15m³/d、20m³/d、25m³/d和30m³/d时的水驱、二氧化碳吞吐、堵剂复合二氧化碳吞吐三个周期的开发效果（表4.4.6），可见，产液速度对二氧化碳吞吐增油量影响较小，25m³/d是堵剂增油量的最优值。

表4.4.6　不同产液速度下产油量及增油量　　　　　单位：t

产液速度（m³/d）	第一轮次			第二轮次			第三轮次				
	水驱	二氧化碳吞吐		水驱	二氧化碳吞吐		水驱	二氧化碳吞吐		堵剂＋二氧化碳吞吐	
	产油量	产油量	增油量	产油量	产油量	增油量	产油量	产油量	增油量	产油量	增油量
18	276	871	595	291	905	614	286	828	542	1126	298
20	258	851	593	274	886	612	269	801	532	1106	305
25	234	858	624	244	858	614	238	752	514	1128	376
30	198	786	588	218	804	586	214	717	503	1075	358

2）堵剂注入量对增油效果的影响

模拟了第三轮次不同堵剂注入量的增油效果（表4.4.7）。可见，堵剂注入量增加，增油量也增加；堵剂注入量高于450m³后，增油量增幅变小。

表4.4.7　不同堵剂注入量增油效果　　　　　单位：t

堵剂注入量（m³）	第三轮次				
	水驱	二氧化碳吞吐		堵剂＋二氧化碳吞吐	
	产油量	产油量	增油量	产油量	增油量
250	286	676	390	886	210
350	294	801	507	1106	305
450	303	901	598	1265	364
550	311	885	574	1274	389

4. 增油效果主控因素分析

为评价影响堵剂复合二氧化碳吞吐增油效果的静态、动态参数的重要性，引入"敏感指数"概念作为评价参数敏感度的指标。定义"敏感指数"为一组考察数据的标准差S与平均值绝对值$|\bar{y}|$的比值，敏感指数C_V由式（4.4.2）确定：

$$C_V = \frac{S}{|\bar{y}|} \tag{4.4.2}$$

$$S = \sqrt{\frac{1}{n}\sum_{i=1}^{n}\left(y_i - \bar{y}\right)^2} \tag{4.4.3}$$

式中　　n——数据水平个数；

　　　　y_i——第 i 个水平数据值。

C_V 反映了一组数据分散和差异程度，C_V 越大说明该数据序列数据间差异程度越大；否则，数据越集中。本节中，C_V 值的大小表征增油量对各因素的敏感程度，C_V 越大表明该因素对增油量影响越敏感。

表 4.4.8 为各影响因素对二氧化碳直接吞吐增油量和堵剂复合增效后吞吐的增油量的敏感指数值。对二氧化碳吞吐增油量影响程度由大到小依次为渗透率、二氧化碳注入量、优势渗流通道级差、油层厚度、产液速度；对复合吞吐增油量影响程度由大到小依次为优势渗流通道级差、堵剂注入量、油层厚度、产液速度和渗透率。其中优势渗流通道级差和堵剂注入量为堵剂封堵效果的主控因素。

表 4.4.8　不同影响因素下敏感指数表

影响因素	取值范围	二氧化碳直接吞吐增油量的敏感指数	堵剂复合增效后吞吐增油量的敏感指数
油层厚度（m）	3～10	0.060	0.196
渗透率（mD）	300～1200	0.212	0.047
优势渗流通道级差	5～20	0.103	0.316
产液速度（m³/d）	18～30	0.018	0.100
二氧化碳注入量（t）	20～35	0.160	—
堵剂注入量（m³）	250～550	—	0.217

三、井组堵剂复合二氧化碳吞吐参数优化与设计

1. 堵剂复合二氧化碳吞吐开发调堵策略及优化分析

在前期建立的典型模型和二氧化碳吞吐效果分区图版基础上，采用数值模拟方法，通过对不同模型堵剂封堵半径和残余阻力系数的优化，建立二氧化碳吞吐堵剂选择和用量优化方法，确定堵剂类型和用量。

1）堵剂主控因素定义

基于各影响因素对二氧化碳吞吐和堵剂增油量的敏感指数分析，影响堵剂封堵效果的主控因素为优势渗流通道级差、堵剂用量、堵剂封堵能力（即：残余阻力系数）。

定义堵剂主控因素定量表征指标为封堵半径和残余阻力系数。

定义弱堵残余阻力系数 RFF<10，典型模型取值为 8；强堵残余阻力系数划分为 10<RFF<15 和 RFF>15 两类，典型模型取值分别为 15 和 20。

封堵半径定义为堵剂波及前缘到井筒的距离，波及范围小于油层厚度的示意图如图 4.4.6（a）所示；当波及范围大于油层厚度时，将其等价成井筒周边的圆形，如图 4.4.6（b）所示。

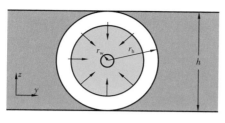
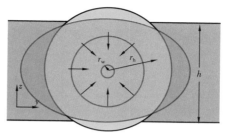

(a) 波及范围小于油层厚度　　　　　　(b) 波及范围大于油层厚度

图 4.4.6　封堵半径定义示意图

基于以上定义，封堵半径与注入量及其他参数关系为：

$$R = \sqrt{\frac{V_p}{\pi M \phi (1 - S_{or})}} \qquad (4.4.4)$$

式中　R——封堵半径，m；

M——渗透井段长度，m；

V_p——堵剂注入量，m^3；

ϕ——孔隙度；

S_{or}——残余油饱和度。

2）优势渗流通道堵剂类型优选

在典型模型基础上，建立基准方案，模拟堵剂封堵半径和残余阻力系数对堵剂增油量与方剂增油量的影响，由图 4.4.7 和图 4.4.8 可见，随封堵半径增大，增油量逐渐增加，但方剂增油量降低；随残余阻力系数增大，堵剂增油量和方剂增油量都增加，但残余阻力系数达到 17 左右时，增速减缓。

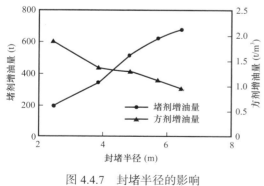
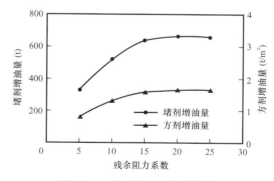

图 4.4.7　封堵半径的影响　　　　　　图 4.4.8　残余阻力系数的影响

为确定不同优势渗流通道模型适合的封堵体系，以高渗透井段占比 0.15 为例，利用数模研究堵剂优选决策方法。计算过程中，堵剂注入量设为 $400m^3$；采用弱堵体系计算时，泡沫浓度 2.0%，残余阻力系数 8；采用强堵体系计算时，注入凝胶浓度 2.0%，残余阻力系数 15 和 20。

不同渗透率级差情况下的计算结果见表4.4.9。可以看到，级差小于5时，窜流不明显，弱堵剂的增油效果较好；级差5～10时，弱堵剂增油效果下降，强堵剂（RFF=15）增油效果变好；随着级差进一步增大，为达到增油目的，需要更强的堵剂体系封堵。

表4.4.9　不同优势渗流通道级差下的增油量计算结果

级差	增油量（t）		
	弱堵（RFF=8）	中堵（RFF=15）	强堵（RFF=20）
1	231		
3	354		
5	377		
8	306		
10	215	402	
12	160	422	
15	125	404	437
18	102	306	446
20	89	205	425
25	75	126	289

采用同样方法，计算不同优势渗流通道级差和不同高渗透井段占比值时的不同堵剂增油量，得到优势渗流通道分级及堵剂优选图版（图4.4.9）。

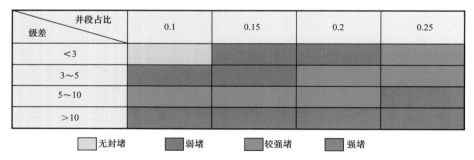

图4.4.9　优势渗流通道分级及堵剂优选图版

2. 堵剂用量及封堵参数优化

1）优化方案设计

建立典型油藏数模模型，以优势渗流通道渗透率级差10、高渗透井段占比0.2为例，以封堵半径和残余阻力系数为主控因素，优化堵剂复合二氧化碳吞吐用量和封堵参数。设计了2因素5水平的研究方案25套（表4.4.10）。

表 4.4.10　方案设计表

参数水平	1	2	3	4	5
封堵半径（m）	2.43	3.84	4.86	5.69	6.42
残余阻力系数 RFF	5	10	15	20	25

2）主控因素影响规律及其贡献度分析

为综合表征封堵半径和残余阻力因子对封堵增油的影响，提出"综合指数"来评价。"综合指数"通过对所有方案中堵剂增油量和方剂增油量分别归一化后加权平均获得（表 4.4.11），选取综合指数最大值作为该条件下的最优值，本案中 18 号实验方案为最优结果，即优势渗流通道渗透率级差 10、高渗透井段占比 0.2 的条件下，最优封堵半径为 4.86m，残余阻力系数为 20。

表 4.4.11　设计方案计算结果

实验号	因素和水平		评价指标			
	封堵半径（m）	残余阻力系数	有效期（d）	堵剂增油量（t）	方剂增油量（t/m³）	综合指数
1	2.43	5	192	107	1.07	0.1335
2	3.84	5	223	228	0.91	0.1757
3	4.86	5	256	330	0.83	0.2244
4	5.69	5	275	378	0.69	0.2398
5	6.42	5	295	420	0.60	0.2252
6	2.43	10	236	191	1.91	0.3598
7	3.84	10	249	346	1.38	0.3947
8	4.86	10	315	518	1.30	0.4931
9	5.69	10	355	620	1.13	0.5189
10	6.42	10	375	682	0.97	0.5200
11	2.43	15	236	227	2.27	0.5208
12	3.84	15	278	431	1.72	0.5524
13	4.86	15	369	634	1.59	0.6590
14	5.69	15	401	729	1.33	0.6536
15	6.42	15	428	802	1.15	0.6550
16	2.43	20	235	227	2.27	0.5008
17	3.84	20	285	431	1.72	0.5635

续表

实验号	因素和水平		评价指标			
	封堵半径（m）	残余阻力系数	有效期（d）	堵剂增油量（t）	方剂增油量（t/m³）	综合指数
18	4.86	20	369	659	1.65	0.7047
19	5.69	20	390	729	1.33	0.6536
20	6.42	20	426	813	1.16	0.6674
21	2.43	25	234	236	2.36	0.5358
22	3.84	25	251	431	1.72	0.5824
23	4.86	25	369	659	1.65	0.6947
24	5.69	25	389	729	1.33	0.6536
25	6.42	25	416	802	1.15	0.6550

为定量评价封堵半径和残余阻力系数对综合指数的影响，计算表 4.4.11 得到的 25 套方案在某一水平下的"敏感指数"（表 4.4.12），对不同水平下的封堵半径和残余阻力系数"敏感指数"进行平均，两参数"敏感指数"之比的倒数即为贡献度，归一化后可得两参数对堵剂增油效果综合指数的贡献度。结果表明，封堵半径对堵剂增油效果的贡献度为 0.25，残余阻力系数贡献度为 0.75。

表 4.4.12　封堵半径和残余阻力系数贡献度分析

参数水平	封堵半径（m）	敏感指数	残余阻力系数	敏感指数
1	2.43	0.707	5	0.221
2	3.84	0.381	10	0.164
3	4.86	0.382	15	0.109
4	5.69	0.364	20	0.135
5	6.42	0.383	25	0.102
平均		0.443		0.146
贡献度		0.25		0.75

根据综合指数评价结果，封堵半径和残余阻力系数存在最优值；整体来看，残余阻力系数较低的弱堵体系需要更大的封堵半径；残余阻力系数对封堵效果起主要作用。

3）水平井堵剂复合二氧化碳吞吐堵剂用量优化设计

可以用上述方法计算其他渗透率级差时的最优残余阻力因子和最优封堵半径，从而实现在前期二氧化碳吞吐效果分区基础上的后续堵剂残余阻力系数和封堵半径的定性优化（表 4.4.13 ）。

表4.4.13 水平井堵剂复合二氧化碳吞吐堵剂用量优化设计参考值

级差	吞吐效果分区			
	Ⅰ区（直接吞吐）	Ⅱ区（弱堵）	Ⅲ区（中堵）	Ⅳ区（强堵）
<3	—	2.5～10（2.0）	10～15（2.1）	10～15（2.3）
3～5	—	5～10（2.6）	10～15（2.9）	10～15（3.1）
5～10	—	—	10～15（4.5）	>15（4.8）
>10	—	—	—	>15（5.0）

注：括号内为水平井封堵半径，括号外为适用的堵剂残余阻力系数。

具体应用时根据封堵半径和效果分区确定的高渗透井段占比计算堵剂用量：

$$V_p = \pi R^2 \times F \times L \times \phi \times (1 - S_{or}) \qquad (4.4.5)$$

式中 V_p——堵剂用量，m^3；

R——封堵半径，m；

F——高渗透井段比例；

L——水平井段长度，m；

ϕ——孔隙度；

S_{or}——残余油饱和度。

4）定向井堵剂复合二氧化碳吞吐堵剂用量优化设计

采用与水平井类似的方法，计算定向井不同渗透率级差时的最优残余阻力系数和最优封堵半径，实现堵剂残余阻力系数和封堵半径的定性优化（表4.4.14）。

堵剂用量计算公式同式（4.4.5）。

表4.4.14 定向井气窜堵剂用量优化设计参考值

级差	吞吐效果分区			
	Ⅰ区（直接吞吐）	Ⅱ区（弱堵）	Ⅲ区（中堵）	Ⅳ区（强堵）
<3	—	2.5～10（10）	10～15（12）	10～15（12.5）
3～5	—	5～10（12）	10～15（14）	10～15（15）
5～10	—	—	10～15（16）	>15（18）
>10	—	—	—	>15（20）

注：括号内为水平井封堵半径，括号外适用堵剂残余阻力系数。

四、区块堵剂复合二氧化碳吞吐方案及参数优化

1. 试验区筛选

堵剂复合二氧化碳吞吐试验区筛选，主要考虑以下因素：（1）构造高部位；（2）油

层发育；（3）开发层系单一，无层系间干扰；（4）井网相对完善，有完整的数模模型；（5）剩余油较多；（6）内部井组实施过堵剂复合二氧化碳吞吐；（7）吞吐轮次较多且效果较好；（8）发育优势渗流通道且穿过部分井组。

　　根据以上原则，试验区选在高浅北区 Ng12 油藏（图 4.4.10）。

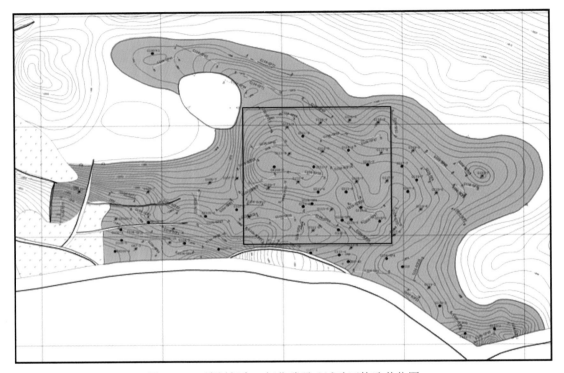

图 4.4.10　堵剂复合二氧化碳吞吐试验区构造井位图

1）试验区油藏概况

　　为边底水驱常规稠油油藏，储层胶结疏松，含油面积约 $1.12km^2$，地质储量 157.5×10^4t，生产历史 1992—2016 年。截至 2016 年 11 月，累计产油 54.18×10^4t、产水 $629.8 \times 10^4m^3$、注水 $60.9 \times 10^4m^3$，采出程度 34.4%，单井平均日产油 2.51t，日产液 $42.29m^3$，综合含水率 96.2%。

2）试验区吞吐井动态特征分析

　　吞吐井 9 口（4 口定向井，5 口水平井）。一轮吞吐井 3 口，二轮吞吐井 4 口，三轮吞吐井 2 口。

　　试验区于 2014 年 1 月开始吞吐作业，当年吞吐 9 轮次，2015 年吞吐 8 轮次，共计 17 轮次。其中，二氧化碳吞吐 15 轮次；第三轮次中堵剂复合二氧化碳吞吐 2 次。

　　由表 4.4.15 可见，第一轮次换油率平均 2.228、第二轮次仅 0.584，这是由于优势渗流通道的存在，使第二轮次注入的二氧化碳沿优势渗流通道窜流所致，第三轮次时堵剂复合二氧化碳吞吐的换油率高于第二轮也验证了这一认识。

表 4.4.15 吞吐井动态汇总表

井名	轮次	注入量（t）	有效期（d）	增油量（t）	换油率	备注
G111-6	第一轮	200	195	303.00	1.515	二氧化碳吞吐
	第二轮	425	69	195.00	0.459	二氧化碳吞吐
G211-6	第一轮	325	597	1133.00	3.486	二氧化碳吞吐 +G111-6 井协同
G211-8	第一轮	325	84	150.65	0.464	二氧化碳吞吐 +P64 井协同
	第二轮	375	93	124.00	0.331	二氧化碳吞吐
	第三轮	350	127	232.00	0.663	堵剂辅助二氧化碳吞吐 +P100 井协同
GX109-8	第一轮	200	114	181.00	0.905	二氧化碳吞吐
P6	第一轮	325	275	924.50	2.845	二氧化碳吞吐 +G111-6 井协同
	第二轮	475	93	132.00	0.278	二氧化碳吞吐 +G111-6 井协同
P38	第一轮	300	229	814.16	2.714	二氧化碳吞吐
	第二轮	375	120	214.80	0.573	二氧化碳吞吐
	第三轮	500	128	262.00	0.524	堵剂复合二氧化碳吞吐
P42	第一轮	325	31	22.44	0.069	二氧化碳吞吐 +P64 井协同
P47	第一轮	300	145	338.51	1.128	二氧化碳吞吐
	第二轮	400	146	385.00	0.963	二氧化碳吞吐

2. 试验区油藏数值模拟模型建立

1）地质模型建立

油藏构造比较简单，油层顶面构造平缓，平均埋深 1860m，数模模型构造数据体直接应用地质建模软件生成的场数据体。考虑边水及内部优势渗流通道的影响，模型北部、东部设置解析水体，按 Ng12 小层优势渗流通道平面分布图实际刻画模型内的优势渗流通道。储层参数主要包括孔、渗、饱等空间分布。目的层为 Ng12 小层，为描述层内韵律段的非均质性，共划分为 9 个模拟层。

2）网格划分

本研究网格划分主要考虑以下因素：（1）采用角点网格，模拟区边界考虑试验区井位分布和人为划分边界形状，采用不规则边界；（2）对非均质性较强的区域适当增加网格数目，使之对油藏地质描述更准确；（3）尽可能使多数井位于网格中心位置，保证一个网格内最多有一口井（更新井除外），相邻两井间最好有 2～3 个网格。

根据试验区的实际情况，将模拟区域划分为 48×33×9=14256 的网格系统，其中有效网格 13233 个。网格系统中，X 轴（东西）方向网格长度约为 27m，Y 轴（南北）方向网格长度约为 30m。纵向上划分为 9 个模拟层。网格划分结果如图 4.4.11 所示。

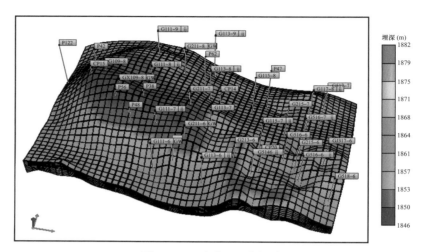

图 4.4.11 试验区网格划分

使用已有优势渗流通道平面发育图建立的地质模型进行历史拟合时，邻近优势渗流通道的 G113-8 井、CP14 井，有优势渗流通道穿过和没有穿过两种情况下的含水率相差较明显。通过动态拟合结果对静态渗透率数据核实验证，对优势渗流通道平面发育情况修正，拟合结果如图 4.4.12 和图 4.4.13 所示。模拟区渗透率场分布如图 4.4.14 所示。

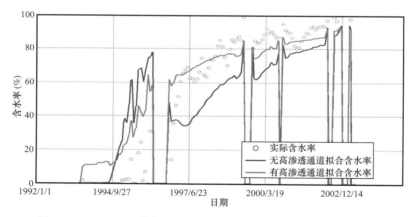

图 4.4.12 G113-8 井有无优势渗流通道穿过情况拟合结果对比图

3）岩石流体性质模型建立

岩石流体性质模型主要描述油藏岩石和流体的参数与渗流特征，主要包括岩石、流体高压物性，流体相对渗透率及原始条件下地下流体的饱和度分布。数值模拟用的高压物性参数见表 4.4.16，相渗曲线如图 4.4.15 所示。

油藏流体在原始状态下的分布主要包括饱和度及压力分布。考虑模拟区内流体基本属于一套系统，因此采用平衡初始化对油藏原始饱和度和压力赋值。根据油藏相对渗透率曲线（图 4.4.15），确定含油区域内原始平均含油饱和度为 60%。原始地层压力分布根据油层中部深度计算得到。

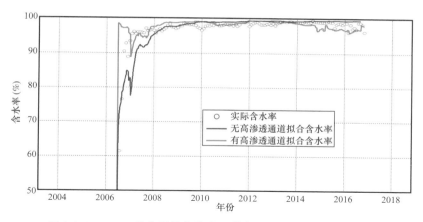

图 4.4.13　CP14 井有无优势渗流通道穿过情况拟合结果对比图

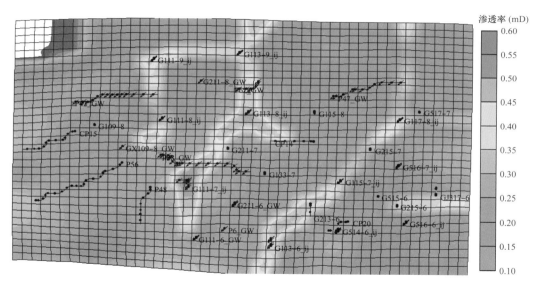

图 4.4.14　实验区渗透率场平面分布图（修正后）

表 4.4.16　流体及岩石高压物性参数

项目	参数	取值
原油物性	地面密度（g/cm³）	0.956
	原始地下黏度（mPa·s）	90.34
	压缩系数（MPa⁻¹）	6.8×10^{-6}
地层水物性	密度（g/cm³）	1.0
	黏度（mPa·s）	0.45
	压缩系数（MPa⁻¹）	1.0×10^{-3}
岩石物性	压缩系数（MPa⁻¹）	3.0×10^{-5}

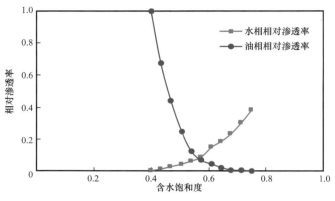

图 4.4.15　相对渗透率曲线

堵剂复合二氧化碳吞吐模型，考虑泡沫液膜、N_2、二氧化碳、凝胶、聚合物、交联剂、表面活性剂、油、水等九个组分，建立油、气、水三相九组分模型。

4）生产动态模型建立

生产动态模型描述了整个模拟区的开发动态变化过程。生产数据描述范围为 1992 年 8 月至 2016 年 11 月，共计 24 年。以月为时间步长单位，逐月输入生产井产量和水井注水量信息，描述生产变化过程，同时考虑射孔、生产措施变化的影响。其中，注水井以定注入量注水，生产井以定产液量生产，个别边井、角井及合采井进行了适当劈产。

3. 试验区数模模型历史拟合

含水率拟合和累计产油量拟合如图 4.4.16 所示。截至 2016 年 1 月模拟区计算累计产油量 40.43×10^4t，实际累计产油量 40.04×10^4t，拟合误差 0.96%，计算含水率 96.25%。在整体拟合基础上，进行单井拟合，26 口井拟合效果较好，占总井数的 83.8%。

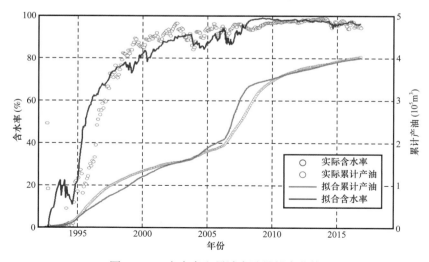

图 4.4.16　含水率和累计产油量拟合曲线

4. 开发状况及剩余油分布规律研究

剩余油分布规律认识是开发调整的基本依据。试验区地质储量采出程度34.4%，主要依据数值模拟结果，并结合现场统计数据、监测资料、常规油藏工程方法开展剩余油分布规律研究。

从第1~9小层平面剩余油分布（图4.4.17）可见，井间剩余油分布不均且呈分散状，优势通道发育的第3~9小层更加明显，水平井不同井段剩余油饱和度存在差异性。

从图4.4.17可见，垂向上，Ng12层下部小层采出程度较高、上部小层采出程度较低，剩余油主要分布在Ng12层顶部，这是由于储层以正韵律、复合韵律为主，这种层内非均质模式决定了其剩余油相对富集特点。

原有井网条件下，钻井证实油层连通率大于90%，平面上水驱波及面积大；1992年底投入全面开发，从油井含水情况分析，目前边水在平面上已波及全区，且大部分已处于中高含水期。

正是存在井间剩余油分布不均匀这一客观现象，进一步说明二氧化碳吞吐潜力大，但剩余油又呈现典型的边水驱特征，堵剂复合二氧化碳吞吐控水增油难度较大。

5. 堵剂复合二氧化碳吞吐方案优化设计

根据多因素正交试验设计方法，将凝胶和泡沫注入的关键参数作为试验的主要因素，将各参数对应的数值作为各因素的水平数，建立正交试验方案。根据正交试验结果、堵剂选择策略及优化方法，结合各井生产情况，设计优化单井的堵剂复合二氧化碳吞吐方案，见表4.4.17。

表 4.4.17　模拟区各单井堵剂复合二氧化碳吞吐优化设计方案表

井名	生产井段长度（m）	高渗透井段占比	堵剂类型（RFF）	封堵半径（m）	堵剂用量（m³）	堵剂顶替液用量（m³）	二氧化碳注入量（t）
P38	260.0	0.23	强堵（10~15）	2.9	355	60	500
GX109-8	2.8	0		4.8	469	0	250
P47	190.0	0.15	强堵（>15）	4.8	464	50	450
P42	180.0	0.16	强堵（>15）	14.0	229	60	400
P62	120.0	0.30				50	400
P6	5.5	0.30	弱堵（2.5~10）	14.0	277	30	500
G111-6	5.0	0.40	弱堵（2.5~10）	14.0	208	30	450
G211-6	5.0	0.30	弱堵（2.5~10）	16.0	58	30	350
G211-8	3.2	0.10	弱堵（5~10）	2.9	355	30	400

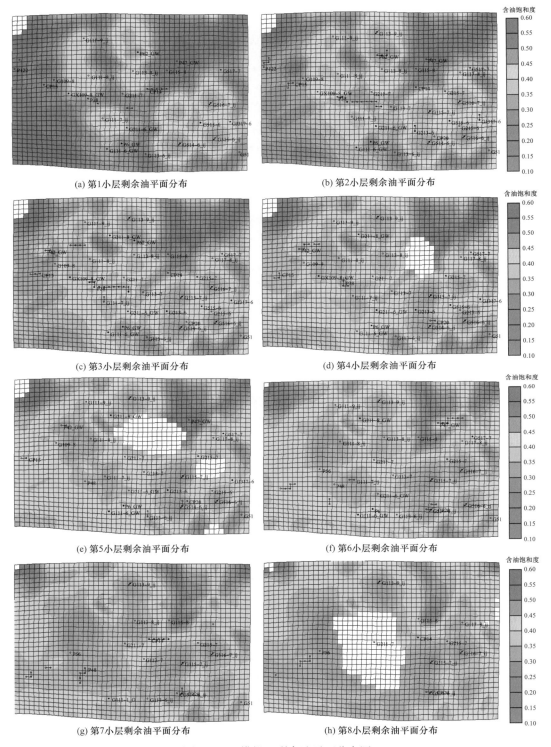

(a) 第1小层剩余油平面分布　　　　　　　(b) 第2小层剩余油平面分布

(c) 第3小层剩余油平面分布　　　　　　　(d) 第4小层剩余油平面分布

(e) 第5小层剩余油平面分布　　　　　　　(f) 第6小层剩余油平面分布

(g) 第7小层剩余油平面分布　　　　　　　(h) 第8小层剩余油平面分布

图 4.4.17　模拟区剩余油平面分布图

6. 效果预测

结合前文研究成果，推荐试验区采用堵剂复合二氧化碳吞吐模式。注入方式：先注堵剂，然后注入一定量的顶替液，驱动井筒内堵剂进入地层，再按设计量注入二氧化碳，焖井后开井生产。

通过数模对比继续边水驱、二氧化碳直接吞吐和堵剂复合二氧化碳吞吐方案（图4.4.18），结果表明，堵剂复合二氧化碳吞吐实施1年内累计增油2583t，平均单井增油287t，比二氧化碳直接吞吐累计增油多1616t、平均单井增油多230t，各单井效果见表4.4.18。

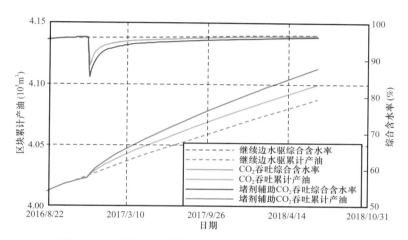

图 4.4.18　模拟区堵剂复合二氧化碳吞吐方案效果预测

表 4.4.18　模拟区各单井堵剂复合二氧化碳吞吐效果表

井名	堵剂用量（m³）	阶段产油（t）	堵剂增油量（t）	有效期（d）	方剂增油量（t/m³）
P38	355	546	363	190	1.02
P42	469	452	296	175	0.63
P47	464	568	312	136	0.67
P6	229	235	148	105	0.65
P62		310		110	
G111-6	277	380	193	115	0.70
G211-6	208	480	155	286	0.75
G211-8	58	366	149	138	2.57
GX109-8		199		104	
合计（平均）	2060	3536	1616	151	0.78

第五节　筛管完井水平井二氧化碳吞吐分段封堵复合增效技术

冀东油田水平井总体进入特高含水开发，对 499 口水平井相继开展了控水增油技术适应性研究，二氧化碳吞吐井次占 50.3%、增油量占 57.8%。随着吞吐持续开展，40% 的井超过 5 轮次，最高 8 轮次，前几轮增油效果显著，但随轮次增加，单井增油量、有效期、投入产出比均呈下降趋势。

通过研究及现场测试发现，多轮次吞吐后仍然剩余油可观，其分布特征见表 4.5.1。分析表明，水平井产液段长度占生产段的 9.9%～62%，平均 28.4%；主产液段长度占生产段的 3%～46.4%，平均 12.7%；次产液段长度占生产段的 2.4%～38.3%，平均 15.7%；不产液段平均含油饱和度 40.5%，这也就意味着有 70% 左右的生产段仍未得到充分有效动用，且水平井吞吐全井笼统注二氧化碳与堵剂，部分段内、层内、井间仍有局部剩余油富集，为此 2019 年下半年提出了水平井精准挖潜理念[12]。

表 4.5.1　水平井剩余油分布统计表

均质特征	井型	产液规律	剩余油分布
均质油藏	标准水平井	A 靶点为主要出水部位	剩余油在 B 靶点处富集
	有狗腿度变化水平井	狗腿度变化处是底水锥进的主要部位	剩余油在无狗腿变化处富集
平面非均质性油藏	标准水平井	平面非均质性会改变水平井产液速度，底水在高渗透层上升速度快，在低渗透层上升速度慢	剩余油在低渗透处富集
	有狗腿度变化水平井		
纵向非均质性油藏	标准水平井	纵向非均质性会加快水脊发展速度，底水易从高渗透区形成锥进	
	有狗腿度变化水平井		

基于筛管完井水平井组成的疑难井组出液段占比小、定位封堵和定位吞吐困难、挖潜变差的问题，研究形成了基于 ACP（环空化学封隔器）的筛管完井水平井的精准复合吞吐技术，重新构造水平井分段阻隔的井筒条件，实施"精准测试、精准堵水、精准注气、精准吞吐"。

该项技术的原理：（1）测试找水，明确水平段的渗透率、含油饱和度和出水区域；（2）采用定量注射 ACP 工艺技术，在出水段与非出水段之间建立筛管外 ACP，对管外环空及近井地带进行可靠分隔；（3）在管外 ACP 辅助下，下入管柱对出水段采用深部封堵与封口；（4）对含油饱和度相对高井段进行二氧化碳精准吞吐[13-16]。

针对筛管完井 A 靶点附近出水、难以封堵问题，研究形成了可降解 ACP 暂堵保护出油段的精准复合吞吐技术，其技术原理：（1）找水测试，确认出水段在 A 靶点附近；（2）替入可降解 ACP，保护 B 靶点附近的潜力段；（3）挤入高强度堵剂，对 A 靶点附近地层实施深部封堵；（4）B 靶点附近井段 ACP 降解后，对该井段实施二氧化碳吞吐。

本节重点阐述水平井找水确定出水段和建立 ACP 实现管外有效封隔两个关键工艺环节，其余均为常规复合吞吐工序，不再赘述。

一、水平井精准找水工艺

水平井精准复合吞吐前找水目的是准确确定出水层段，为后期精准堵水提供依据。综合考虑油藏需求、测试技术特点与成本，针对不同油藏类型明确了水平井精准测试组合技术。明确测试输送方式采用水力输送，稠油油藏以找出水点为主兼顾饱和度测试，稀油油藏以测试饱和度为主；测试技术方面，明确饱和度测试采用双源距碳氧比测井技术，找出水点采用氧活化＋氮气气举方式实现精准测试；进一步明确了水平井出水规律、井筒附近饱和度分布规律、主要潜力井段。

针对有杆抽油举升管柱环空测试困难的问题，研究形成了"液力输送＋产液剖面测试仪器＋气举举升测试"水平井产液剖面测试工艺。具体工序：（1）将气举管柱下入井内，管柱底端下至水平段 B 靶点处；（2）将产液剖面测试仪器下入油管内，当其进入大斜度井段时，向油管内泵入液体驱动产液剖面测试仪器至井底；（3）气举排液，地层流体流入井筒，模拟油井正常生产状态；（4）气举生产稳定后，上提测试仪器测试产液剖面。

气举排液过程分为三个阶段：（1）排液阶段，将井筒准备阶段漏失进地层的流体全部排出；（2）调节阶段，根据油井正常生产情况调节注入气量，保证在模拟油井原始生产状态下测试；（3）测试阶段，连续气举反排液，为氧活化找水测试提供稳定测试环境。为使更准确地模拟有杆泵生产状态，在气举工艺的基础上，增加了地面调节装置，有效控制氮气注入量。施工时，根据设计参数调节注气量，模拟油井正常生产状态，测试全井产液量，计量出口产液量，待两项数据基本吻合并与施工井正常生产参数一致后，开始氧活化找水测试。

水平井找水采用中子氧活化仪器。仪器由上、下中子发生器和四个探测器组成，在测试过程中，中子发生器将流动的水活化，活化水发出伽马射线，在流经下游探测器时被探测到，测量流经两个探测器之间的时间就可以计算流量。适用 5.5in、7in 井眼，流量 $50\sim400m^3/d$，测量误差 $-10\%\sim10\%$，耐压 80MPa，耐温 135℃。二氧化碳吞吐前测试时，仪器可以采用常规材质；二氧化碳吞吐后测试时，仪器常采用防硫、防二氧化碳腐蚀材质。

另外，冀东油田也开展了以吸水剖面测试代替产液剖面测试，用吸水剖面分析判断优势渗流通道。现场实施 6 口井，结果表明，产液剖面与吸水剖面相关性较高，主产液段对应主吸水段，在井段位置、吸水比例上都比较接近，从而确立了用吸水剖面代替产液剖面寻找优势渗流通道、判断主要出水位置的测试技术体系。

二、筛管完井水平井管外 ACP 精准分段技术

基本思路：在筛管完井水平井中，通过建立管外环空化学封隔器（ACP），对长井段水平井筛管外环空进行分段，利用 ACP 提供的井筒条件对高含水段定位封堵，对剩余油富集段定位吞吐，显著改善吞吐效果与效益。为此，冀东油田研发了具有自主知识产权的

高触变可控胶凝 ACP 材料。

1. ACP 材料

为满足筛管外形成可靠的 ACP 及管柱安全施工要求，堵剂要满足快速凝固、较高强度要求。（1）新研制的堵水剂含有多种吸水基团，如羟基（–OH）、羧基（–COO）、氨基（–NH$_2$）等，这些基团对水分子具有很强的亲和力，堵剂遇水快速反应（凝固时间 50s），形成具有一定强度的黏弹性固结体，达到封堵目的。（2）堵剂强度较高，将石英砂粉末填充到高压岩心管内，填充后岩心管置入加热套内升至地层温度（65℃、80℃）；填砂管注满水后注堵剂，成胶后测试封堵压力为 15MPa。（3）适合封堵层温度 90℃以内。（4）由于堵剂快速凝固，段塞完整性好，位置准确可靠；堵剂成胶后具有更高的强度，能够形成可靠的 ACP（图 4.5.1）。

图 4.5.1　切开胶结段塞微观扫描电镜测试结果（放大 100 倍）

2. 水平井 ACP 分段封隔注入工艺

根据水平井层段长度和分段工艺需要，研究形成了单级 ACP 注入管柱和一趟管柱双级 ACP 注入管柱两种分段封隔工艺[13–19]。

1）单级 ACP 注入管柱

单级 ACP 注入工艺管柱结构如图 4.5.2 所示，主要由胶塞甲、速凝堵剂、胶塞乙、K344L 长胶筒封隔器、可控节流开关阀、扶正器、连通接头、筛管、导向丝堵等工具组成。

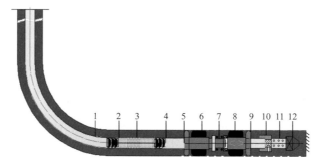

图 4.5.2　单级 ACP 注入管柱图

1—油管；2—胶塞甲；3—速凝堵剂；4—胶塞乙；5，9—扶正器；6，8—K344L 长胶筒封隔器；7—可控节流开关阀；
10—连通接头；11—筛管；12—导向丝堵

工艺原理：将导向丝堵、筛管、连通接头、节流开关阀、K344L 长胶筒封隔器等工具自下而上用油管连接下至井口以下，油管内灌满水后连接胶塞乙，接着下入与设计堵剂用量相同容积的油管，油管内灌满速凝堵剂后连接胶塞甲，将速凝堵剂封隔在胶塞甲、乙之间。将组配好的管柱下至设计深度，磁定位校深合格后，在油管内泵入高压液体，当压力达到一定值时胶塞启动，液压推动胶塞甲、速凝堵剂、胶塞乙一起下行，同时推动胶塞乙下部油管内部液体进入 K344L 长胶筒封隔器内坐封封隔器。地面泵车连续泵入液体推动胶塞和速凝堵剂一同下行，当胶塞乙以下油管内压力达到 3MPa 时打开节流开关阀，胶塞乙以下油管内液体被推出管外，地面不停泵连续加压，胶塞乙到达节流开关阀下接头的内台阶处固定不动。胶塞甲继续下行将速凝堵剂由节流开关阀处全部挤注到管外，然后坐在节流开关阀内芯子上端推动芯子下行，关闭节流开关阀的出液孔，速凝堵剂无法回流，且速凝堵剂遇水快速凝固并分隔封堵管外环空。油管内继续加压，依次打开胶塞甲、胶塞乙、连通接头内的堵头，当压力突降时，地面停泵结束施工，反循环洗井后起出施工管柱。

2）双级 ACP 注入管柱

双级 ACP 注入管柱结构如图 4.5.3 所示，主要由胶塞甲、胶塞乙、胶塞丙、胶塞丁、速凝堵剂、K344L 长胶筒封隔器、上节流开关阀、下节流开关阀、扶正器、连通接头、筛管、导向丝堵等工具组成。

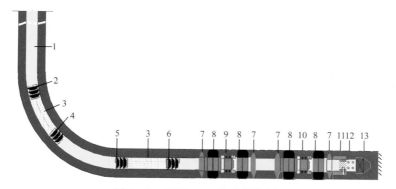

图 4.5.3　双级 ACP 注入管柱图

1—油管；2—胶塞甲；3—速凝堵剂；4—胶塞乙；5—胶塞丙；6—胶塞丁；7—扶正器；8—K344L 长胶筒封隔器；9—上节流开关阀；10—下节流开关阀；11—连通接头；12—筛管；13—导向丝堵

工艺原理：按图 4.5.3 双级 ACP 注入管柱依次下入工具和堵剂，将两段速凝堵剂分别封隔在胶塞甲、乙和胶塞丙、丁之间。将组配好的管柱送至设计深度，磁定位校深合格后，在油管内泵入高压液体，推动胶塞和堵剂一起下行。将胶塞丙和胶塞丁之间的堵剂通过下节流开关阀注入筛管外，以及将胶塞甲和胶塞乙之间的堵剂通过上节流开关阀注入筛管外，分别在上节流开关阀和下节流开关阀位置形成两段封隔段塞，将管外封隔成 3 段进行开采。然后油管内继续加压，依次打开胶塞甲、胶塞乙、胶塞丙、胶塞丁、连通接头内的堵头，当压力突降时，地面停泵结束施工，反循环洗井后起出施工管柱。

技术特点：速凝堵剂通过双胶塞封闭预置于施工管柱中间，通过胶塞顶替实现堵剂的定量挤注。施工速度快、操作简单，只需地面泵注清水对油管加压至压力突降即可完成注入施工。挤注完成后压力突降给地面提供信号，无顶替不到位或过量顶替风险，可全井段反洗井后起出施工管柱，安全可靠。采用密闭式管柱，管柱下入过程安全可靠。速凝堵剂遇水快速凝固，强度高、封隔性能好、放置位置精准，且用量少、费用低。一趟管柱同时建立两个ACP，施工简单、安全可靠，周期短。

3）技术参数

两种ACP注入管柱适用套管外径 $\phi101.6\sim177.8$mm（$4\sim7$in），挤注启动压力15MPa，施工压力20MPa，管柱工具工作温度120℃，密封压差35MPa。

4）配套工具

预置速凝堵剂胶塞总成：预置速凝堵剂胶塞总成（图4.5.4）由胶塞甲和胶塞乙或胶塞丙和胶塞丁两个组成一组。胶塞结构相同而外径不同，由上接头、短节、销钉、"O"形密封圈、胶塞支撑体、胶塞组、锁紧套、活动堵头等组成。工作原理：内置胶塞总成位于堵剂挤注分段封隔管柱的上部，下胶塞与上胶塞之间通过油管相连，油管长度取决于所需注入堵剂体积，管柱下井过程中，上胶塞与下胶塞之间油管柱灌满预置堵剂，通过上、下胶塞使堵剂与油管柱内其他液体隔离。施工时，向油管内泵入高压流体，推动内置胶塞总成下行，当压力达到一定值时，上、下胶塞短节上的固定销钉被剪断，上胶塞、堵剂及下胶塞整体下行，直至达到可控节流开关阀。挤注施工完成后，泵压继续升高，上胶塞与下胶塞的堵头销钉被剪断，压力突降，油管与套管连通，挤注施工结束。

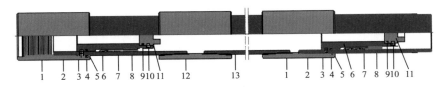

图4.5.4 预置速凝堵剂胶塞总成示意图

1—上接头；2—短节；3—固定销钉；4，5，9—"O"形密封圈；6—胶塞支撑体；7—胶塞组；8—锁紧套；10—堵头销钉；11—活动堵头；12—油管接箍；13—油管

节流开关阀：主要由上接头、芯子、"O"形密封圈、销钉、活塞、弹簧、下接头、调节环等组成（图4.5.5）。工作原理：预置堵剂挤注过程中，下胶塞到达下接头下部内台阶处被阻挡，由于上部液体继续推动上胶塞下行，上、下胶塞之间压差上升至3MPa时，活塞下行剪断开启销钉，打开可控节流开关阀的出液孔，在液体的持续高压下，上胶塞继续下行直至将堵剂全部挤注出可控节流开关阀，上胶塞到达可控节流开关阀的上接头后推动芯子下行并剪断封闭销钉，同时活塞在弹簧的回弹作用下上行，可控节流开关阀出液孔双向关闭，阻止堵剂回流。

K344L长胶筒封隔器主要由上接头、中心管、连接套、长胶筒、下接头组成（图4.5.6）。工作原理：油管内憋压，液体进入中心管与胶筒之间，当压力达到0.6MPa以上完成封隔器坐封，油管内泄压解封封隔器。

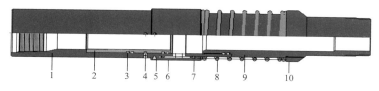

图 4.5.5　节流开关阀示意图

1—上接头；2—芯子；3、7—"O"形密封圈；4—封闭销钉；5—开启销钉；6—活塞；8—弹簧；9—下接头；10—调节环

图 4.5.6　K344L 长胶筒封隔器示意图

1—上接头；2—"O"形密封圈；3—中心管；4—外套；5—连接头；6—长胶筒；7—下接头

三、基于 ACP 管外分段的井筒条件的精准堵水工艺

（1）下入挤注堵剂管柱。工艺管柱：丝堵 + 油管 +K341 封隔器（定位于设置有 ACP 的筛管范围内）+ 定压阀 +K341 封隔器（定位于设置有 ACP 的筛管范围内或最上部筛管的上部套管内）+ 油管至井口。

（2）注前置段塞，之后注堵剂段塞，最后注顶替段塞。施工压力应控制在 ACP 段塞所能承受的压力之内。常用堵水体系：复合凝胶类如选择性堵水剂、WT 凝胶堵剂等，颗粒类如木质素颗粒、柔性颗粒等。这些堵剂封堵强度大、稳定性好，突破时间较长，封堵作用明显，可有效降低水窜通道渗透率。封堵参数按本章所提供的方法设计。

四、典型井例

G104-5P85 井于 2007 年 11 月投产。水平段设置 3 段筛管，长度共 223.97m，分别位于 2057.54～2076.42m（18.88m）、2092.34～2172.78m（80.44m）、2191.7～2316.35m（124.65m）。稳定生产 3 年后，含水率逐渐上升到 99%，2011 年开始先后进行五轮二氧化碳吞吐、一轮氮气吞吐，2018 年底，产液 6.5t/d、含水率 100%。2019 年 4 月初，碳氧比和产液剖面测试结果显示，三处井段相对产出量较多，2092～2112m 占 59.7%，2195～2216m 占 15.7%，2241～2258m 占 24.6%。综合分析认为，上段为主产液段、含油饱和度低，潜力小；下段历史产液少、含油饱和度高、增油潜力大。

选择该井开展技术试验，控水增油效果显著，含水率由 100% 下降至 30%，日产油由 0t 上升至 6t，有效期 2a，累计产油 2600t。施工过程：（1）在 2180～2184m 井段间建立 ACP，堵剂用量 450L，施工压力 28MPa；（2）在 ACP 位置试压，稳压 10MPa，20min 压力不降；（3）对 ACP 以上的筛管段（2057.54～2172.78m）注入交联聚合物堵剂溶液 1000m^3，关井候凝 5d；（4）下入机械管柱卡封 ACP 以上的筛管段，起到化学堵封口作用；（5）下入杆式泵，对下段（2191.7～2316.35m）二氧化碳吞吐，注入二氧化碳300t；
（6）将杆下入泵筒，焖井后生产[13]。

参 考 文 献

［1］陈维余，孟科全，朱立国.水平井堵水技术研究进展［J］.石油化工应用，2014，33（2），1-4.

［2］殷杰.塔河油田砂岩水平井堵水实践与认识［J］.吐哈油气，2007，12（4）：355-357.

［3］陈小凯.辽河油田水平井化学堵水技术研究与应用［D］.大庆：东北石油大学，2015.

［4］黄晓东，董海宽，邓永祥，等.海上油田高含水油藏水平井堵水实验研究［J］.科学技术与工程，
2014（25）：203-206.

［5］杨胜来，李新民，郎兆新，等.稠油注CO_2的方式及其驱油效果的室内实验［J］.石油大学学报（自
然科学版），2001，25（2）：62-64.

［6］庞进，孙雷，孙良田.WC54井区CO_2吞吐强化采油室内实验研究［J］.特种油气藏，2006（4）：
86-88.

［7］李兆敏，张超，李松岩，等.非均质油藏CO_2泡沫与CO_2交替驱提高采收率研究［J］.石油化工高
等学校学报，2011，24（6）：1-5.

［8］庞进，孙雷，孙良田，等.注伴生富化气近混相多级接触驱替机理研究［J］.西南石油大学报（自然
科学版），2007，29（1）：88-91.

［9］马桂芝，陈仁保，张立民，等.南堡陆地油田水平井二氧化碳吞吐主控因素［J］.特种油气藏，2013
（5）：81-85，154.

［10］张娟，张晓辉，张亮，等.水平井CO_2吞吐增油机理及影响因素［J］.油田化学，2017，34（3）：
475-481.

［11］唐锡元.文留油田二氧化碳吞吐采油方案研究［D］.北京：中国地质大学（北京），2006.

［12］王嘉淮，刘延强，杨振杰，等.水平井出水机理研究进展［J］.特种油气藏，2010，17（1）：6-10.

［13］宋显民，吴双亮，胡慧莉，等.浅层常规稠油油藏筛管完井水平井高含水综合治理技术［J］.石油
天然气学报，2020（3）：143-154。

［14］肖国华，付小坡，王金生，等.水平井预置速凝堵剂管外封窜技术［J］.特种油气藏，2018（6）：
34-38.

［15］陈小凯.辽河油田水平井化学堵水技术研究与应用［D］.大庆：东北石油大学，2015.

［16］何磊.水平井环空化学封隔定位堵水剂的合成及性能评价［D］.荆州：长江大学，2016.

［17］于永生，齐行涛，廖翰明.水平井出水段高强度封堵配套工艺技术［J］.钻井液与完井液，2016，
33（5）：124-128.

［18］Wigand M，Carey J W. Geochemical effects of CO_2 sequestration in sandstones under simulated in situ
conditions of deep saline aquifers［J］. Applied Geochemistry，2008，23（9）：2735-2745.

［19］Suzanne J T H，Christopher J S. Reaction of plagioclase feldspars with CO_2 under hydrothermal conditions
［J］. Chemical Geology，2009，265（1-2）：88-98.

第五章 二氧化碳吞吐配套工艺技术

二氧化碳吞吐注采配套工艺涉及注采管柱、防腐、动态监测、QHSE 等相关内容。虽然我国在二氧化碳吞吐及气驱采油、氮气采油及天然气采油技术的应用研究上取得了可喜成果，并积累了一些实践经验，但是由于多方面原因，二氧化碳吞吐配套技术尚未成熟，为满足生产需要，冀东油田组织开展了比较系统的研究，本章主要阐述研究进展与成果，供广大油田开发工作者参考。

第一节 二氧化碳吞吐注采管柱及工艺

一、注采管柱结构设计

采用二氧化碳吞吐生产一体化管柱。

设计原则：在不动管柱情况下，提供正注、反注通道，满足二氧化碳注入、堵剂注入、焖井、放喷、生产等各个环节的需要。

1. 实现二氧化碳反注的管式泵注采管柱

二氧化碳反注的管式泵注采工艺，主要利用现有的井下管式泵管柱从环空注入二氧化碳，吞吐过程中井内原有管式抽油泵留在井里。（1）罐车将液态二氧化碳拉至井口，用柱塞泵将二氧化碳从油套环空注入井内；（2）为防止油管因液体结冰冻裂，采用油管排液方法；（3）注入完成后，焖井；（4）焖井结束后，通过油套环空放喷排出气体，重新启动井内管式泵即可采油。

2. 实现二氧化碳正注的杆式泵注采管柱

二氧化碳正注的杆式泵注采管柱，主要利用杆式泵体上提提出外套时形成的正注通道，从油管注入二氧化碳，吞吐过程中井内杆式抽油泵留在井里。（1）复合吞吐时，将堵剂从环空注入地层；（2）罐车将液态二氧化碳拉至井口，上提泵活塞出泵筒，将二氧化碳从油管注入井内；（3）注入完成后，焖井；（4）焖井结束后，通过油套环空放喷排出气体，下放泵活塞至泵筒内，重新启动井内管式泵采油。

二、油管选择

1. 油管扣型选择

比较常用的油管扣型有平扣、BGT 扣和 FOX 扣。不同拉力、不同温度条件下，三种扣型的气密封承压能力为 FOX 扣＞BGT 扣＞平扣；常温 20℃无拉力条件下，气密封的承压能力为平扣 24.8MPa、BGT 扣 45.32MPa、FOX 扣 75.1MPa。随着拉力增加，三种扣型的气密封承压能力均不同程度降低，平扣气密封承压能力降低值相对最大，BGT 扣和 FOX 扣的降低值较小。

不同交变载荷条件下，随载荷施加次数增加，三种扣型油管的承压能力均不同程度降低，气密封承压能力顺序为 FOX 扣＞BGT 扣＞平扣，交变载荷对 FOX 扣气密封影响最小。交变载荷次数对平扣油管承压能力的影响较为显著，在轴向拉力和上扣扭矩的共同作用下，平扣由于其自身螺纹缺陷，上扣后螺纹应力分布不均匀，部分啮合螺纹应力大于屈服强度，承压能力较差；BGT 扣油管金属与金属之间的主密封采用柱面、球面密封结构形式，并增加了扭矩台肩的辅助密封，在交变载荷和拉力作用下，气密封性能仍能保持较为理想的状态，其承压能力为 32.685MPa；由于 FOX 扣油管采用了改进的 API 偏梯形螺纹和球面对球面金属密封，该密封球面同时还起着扭矩台肩的作用，提高了接头的抗过扭矩紧螺纹能力，其最终承压能力为 73.366MPa，并没有发生明显变化。冀东油田多用平扣、BGT 扣。

2. 油管尺寸优选

注气井油管设计中，若对油管冲蚀考虑不够，或受井身结构限制不能下大直径油管，气体在管内流动时会发生冲蚀／腐蚀。产生明显冲蚀／腐蚀作用的流速称为冲蚀流速，有时也称为临界流速或极限流速。工程实践中，流速往往是唯一可控的力学指标，控制了流速就可控制由冲蚀／腐蚀引起的管壁减薄。GB/T 23803—2009《石油和天然气工业 海上生产平台管道系统的设计和安装》给出了两相流（气／液）管道中冲蚀极限速度。

$$v_e = \frac{C}{\sqrt{\rho_g}} \qquad (5.1.1)$$

式中　v_e——冲蚀速度，m/s；

　　　C——经验常数，若流速在临界速度以内，则可控制腐蚀的速度，C 值取值范围为
　　　　　$105 \sim 200$；

　　　ρ_g——气体密度，kg/m³。

$$\rho_g = 3484.4 \frac{\gamma_g p}{ZT} \qquad (5.1.2)$$

式中　γ_g——混合气体的相对密度；

　　　p——油管流动压力，MPa；

　　　Z——气体偏差因子；

　　　T——气体绝对温度，K。

若令 $C=120$，并将式（5.1.2）代入式（5.1.1），则：

$$v_e = 2.0329 \left(\frac{ZT}{\gamma_g p} \right)^{0.5} \tag{5.1.3}$$

依据注气井井口处的气流速度，计算注气井是否满足冲蚀条件。井口处油管的冲蚀流速与气井相应的冲蚀流量和油管内径的关系式如下：

$$v_e = 1.4736 \times 10^5 \frac{q_e}{d^2} \tag{5.1.4}$$

式中　q_e——气井井口处的冲蚀流量，$10^4 m^3/d$；

　　　d——油管内径，mm。

整理上面各式得：

$$q_e = 1.3794 \times 10^{-5} \left(\frac{ZT}{\gamma_g p} \right)^{0.5} d^2 \tag{5.1.5}$$

据井口处冲蚀流量与地面标准条件下体积流量的关系式：

$$q_{max} = \frac{Z_{sc}T_{sc}}{p_{sc}} \frac{p}{ZT} q_e \tag{5.1.6}$$

当地面标准条件为 $p_{sc}=0.101MPa$，$T_{sc}=293K$，$Z_{sc}=1.0$，则有：

$$q_{max} = 0.04 \left(\frac{p}{ZT\gamma_g} \right)^{0.5} d^2 \tag{5.1.7}$$

将式（5.1.7）变形得出注气条件下油管内径表达式：

$$d = \sqrt{\frac{25 q_{max} \sqrt{ZT\gamma_g}}{\sqrt{p}}} \tag{5.1.8}$$

式中　q_{max}——地面标准条件下注气井受冲蚀流速约束确定的注气量，$10^4 m^3/d$。

根据式（5.1.8），采用天然气作为冲蚀注入气，制作了在注气量为 $5000m^3/d$、$15000m^3/d$、$25000m^3/d$、$35000m^3/d$ 时的注气井油管敏感性分析图版（图 5.1.1），据此可确定为防止或减少冲蚀所需的最小油管内径（注：气体相对密度 γ_g 对油管内径影响可忽略不计，故天然气计算结果可代表其他气体）。

由图 5.1.1 可知，温度 0～100℃、注入压力 0～50MPa 条件下，发生冲蚀现象的油管内径极小，常用注气井油管都不会发生冲蚀作用。结合冀东油田实际，选用外径 73mm 油管；若采用连续油管注气，为满足测试要求，需外径至少 2.375in。

3. 油管钢级优选

依据 GB/T 19830—2017《石油天然气工业 油气井套管或油管用钢管》，结合安全系数优选注采井管柱钢级。

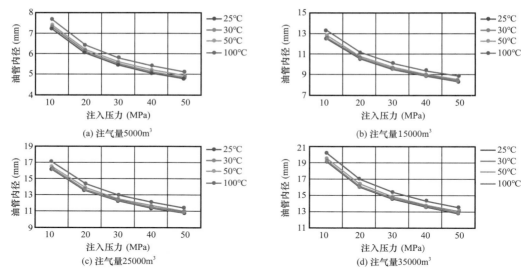

图 5.1.1　不同注气量下的油管敏感性分析图版

1）抗挤强度设计

不考虑管内液柱压力的抵消作用，油管有效外压力等于管外液柱压力。根据有效外压力选择钢级和壁厚，再按照式（5.1.9）计算抗内压安全系数。

$$S_c = \frac{p_c}{p_{ce}} \tag{5.1.9}$$

式中　S_c——抗挤安全系数；

　　　p_c——抗挤强度，MPa；

　　　p_{ce}——有效外挤压力，油管有效外挤压力等于套管外液柱压力，不考虑油管内液柱压力的抵消作用，MPa。

2）抗内压强度设计

油管井口有效内压力，按照试压时井口油管内压力考虑，井底油管有效内压力等于管内液柱压力加上井口压力，不考虑管外液柱压力的抵消作用。按照式（5.1.10）计算油管抗内压安全系数：

$$S_i = \frac{p_b}{p_{be}} \tag{5.1.10}$$

式中　S_i——抗内压安全系数；

　　　p_b——抗内压强度，MPa；

　　　p_{be}——有效内压力，MPa。

3）抗拉强度设计

根据选出的油管，计算该段油管顶部拉力，不考虑浮力作用。按式（5.1.11）计算油管抗拉安全系数：

$$S_t = \frac{T_o}{T_e} \qquad\qquad (5.1.11)$$

式中 S_t——抗拉安全系数；

T_o——抗拉强度，kN；

T_e——有效拉力，kN。

AQ 2012—2007《石油天然气安全规程》规定，抗挤安全系数 1.0～1.125；抗内压安全系数 1.05～1.25；三轴安全系数 1.25；抗拉安全系数 1.60 以上。

4）油管钢级筛选

基于不同钢级条件下的相关安全系数，使用有关软件优选油管钢级。

（1）N80 钢级油管强度分析。

由图 5.1.2 可知，抗内压标准安全系数 1.125 时，N80 钢级油管满足各井抗内压安全系数要求。

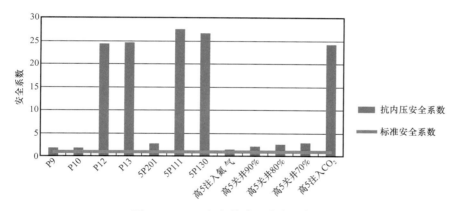

图 5.1.2 N80 钢级抗内压安全系数图

由图 5.1.3 可知，抗外挤标准安全系数 1.1 时，N80 钢级油管满足各井抗外挤安全系数要求。

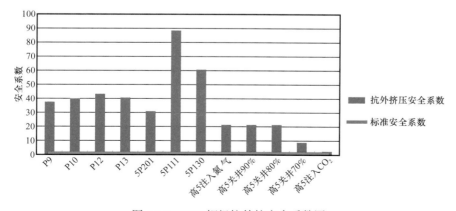

图 5.1.3 N80 钢级抗外挤安全系数图

由图 5.1.4 可知，抗拉标准安全系数 1.6 时，N80 钢级油管不满足高 5 区块注二氧化碳需要，但满足其他中浅层区块注入要求。

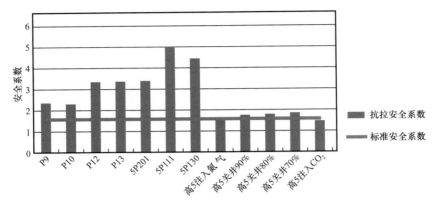

图 5.1.4　N80 钢级抗拉安全系数图

基于以上分析，N80 钢级满足中浅层油藏注气时的强度要求；对于高 5 等深层油藏，因为其地层温度高、地层压力大，N80 钢级不满足强度要求。

（2）13Cr 钢级油管强度分析。

鉴于 N80 钢级油管不满足深层油藏注气时的强度要求，首先分析了 P110 钢级油管预计使用的耐受情况，对于抗内压标准安全系数 1.125，选用 P110 钢级油管，各井抗内压安全系数均符合要求。由于注二氧化碳时腐蚀严重，P110 钢级预计使用寿命较短，故开展了 13Cr 钢级油管强度分析。

由图 5.1.5 可知，抗内压标准安全系数 1.125，13Cr 钢级油管满足抗内压的强度要求。

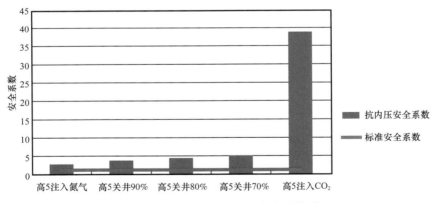

图 5.1.5　13Cr 钢级抗内压安全系数图

由图 5.1.6 可知，抗外挤标准安全系数 1.1，13Cr 钢级油管满足抗外挤的强度要求。

由图 5.1.7 可知，抗拉标准安全系数 1.6，13Cr 钢级油管满足抗拉强度要求。

基于以上分析认为：13Cr 钢级满足高 5 等深层油藏高压注入时的强度要求，同时满足防腐要求。

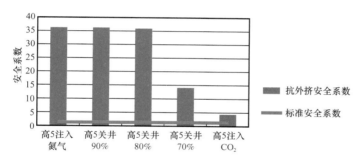

图 5.1.6　13Cr 钢级抗外挤安全系数图

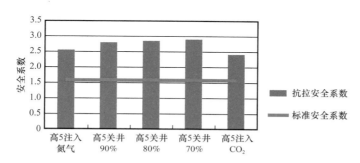

图 5.1.7　13Cr 钢级抗拉安全系数图

三、井筒温度场、压力场和气液流速场分析

根据不同区块注气参数条件，预测注气井温度场与压力场。研究过程中，采用已有工业化软件预测模型，导入井斜数据，设置井身结构参数，输入井的具体变量参数，计算井筒温压场。计算结果显示，在距井口位置较近区域，井筒温度随井深增加而呈现下降趋势，井深继续增加，井筒温度逐渐升高；水平段以前的井筒压力随井深增加而增加，水平段井筒温度、压力趋于一致。

1. 建立井筒温度、压力预测模型

1）稳态管流模型基本方程

将气井井筒管流问题考虑为一维稳态流问题。取地面为坐标原点，沿管线向下的方向为坐标轴 z 正向，建立坐标系，如图 5.1.8 所示。θ 为管线与水平方向夹角。质量、动量和能量守恒方程如下（均采用国际单位）：

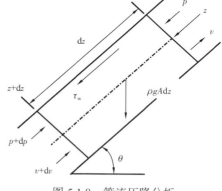

图 5.1.8　管流压降分析

质量守恒方程如下：

$$\rho \frac{\mathrm{d}v}{\mathrm{d}z} + v \frac{\mathrm{d}\rho}{\mathrm{d}z} = 0 \tag{5.1.12}$$

动量守恒方程如下：

$$\frac{dp}{dz} = \rho g \sin\theta - f\frac{\rho v|v|}{2d} - \rho v\frac{dv}{dz} \qquad (5.1.13)$$

能量守恒方程如下：

$$q + A\rho v\left(\frac{dh}{dz} + \frac{vdv}{dz} - g\right) = 0 \qquad (5.1.14)$$

状态方程如下：

$$\rho = \rho(p,T) \qquad (5.1.15)$$

式中　ρ——流体密度，kg/m^3；

　　　v——流速，m/s；

　　　z——深度，m；

　　　p——压力，Pa；

　　　g——重力加速度，取 $9.81 m/s^2$；

　　　θ——井斜角，（°）；

　　　f——摩阻系数；

　　　d——管子内径，m；

　　　q——单位长度控制体在单位时间内的热损失，J/（m·s）；

　　　h——比焓，J/kg；

　　　A——流通截面积，m^2；

　　　T——温度，K。

比焓梯度由式（5.1.16）计算：

$$\frac{dh}{dz} = C_p\frac{dT}{dz} - C_p\alpha_{JT}\frac{dp}{dz} \qquad (5.1.16)$$

式中　C_p——流体的定压比热，J/（kg·K）；

　　　α_{JT}——焦耳—汤姆孙系数，K/Pa。

对于气体，焦耳—汤姆孙系数由式（5.1.17）计算：

$$\alpha_{JT} = \left(\frac{\partial T}{\partial p}\right)_h = \frac{1}{C_p}\frac{1}{\rho}\frac{T}{Z_g}\frac{\partial Z_g}{\partial T} \qquad (5.1.17)$$

式中　Z_g——气体偏差系数。

$$\frac{1}{\sqrt{f}} = 1.14 - 2\lg\left(\frac{e}{d} + \frac{21.25}{Re^{0.9}}\right) \qquad (5.1.18)$$

式中　e——绝对粗糙度，m；

　　　Re——雷诺数。

2）井筒径向传热

常用完井方式有裸眼完井和射孔完井，前者井底无油层套管和尾管，后者井底有油层套管或尾管。两者在井底的传热模型略有差别。包含油层套管或尾管的井筒传热模型适用于射孔完井和裸眼完井的裸眼段以上部分；不含油层套管和尾管的井筒传热模型适用于裸眼完井的裸眼段部分。

套管井径向传热物理模型如图 5.1.9 所示。主要假设条件：井筒内传热为稳定传热；地层内传热为不稳定传热且服从 Ramey 推荐的无量纲时间函数；油套管同心。

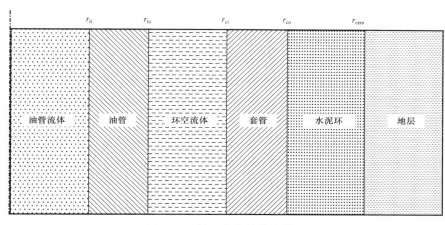

图 5.1.9　第一类井筒传热模型

由稳定传热规律得：

$$q = 2\pi r_{to} U_{to} \left(T_f - T_{wb} \right) \tag{5.1.19}$$

由不稳定传热规律得：

$$q = \frac{2\pi r_e \left(T_{wb} - T_{ei} \right)}{f\left(t_D \right)} \tag{5.1.20}$$

由此可得：

$$q = \frac{2\pi r_{to} U_{to} k_e}{r_{to} U_{to} f\left(t_D \right) + k_e} \left(T_f - T_{ei} \right) \tag{5.1.21}$$

$$T_{ei} = T_0 + g_e z; \quad t_D = \alpha t / r_{cem}^2; \quad \alpha = k_e / \left(\rho_e c_e \right) \tag{5.1.22}$$

式中　r_{to}——油管外径，m；

　　　r_e——井筒半径，m；

　　　U_{to}——总传热系数，W/（m·K）；

T_f——流体温度，K；

T_{wb}——井壁温度，K；

T_{ei}——地层原始温度，K；

k_e——地层传热系数，W/（m·K）；

$f(t_D)$——无量纲时间函数；

T_0——井口温度，K；

g_e——地温梯度，℃/100m；

t——时间，d；

r_{cem}——水泥环半径，m；

ρ_e——地层密度，kg/cm^3；

c_e——地层比热，J/（g·K）。

（1）无量纲时间函数 $f(t_D)$ 的计算。

对于 $t_D \leqslant 100$（一般注入时间 $t < 7d$），无量纲时间函数 $f(t_D)$ 随无量纲时间和无量纲量 $r_{to}U_{to}/k_e$ 的变化关系由表 5.1.1 确定。

表 5.1.1　无量纲时间函数表

t_D	$R_{to}U_{to}/k_e$												
	0.01	0.02	0.05	0.1	0.2	0.5	1.0	2.0	5.0	10	20	50	100
0.1	0.313	0.313	0.314	0.316	0.138	0.323	0.330	0.345	0.373	0.396	0.417	0.433	0.438
0.2	0.423	0.423	0.424	0.427	0.430	0.439	0.452	0.473	0.511	0.538	0.568	0.572	0.578
0.5	0.616	0.617	0.619	0.623	0.629	0.644	0.666	0.698	0.745	0.772	0.790	0.802	0.806
1.0	0.802	0.803	0.806	0.811	0.820	0.842	0.872	0.910	0.958	0.984	1.000	1.010	1.010
2.0	1.020	1.020	1.030	1.040	1.050	1.080	1.110	1.150	1.200	1.220	1.240	1.240	1.250
5.0	1.360	1.370	1.370	1.380	1.400	1.440	1.480	1.520	1.560	1.570	1.580	1.590	1.590
10.0	1.650	1.660	1.660	1.670	1.690	1.730	1.770	1.810	1.840	1.860	1.860	1.870	1.870
20.0	1.960	1.970	1.970	1.990	2.000	2.050	2.090	2.120	2.150	2.160	2.160	2.170	2.170
50.0	2.390	2.390	2.400	2.420	2.440	2.480	2.510	2.540	2.560	2.570	2.570	2.570	2.580
100	2.730	2.730	2.740	2.750	2.770	2.810	2.840	2.860	2.880	2.890	2.890	2.890	2.890

对于 $t_D > 100$（一般注入时间为 7d 以上），无量纲时间函数 $f(t_D)$ 可由式（5.1.23）计算：

$$f(t_D) = \frac{1}{2}\ln(t_D) + 0.4035 \tag{5.1.23}$$

（2）井眼传热系数 U_{to} 的确定。

由传热机理导出井眼传热系数为：

$$\frac{1}{U_{to}} = \frac{r_{to}}{r_{ti}h_t} + \frac{r_{to}\ln(r_{to}/r_{ti})}{k_t} + \frac{1}{h_c} + \frac{r_{to}\ln(r_{co}/r_{ci})}{k_{cas}} + \frac{r_{to}\ln(r_{cem}/r_{co})}{k_{cem}}$$ （5.1.24）

式中　h_t——油管内流体热对流系数，W/（m·K）；

　　　h_c——环空流体热对流系数，W/（m·K）；

　　　k_t——油管导热系数，W/（m·K）；

　　　k_{cas}——套管导热系数，W/（m·K）；

　　　k_{cem}——水泥环导热系数，W/（m·K）；

　　　r_{ti}，r_{to}——油管内径、外径，m；

　　　r_{ci}，r_{co}——套管内径、外径，m；

　　　r_{cem}——水泥环半径，m。

裸眼井径向传热物理模型如图 5.1.10 所示，假设条件同套管井径向传热物理模型。

传热计算公式为：

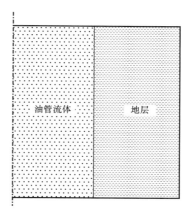

$$q = \frac{2\pi k_e(T_f - T_{ei})}{f(t_D)}$$ （5.1.25）

无量纲时间函数的计算也同第一种情况一样处理。

将比焓梯度代入能量方程，结合实际流体状态方程可得到含四个待求未知量 p、T、v、ρ 的方程组，方程个数等于未知量个数，方程组封闭。再加上定解条件就可计算出井筒流体压力、温度、流速及密度沿井深的分布。

图 5.1.10　裸眼井径向传热物理模型

3）求解方法

将待求的四个未知量 p、T、v、ρ 记为 y_i（i=1，2，3，4），方程组总可以化成相应的梯度方程的形式，F_i 为右函数：

$$\frac{dy_i}{dz} = F_i(z, y_1, y_2, y_3, y_4), i = 1, 2, 3, 4$$ （5.1.26）

起点位置 z_0 的函数值 $y_i(z_0)$ 记为 y_i^0，取步长为 h，节点 $z_1 = z_0 + h$ 处的解可用四阶龙格—库塔法表示为：

$$y_i^1 = y_i^0 + \frac{h}{6}(a_i + 2b_i + 2c_i + d_i), i = 1, 2, 3, 4$$ （5.1.27）

其中

$$a_i = F_i(z_0, y_1^0, y_2^0, y_3^0, y_4^0)$$

$$b_i = F_i \left(z_0 + \frac{h}{2}, \quad y_1^0 + \frac{h}{2}a_1, \quad y_2^0 + \frac{h}{2}a_2, \quad y_3^0 + \frac{h}{2}a_3, \quad y_4^0 + \frac{h}{2}a_4 \right)$$

$$c_i = F_i \left(z_0 + \frac{h}{2}, \quad y_1^0 + \frac{h}{2}b_1, \quad y_2^0 + \frac{h}{2}b_2, \quad y_3^0 + \frac{h}{2}b_3, \quad y_4^0 + \frac{h}{2}b_4 \right)$$

$$d_i = F_i \left(z_0 + h, \quad y_1^0 + hc_1, \quad y_2^0 + hc_2, \quad y_3^0 + hc_3, \quad y_4^0 + hc_4 \right)$$

若未达到预计深度，再将节点的计算值作为下一步计算的起点值，重复上述步骤，如此连续向前推算直到预计深度。上述计算过程同时输出沿井深各节点流动气体的压力、温度、流速和密度。

2. 注二氧化碳井筒温度场、压力场和气液流速场分析

井筒内注二氧化碳流体期间的温度及压力模拟，考虑了井身结构（图5.1.11）、泵压、地温梯度、注入流量、地表温度因素，通过计算获取整个井筒内部的压力与温度分布，基于高5区块典型井的取值见表5.1.2。

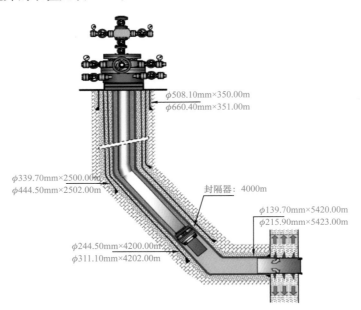

图 5.1.11　高 5 区块典型井井身结构图

表 5.1.2　注气期间温度、压力模拟参数表

目标井	泵压 （MPa）	地层导热系数 ［W/（m·K）］	地温梯度 （℃/100m）	注入流量 （t/d）	地表温度 （℃）
高 5 区块典型井	3	1.9	2.79	112	12.6

根据已知参数得到高 5 区块典型井井筒温度的分布情况（图 5.1.12），由图 5.1.12 可见，井筒温度随井深增加而增加。

根据已知参数得到高 5 区块典型井井筒压力分布情况（图 5.1.13），由图 5.1.13 可见，注气阶段井口压力为注入泵压 3MPa，井筒压力随井深的增加而增加，在水平段压力趋于一致。

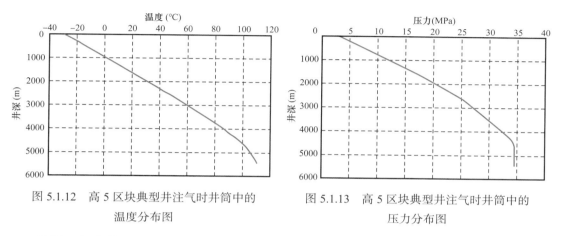

图 5.1.12　高 5 区块典型井注气时井筒中的
温度分布图

图 5.1.13　高 5 区块典型井注气时井筒中的
压力分布图

根据已知参数得到高 5 区块典型井井筒流速的分布情况（图 5.1.14），注气阶段井筒流速分布为 0.4～0.8m/s。

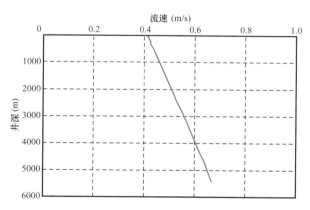

图 5.1.14　高 5 区块典型井注气时井筒中的流速分布图

第二节　二氧化碳吞吐防腐技术及评价

针对冀东油田高含水油藏二氧化碳协同吞吐规模化应用的需要，系统开展了管柱材质模拟腐蚀实验、井筒腐蚀机理、管柱防腐措施研究，形成了有效防腐技术，优化了管柱结构设计。

一、模拟腐蚀实验

1. 实验方法及内容

1）实验材料

实验标准参照 JB/T 6073—1992《金属覆盖层 实验室全浸腐蚀试验》执行。（1）实验材质为 N80、3Cr、P110 钢材，分别加工成 30mm×15mm×3mm 尺寸的长方体失重挂片测试试样（共 300 片），每种材质取 3 个平行试样测试腐蚀速率。（2）高温高压反应釜内介质为模拟地层水、硫化氢、氮气、二氧化碳。（3）实验所用药品主要有无水乙醇、石油醚、硫化氢、二氧化碳、氮气等（表 5.2.1）。

表 5.2.1　主要实验药品

名称	纯度
乙醇	分析纯
石油醚	分析纯
二氧化碳	>99.99%
硫化氢	>99.99%
氮气	>99.99%

高温高压反应釜（图 5.2.1）：最大密封工作压力 70MPa、最高工作温度 200℃、容积 5.5L。

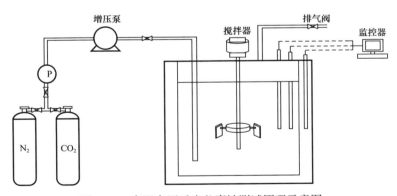

图 5.2.1　高温高压反应釜腐蚀测试原理示意图

循环流动高温高压釜（图 5.2.2）：最大密封工作压力 70MPa、最高工作温度 200℃、容积 8L、可模拟的最高流速超过 8m/s。

2）实验步骤

（1）试片准备：对于每组实验，3 种钢材分别取 3 个试片为一组、每组取 1 个做表面形貌分析。清洗试样，冷风吹干，置于干燥皿中干燥 2h（去除试样残留的水蒸气），取出试样称重并系挂于试片架上，准备实验。（2）高温高压釜准备：充分清洗后将试片系挂在试片夹具上，在釜中加入 1.5L 除氧后的模拟地层水，密封釜并通入 N_2 除氧 30min。（3）升温升压：装釜后，关闭出气阀，升温至实验温度后，向釜内通入实验模拟工况条件下的硫化氢、二氧化碳和氮气，关闭进气阀门，实验 72h。（4）降温降压，取釜及试件处理和数据分析：实验结束后，关闭电源，打开排气阀门排除实验气体、泄压，取出试片夹具和试片，清洗试片，总结分析实验结果。

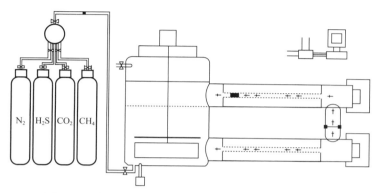

图 5.2.2　循环流动高温高压釜动态腐蚀测试原理示意图

2. 不同温度下的腐蚀实验结果

1）气相环境中温度对 3Cr、N80 和 P110 三种钢材腐蚀速率的影响

依据失重法测得的三种钢材的腐蚀数据（二氧化碳含量为 10%，H_2S 含量 8.8mg/m³，总压 20MPa，40～120℃范围内）见表 5.2.2，随温度升高，腐蚀速率先升后降且均在 90℃时达到最大值，远大于极严重腐蚀指标（0.25mm/a）。

表 5.2.2　气相介质中不同材质在不同温度下的腐蚀速率

材料	气相腐蚀速率（mm/a）			
	40℃	60℃	90℃	120℃
3Cr	0.1551	0.3390	0.4699	0.1235
N80	0.3276	0.7025	0.8265	0.1736
P110	0.3549	0.7666	0.8934	0.1846

2）液相环境中温度对 3Cr、N80 和 P110 三种钢材腐蚀速率的影响

依据失重法测得的三种钢材的腐蚀数据（二氧化碳含量为 10%，H_2S 含量 8.8mg/m³，总压 20MPa，40～120℃范围内）见表 5.2.3，随温度升高，腐蚀速率先升后降且均在 90℃时达到最大值，远大于极严重腐蚀指标（0.25mm/a）。

表 5.2.3　液相介质中不同材质在不同温度下的腐蚀速率

材料	液相腐蚀速率（mm/a）			
	40℃	60℃	90℃	120℃
3Cr	0.0722	0.3149	0.4179	0.1008
N80	0.1224	0.6990	0.7448	0.1143
P110	0.1349	0.7345	0.8388	0.1657

3. 不同压力下的腐蚀实验结果

1）气相环境中不同注入压力套管钢腐蚀速率和腐蚀影响规律分析

汇总气相下注入压力 20～35MPa（含二氧化碳浓度 5%、10%、15%）时套管钢腐蚀速率的数据见表 5.2.4，注入压力 35MPa、二氧化碳含量 5% 时，三种钢材的腐蚀速率均达到最大，且远大于极严重腐蚀指标（0.25mm/a）。

表 5.2.4　气相时不同注入压力下油套管钢腐蚀速率表

材质	气相腐蚀速率（mm/a）								
	20MPa（5%）	25MPa（5%）	30MPa（5%）	35MPa（5%）	20MPa（10%）	25MPa（10%）	30MPa（10%）	35MPa（10%）	35MPa（15%）
3Cr	0.1667	0.3072	0.4345	0.5143	0.4699	0.4033	0.3657	0.3101	0.2895
N80	0.2894	0.4799	0.7064	0.8775	0.8265	0.6734	0.5494	0.4344	0.4132
P110	0.3553	0.5628	0.7925	0.9433	0.8934	0.7424	0.5967	0.4876	0.4652

2）液相环境中不同注入压力套管钢腐蚀的影响规律分析

汇总液相环境中注入压力 20～35MPa（含二氧化碳浓度 5%、10%、15%）时套管钢腐蚀速率的数据见表 5.2.5，注入压力 35MPa、二氧化碳含量 5% 时，三种钢材的腐蚀速率均达到最大，且均远大于极严重腐蚀指标（0.25mm/a）。

表 5.2.5　液相时不同注入压力油套管钢下腐蚀速率表

材质	液相腐蚀速率（mm/a）								
	20MPa（5%）	25MPa（5%）	30MPa（5%）	35MPa（5%）	20MPa（10%）	25MPa（10%）	30MPa（10%）	35MPa（10%）	35MPa（15%）
3Cr	0.1256	0.2663	0.3976	0.4779	0.4179	0.3722	0.3144	0.2600	0.2314
N80	0.2510	0.4435	0.6493	0.7974	0.7448	0.6038	0.4878	0.3870	0.3502
P110	0.3245	0.5447	0.7617	0.8876	0.8388	0.6991	0.5563	0.4289	0.3956

二、井筒腐蚀机理

1. 腐蚀机理

二氧化碳为腐蚀性气体，吞吐过程中，油套管及井下工具腐蚀是最常见的现象，因此其机理研究就非常必要。

二氧化碳腐蚀类型主要包括局部腐蚀和均匀腐蚀。（1）局部腐蚀：包括点蚀、台面状腐蚀和流动诱使局部腐蚀等，易导致油套管刺穿，是目前油套管的主要破坏和失效形式。该类腐蚀主要与二氧化碳腐蚀环境中油套管表面生成的腐蚀产物膜关系密切，腐蚀介质流速和管材成分也会影响腐蚀程度，目前仍然不能对其腐蚀速率作出准确判断和预测。（2）均匀腐蚀：当二氧化碳以均匀腐蚀形式存在时，油套管裸露部分的全部或大部分面积均匀地受到腐蚀破坏，导致管材强度和壁厚降低，容易发生管柱失效。均匀腐蚀主要受油套管表面形成的腐蚀产物膜控制，同时也受腐蚀环境中二氧化碳分压、温度、腐蚀介质流速、腐蚀介质 pH 值，以及管材中合金元素含量影响[1]。

二氧化碳腐蚀作用主要通过其溶于水溶液形成的碳酸引起电化学腐蚀所致。钢材表面遇到含二氧化碳水溶液时很容易生成腐蚀产物膜或沉积一层垢。当这层膜或垢较为致密时，可作为抑制钢材持续腐蚀的物理屏障；当这层膜或垢为不致密结构时，垢下的金属便会形成缺氧区，很容易与周围的富氧区形成一个氧浓差电极，缺氧区内钢材因缺氧电位较负而发生阳极铁溶解，形成一个小阳极，最后与垢外大面积阴极区形成了小阳极大阴极的腐蚀电池，促进了腐蚀产物膜或垢下钢材的腐蚀作用[2]。二氧化碳腐蚀机理和规律认识逐渐趋于成熟，一般认为其腐蚀过程反应如下：

二氧化碳溶解于水溶液后形成碳酸：

$$CO_2 + H_2O \longrightarrow H_2CO_3 \qquad (5.2.1)$$

水溶液中的 H_2CO_3 进行两步电离：

$$H_2CO_3 \longrightarrow H^+ + HCO_3^- \qquad (5.2.2)$$

$$HCO_3^- \longrightarrow H^+ + CO_3^{2-} \qquad (5.2.3)$$

钢材在 H_2CO_3 溶液中发生电化学腐蚀：

$$2H^+ + Fe \longrightarrow Fe^{2+} + H_2 \qquad (5.2.4)$$

$$Fe^{2+} + CO_3^{2-} \longrightarrow FeCO_3 \qquad (5.2.5)$$

其总腐蚀反应为：

$$CO_2 + H_2O + Fe \longrightarrow FeCO_3 + H_2 \qquad (5.2.6)$$

还有学者认为腐蚀过程中会有中间产物 $Fe(OH)_2$ 存在，然后才生成腐蚀产物 $FeCO_3$，钢材在碳酸氢盐介质溶液中的化学反应按下列步骤进行：

$$Fe + 2H_2O \longrightarrow Fe(OH)_2 + 2H^+ + 2e^- \qquad (5.2.7)$$

$$Fe + HCO_3^- \longrightarrow FeCO_3 + H^+ + 2e^- \qquad (5.2.8)$$

$$Fe(OH)_2 + HCO_3^- \longrightarrow FeCO_3 + H_2O + OH^- \qquad (5.2.9)$$

$$FeCO_3 + HCO_3^- \longrightarrow Fe(CO_3)_2^{2-} + H^+ \qquad (5.2.10)$$

由于实验设定条件的差异，缺乏有关二氧化碳腐蚀中间产物的有效验证，这些原因导致对二氧化碳腐蚀机理和规律的认识存在异议。此外，二氧化碳的腐蚀机理和规律随环境因素和材质成分不同而发生变化，使得二氧化碳环境中的钢材腐蚀机理变化多样。

2. 影响因素分析

影响冀东油田各区块二氧化碳腐蚀环境的因素主要有温度、溶液化学性质、介质流速、溶液 pH 值、二氧化碳分压[3-4]。

1）温度

温度对钢材的二氧化碳腐蚀影响是重要且复杂的，高温可加快电化学反应速率。随温度升高，Fe^{2+} 溶蚀速度加快，从而加速了腐蚀。随温度升高，Fe_3O_4 的溶解度降低，其沉淀速率增大，有利于保护膜的形成，因此造成了温度对腐蚀的影响错综复杂。在油气井中，点腐蚀易发生的温度是 80～90℃，露点和凝聚条件对其起决定性作用。

2）介质流速

介质流速是影响二氧化碳对钢铁腐蚀的一个重要因素，它会产生一个阻碍钢铁表面保护膜形成的切向作用力，破坏已形成的保护膜，使其处于裸露状态而加剧腐蚀，同时加快腐蚀介质到达金属表面的速率，增加腐蚀速度。在材料内壁不光滑或者材料弯曲的情况下，某点处流速可能远高于整体流速，而且可能出现紊流，造成点蚀或者局部腐蚀。介质流动出现湍流是导致流动诱发局部腐蚀的主要原因，表现为湍流破坏了表面形成的腐蚀产物沉积膜，在湍流情况下，表面很难再形成保护性膜。实际经验和室内实验发现，腐蚀速率随流速增加而加快，导致严重局部腐蚀。

3）pH 值

在强酸溶液中，pH 值是介质腐蚀性的判断因素，但在二氧化碳溶液中不能用。二氧化碳在水中的溶解度很大，在分压 0.1MPa、25℃条件下，其溶解度是 3.5×10^{-2}mol/L，其中只有少部分会发生水合作用生成 H_2CO_3。所以，二氧化碳水溶液腐蚀性不由溶液 pH 值决定，主要由其浓度决定。实验表明，相同 pH 值条件下，二氧化碳水溶液腐蚀性高于HCl 水溶液。事实上，在分压为 0.1MPa 时，二氧化碳水溶液中 pH 值为 3.8，其腐蚀性和pH 值 1.5 的 HCl 水溶液相当。

4）二氧化碳分压

二氧化碳分压是影响二氧化碳腐蚀的直接因素。气相中的二氧化碳分压是预测二氧化碳腐蚀的关键，可通过其大小判断油气井中是否存在二氧化碳腐蚀。二氧化碳分压可通过井底流压与二氧化碳含量的乘积获得。表 5.2.6 给出了 NACE 和 API 规定的二氧化碳分压对腐蚀现象的影响，一般情况下二氧化碳腐蚀程度分为三个区间：（1）二氧化碳分压小于 0.021MPa，不存在腐蚀；（2）二氧化碳分压处于 0.021～0.21MPa 之间，属于中等腐蚀，可采取加药、涂层等防腐措施；（3）二氧化碳分压大于 0.21MPa，属于严重腐蚀，需采用特殊防腐材料。

表 5.2.6　油气井中二氧化碳腐蚀评价指标表

NACE（MPa）	API（MPa）	是否存在腐蚀现象
＜0.021	＜0.049	不存在腐蚀
0.021～0.21	0.049～0.21	可能存在腐蚀
＞0.21	＞0.21	严重腐蚀

取二氧化碳吞吐井 G104-5P10 井的油水样作为实验用样，模拟井下温度 60℃，测定不同二氧化碳分压条件下的腐蚀速率（图 5.2.3），结果表明，当二氧化碳分压达到 0.1MPa 时，腐蚀速率就超过标准要求的 0.076mm/a，随着二氧化碳分压升高，腐蚀速率增大，腐蚀加剧。

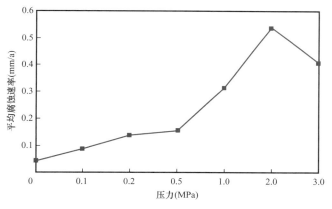

图 5.2.3　60℃时不同二氧化碳分压条件下腐蚀趋势图

三、二氧化碳吞吐套管剩余强度与服役性能评价

管柱强度研究主要包括管柱抗拉强度、抗外挤强度、抗内压强度及其安全系数，管柱剩余强度研究需考虑不同腐蚀速率的影响，油管柱的极限生产周期研究需考虑不同腐蚀程度和缓蚀效率的影响。

腐蚀速率较低的管柱，由于缓蚀剂的采用，可不考虑累计腐蚀造成的管柱壁减薄对管柱抗内压系、抗外挤系数、抗拉系数的影响，腐蚀速率较高的管柱则需要考虑不同腐蚀程度和不同缓蚀效率的累计腐蚀造成的管柱壁减薄对管柱抗内压系数、抗外挤系数、抗拉系数的影响。

1. 套管载荷分析

1）抗外挤载荷

套管外静液柱压力按下套管时井内钻井液密度计算，套管内全掏空。按照式（5.2.11）计算套管外挤压力。

$$p_o'=0.981\rho_m H \tag{5.2.11}$$

式中　　H——人工井底处井深，m；

ρ_m——套管外钻井液密度，g/cm^3；

p_o'——套管外钻井液液柱压力，MPa。

如果按上述套管内全掏空计算的抗挤安全系数不满足要求，在注水泥段的管外压力可按地层盐水柱压力计算，盐水密度为$1.07g/cm^3$。另外，对于盐岩、膏盐层对套管外挤压力的影响，应参照 SY/T 5724—2008《套管柱结构与强度设计》计算。

2）抗拉载荷

在套管强度和大钩额定负荷富裕的情况下，按空气中的重量计算套管轴向外载荷；如果精确计算轴向力，采用如下方法。

（1）套管自重产生的轴向力。

套管自重产生的轴向力在套管柱上由下向上逐渐增大，至井口处为最大。设套管柱由 n 段套管组成，则在第 i（$i=1，2，\cdots，n$，从下往上）段套管顶部轴向拉力按照式（5.2.12）计算。

$$T_i = \sum_{k=1}^{i} T_k = \sum_{k=1}^{i} q_k \times L_k \tag{5.2.12}$$

式中　　T_i——第 i 段套管顶部轴向拉力，kN；

T_k——第 k 段套管自重，kN；

L_k—— 第 k 段套管长度，m；

q_k—— 第 k 段每米套管重量，kN。

在井口处即 $T_i=T_n$，即为全部套管自重之和；在最下端一段套管顶部处，即为该段套管自重。式（5.2.12）可以方便地计算各段套管顶部处所承受的轴向拉力。

（2）浮力作用下的轴向力。

套管柱在井中受钻井液浮力作用，浮力计算公式如下：

$$F_i = p_i S_i \tag{5.2.13}$$

式中　　F_i——浮力，kN；

p_i——钻井液柱压力，MPa；

S_i——套管水平方向裸露面积，m^2。

（3）井眼弯曲产生的轴向力。

套管下入到有一定井斜和曲率变化的井内将引起弯曲。因弯曲作用而在套管截面上产生不均匀的轴向力可按式（5.2.14）计算。

$$T_d = E\theta\pi\, rA/\left(180\times10^6 L\right) \qquad (5.2.14)$$

式中　T_d——弯曲引起的附加轴向拉力，kN；

　　　E——钢的弹性模量，取 2.1×10^8 kPa；

　　　L——曲段长度，m；

　　　θ——全角变化率，（°）/m；

　　　r——弯曲段对应的曲率半径，m；

　　　A——套管截面积，cm^2。

　　为了简化计算，常用 25m 的井斜变化率代替空间全角变化率 θ，则式（5.2.14）变成式（5.2.15）。

$$T_d = 0.0733DA\alpha \qquad (5.2.15)$$

式中　D——套管外径，cm；

　　　A——套管截面积，cm^2；

　　　α——井斜变化率，（°）/25m。

　　在设计套管柱时，可由式（5.2.15）估算弯曲应力的作用。

（4）注水泥过程产生的轴向力。

　　在深井或超深井下大直径套管后注水泥过程中，当水泥浆密度比井内钻井液密度大得多时，在水泥浆返出套管鞋过程中，将使套管柱产生一个较大的附加轴向拉力。注水泥过程产生的轴向力可按式（5.2.16）估算。

$$T_c = h\left(\rho_c - \rho_m\right)d^2\pi/4000 \qquad (5.2.16)$$

式中　T_c——水泥浆与钻井液密度差产生的附加轴向拉力，kN；

　　　h——管内水泥浆柱高度，m；

　　　ρ_c——水泥浆密度，g/cm^3；

　　　ρ_m——钻井液密度，g/cm^3；

　　　d——套管内径，cm。

（5）其他附加轴向力。

　　其他附加轴向力包括注水泥碰压，下套管过程中冲击载荷产生的附加轴向力，与井壁摩擦产生的附加轴向力，固井以后装井口时上提套管力等。以上附加轴向力变化很大，在套管柱设计中一般都包括在安全系数中了。

　　3）抗内压载荷

（1）经验方法。

　　根据加拿大 IRP1—2004 标准，井口压力计算方法：对于气井垂深大于 1800m，井口套管内压载荷为最大地层压力乘以 0.85；对于气井垂深不大于 1800m，井口套管内压载荷为最大地层压力乘以 0.90。

（2）理论计算方法。

内压力计算也可以采用以下理论模型。

气井应按式（5.2.17）计算油管内压：

$$p_{bh} = \frac{p_{bs}}{e^{1.1155 \times 10^{-4}(H_s - H)G}} \qquad (5.2.17)$$

式中 p_{bh}——内压力，MPa；

H_s——产层中部的井深，m；

p_{bs}——产层中部的最大内压力，MPa；

H——计算点的井深，m；

G——天然气相对密度。

根据理想气体状态方程，井口压力与井底压力的关系可用式（5.2.18）近似表达：

$$p_s = p_b / e^{(0.000111554GH)} \qquad (5.2.18)$$

式中 p_s——井口压力，kPa；

p_b——井底压力，kPa；

H——井底深度，m；

G——天然气相对密度，如无资料，通常取甲烷气相对密度 0.55。

在高温高压气井设计中，需要根据井底压力预测井口关井压力和流动压力，其准确性影响油管、套管设计，以及地面装备选用和安全。在过去的实践中出现过实际井口关井压力和流动压力大于预测压力，致使地面设备不能安全工作等复杂情况。

2. 剩余强度模型

1）剩余抗拉强度

假设管柱受到的轴向拉力为 T，其轴向应力为 σ，则有 $T = \sigma S_0$。管柱的腐蚀速率为 v，服役时间为 t，则有管柱内径 $r = r_0 + vt$。

此时管柱横截面积：

$$S = \pi \left[R^2 - \left(r_0 + vt \right)^2 \right] / 4 \qquad (5.2.19)$$

轴向拉力 T：

$$T = \sigma S = \pi \sigma \left[R^2 - \left(r_0 + vt \right)^2 \right] / 4 \qquad (5.2.20)$$

管柱服役条件是轴向应力应小于材料的屈服强度，即：

$$\sigma_y > \sigma = \frac{T}{\pi \left[R^2 - \left(r_0 + vt \right)^2 \right] / 4} \qquad (5.2.21)$$

所以管柱的抗拉强度为：

$$T = \sigma_y S = \pi \sigma_y \left[R^2 - \left(r_0 + vt \right)^2 \right] / 4 \qquad (5.2.22)$$

式中　T——管柱轴向拉力，kN；

　　　t——管柱服役时间，a；

　　　v——管柱腐蚀速率，mm/a；

　　　σ——管柱服役时间 t 后轴向应力，MPa；

　　　S——管柱服役时间 t 后横截面积，cm^2；

　　　R——原始管柱外径，mm；

　　　r_0——原始管柱内径，mm；

　　　σ_y——管柱屈服强度，MPa。

2）管柱剩余抗内压强度

壁厚 δ 的管柱受到内压力 p_i 时，其周向应力 $\sigma = p_i R / (2\sigma)$，当管柱腐蚀时间 t 后，其周向应力：

$$\sigma = \frac{p_i R}{2(\delta - vt)} \qquad (5.2.23)$$

当管柱周向应力 σ 大于管柱屈服强度 σ_y 时，管柱失效，因此可得到管柱抗内压强度：

$$p_{bo} = \frac{2\sigma_y (\delta - vt)}{R} \qquad (5.2.24)$$

3）管柱剩余抗挤强度

设管柱受到的外挤力为 p_o，则管柱受到的外挤应力为：

$$\sigma = \frac{p_o}{2} \left[\frac{(R/\delta)^2}{(R/\delta) - 1} \right] \qquad (5.2.25)$$

管柱服役 t 时间后，其壁厚 $\delta = \delta_0 - vt$，当其外挤应力大于或等于材料屈服强度时，管柱失效，因此管柱抗挤强度：

$$p_{co} = 2\sigma_y \left\{ \frac{\left[R / (\delta - vt) \right] - 1}{\left[R / (\delta - vt) \right]^2} \right\} \qquad (5.2.26)$$

式中　δ_0——初始名义厚度，mm；

　　　δ——管柱名义壁厚，mm；

　　　p_{bo}——管柱抗内压强度，MPa。

　　　p_{co}——管柱抗外挤强度，MPa。

3. 安全系数模型

1）抗挤强度设计

套管有效外压力等于套管外液柱压力，不考虑套管内液柱压力的抵消作用。根据有效外压力选择套管钢级和壁厚，再按照式（5.2.27）计算抗挤安全系数。

$$S_c = \frac{p_c}{p_{ce}}$$ （5.2.27）

式中 S_c——抗挤安全系数；

p_c——抗挤强度，MPa；

p_{ce}——有效外挤压力，MPa。

2）抗内压强度设计

套管井口有效内压力按照按试压时井口套管内压力考虑，井底套管有效内压力等于管内液柱压力加上井口压力，不考虑套管外液柱压力的抵消作用。按照式（5.2.28）计算套管抗内压安全系数。

$$S_i = \frac{p_b}{p_{be}}$$ （5.2.28）

式中 S_i——抗内压安全系数；

p_b——抗内压强度，MPa；

p_{be}——有效内压力，MPa。

3）抗拉强度设计

根据所选出的套管，计算该段套管顶部拉力，不考虑浮力作用。按式（5.2.29）计算套管抗拉安全系数。

$$S_t = \frac{T_o}{T_e}$$ （5.2.29）

式中 S_t——抗拉安全系数；

T_o——抗拉强度，kN；

T_e——有效拉力，kN。

4）安全系数取值方法

AQ 2012—2007《石油天然气安全规程》规定如下：

抗挤安全系数：1.0～1.125。

抗内压安全系数：1.05～1.25。

三轴安全系数：1.25。

抗拉安全系数：（1）API圆螺纹接头套管，抗拉安全系数 $S_t \geqslant 1.75$；（2）API偏梯形螺纹接头套管，抗拉安全系数 $S_t \geqslant 1.60$；（3）特殊螺纹接头套管，抗拉安全系数

$S_t \geq 1.60$。

注：按套管在空气中的重量计算外载荷；含硫天然气井的设计安全系数取高限。

4.计算实例及管柱服役性能综合评估

1）典型井极限服役周期分析（80%缓蚀效率）

典型井LB-P12剩余抗拉安全系数：输入该井油管外径、内径、壁厚、剩余壁厚、服役年限等相关数据，计算出在缓蚀效率80%情况下油管柱的剩余抗拉安全系数（图5.2.4），结果显示，前4年内管柱抗拉安全系数均高于安全值，满足安全作业要求；从4.5年开始，井深3000m左右其安全系数已经低于安全值，处于危险状态，可能出现油管断裂等情况。

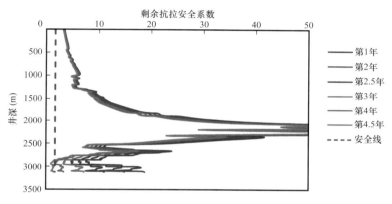

图 5.2.4　管柱剩余抗拉强度

典型井LB-P12井的剩余抗内压安全系数：输入该井油管外径、内径、壁厚、剩余壁厚、服役年限等相关数据，计算在缓蚀效率80%的情况下油管柱的剩余抗内压安全系数（图5.2.5），结果显示，前4.5年内管柱的抗内压安全系数均高于安全值，满足安全作业要求；从第5年开始，井深3000m左右其安全系数已经低于安全值，处于危险状态，可能出现油管断裂等情况。

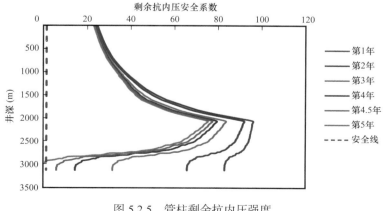

图 5.2.5　管柱剩余抗内压强度

典型井 LB-P12 井的剩余抗外挤安全系数：输入该井油管外径、内径、壁厚、剩余壁厚、服役年限等相关数据，计算在考虑缓蚀效率 80% 的情况下油管柱的剩余抗外挤安全系数（图 5.2.6），结果显示，前 4.5 年内管柱的抗外挤安全系数均高于安全值，满足安全作业要求；从第 5 年开始，井深 3000m 左右其安全系数已经低于安全值，处于危险状态，可能出现油管穿孔等情况。

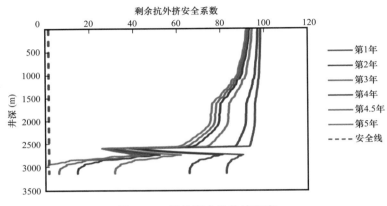

图 5.2.6　管柱剩余抗外挤强度

根据剩余抗拉安全系数、剩余抗内压安全系数、剩余抗外挤安全系数可知：在缓蚀效率 80% 情况下，典型井 LB-P12 井极限服役周期为 4 年。

2）典型井（LB-P12 井）极限服役周期分析（90% 缓蚀效率）

参照上述方法，输入 LB-P12 井相关数据，计算考虑缓蚀效率 90% 情况下油管柱的剩余抗拉强度、剩余抗内压强度和剩余抗外挤强度，结果显示，（1）前 8 年内管柱的抗拉安全系数均高于安全值，满足安全作业要求；从第 8.5 年开始，井深 3000m 左右其安全系数已经低于安全值，处于危险状态，可能出现油管断裂等情况。（2）前 9.5 年内管柱的抗内压安全系数均高于安全值，满足安全作业要求；从第 10 年开始，井深 3000m 左右其安全系数已经低于安全值，处于危险状态，可能出现油管断裂等情况。（3）前 9.5 年内管柱的抗外挤安全系数均高于安全值，满足安全作业要求；从第 10 年开始，井深 3000m 左右其安全系数已经低于安全值，处于危险状态，可能出现油管穿孔等情况。

根据剩余抗拉安全系数、剩余抗内压安全系数、剩余抗外挤安全系数可知：在缓蚀效率 90% 情况下，典型井 LB-P12 井极限服役周期为 8 年。

四、二氧化碳采油防腐技术

冀东油田二氧化碳吞吐井腐蚀特点：井口至液面以上油管腐蚀不明显，液面以下可见腐蚀痕迹，随深度增加腐蚀逐渐严重。主要原因是：（1）气相压力较低，环空压力过高时，通过放套压操作降低套管压力；（2）液相腐蚀较气相严重，温度越高腐蚀越严重。为确保管柱安全，主要采用施加缓蚀剂、电化学防护、耐蚀材质等防腐措施。另外，套管环空腐蚀防护也是防腐的重要内容，采油井可以采用控制和降低套压措施，如举升管柱加装气举阀或井口放套压等[4]。

1. 缓蚀剂防腐技术

加注缓蚀剂是国内各大油田广泛使用的防腐方式。用缓蚀剂控制二氧化碳引起的全面腐蚀已取得一定效果。一般情况下，可采用添加缓蚀剂的方式控制含二氧化碳油气对生产装置的腐蚀。

缓蚀剂通过其分子上极性基团的物理或化学吸附作用，吸附在套管内壁和油井管柱表面，一方面改变金属表面的电荷状态和界面性质，使金属表面能量状态趋于稳定，增加腐蚀反应活化能，使腐蚀速度减慢；另一方面吸附在管柱表面的缓蚀剂上的非极性基团在金属表面形成一层疏水性保护膜，阻碍与腐蚀反应有关的电荷或物质的转移，使腐蚀速度减小，起到保护油井管柱的作用[5]。

针对二氧化碳吞吐的腐蚀问题，冀东油田研发了相应的缓蚀剂。模拟二氧化碳分压腐蚀速率超标的情况下，评价缓蚀剂的缓蚀率可达 85%。同时实验研究了缓蚀剂的最佳加药浓度，采用 G104-5P10 井油水样、模拟井下温度 60℃进行实验。结果（图 5.2.7）表明，随加药质量浓度增加，缓蚀率升高，当缓蚀剂质量浓度为 200mg/L 时，缓蚀率不再增加，因此推荐缓蚀剂最佳质量浓度为 200mg/L。

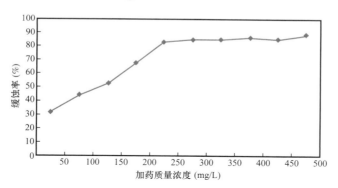

图 5.2.7 不同加药浓度条件下的缓蚀效果情况

取柳北回注水作为腐蚀介质，测试不同二氧化碳分压下的腐蚀速率；之后加入 200mg/L 的缓蚀剂，再测定腐蚀速率，结果见表 5.2.7。

表 5.2.7 柳北回注水腐蚀速率测定

项目	二氧化碳分压 0.5MPa 时	二氧化碳分压 1MPa 时
不加缓蚀剂腐蚀速率（mm/a）	0.1235	0.2865
加缓蚀剂腐蚀速率（mm/a）	0.0208	0.0419
缓蚀率（%）	83	85

注：实验温度为 60℃。

2. 有杆泵防腐阻垢管和抽油杆防腐器防腐技术

结合二氧化碳吞吐区块二氧化碳腐蚀规律研究，油管、抽油杆材质选择碳钢材质，配套使用防腐阻垢管和抽油杆防腐器（图 5.2.8）。

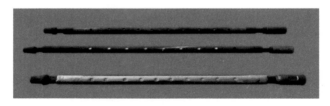

图 5.2.8　抽油杆防腐器

防腐阻垢管和抽油杆防腐器的阳极主要成分为铝，加入催化剂能使其充分均匀分解。阳极分解后，产生密度小于油水混合液的白色的氧化物，在催化剂的作用下，氧化物会黏附在油管内壁和抽油杆表面形成牢固的保护膜，起到防腐防垢作用。如保护膜受损，分解反应物会迅速将其修复。反应公式如下：

阳极过程：

$$Al-3e^- \rightarrow Al^{3+} \qquad (5.2.30)$$

阴极过程：

$$O_2+4e^-+2H_2O \rightarrow 4OH^- \qquad (5.2.31)$$

二次反应生成物：

$$Al^{3+}+3OH^- \rightarrow Al(OH)_3 \qquad (5.2.32)$$

实际应用中，井筒内防腐保护时间一般大于 400d。试验井 LB1-27 井，2014 年 4 月 22 日下入抽油杆，在 1790m、1740m、1690m、1540m、1390m、1230m、1080m、880m 等设置防腐器，泵下安装防腐阻垢管。2015 年 4 月 15 日检泵起出，周期一年，观察发现防腐阻垢管和抽油杆防腐器防腐材质消耗充分，抽油杆防腐器上部 50m 范围内抽油杆得到有效防护（图 5.2.9）。

3. 材料防腐措施（双金属复合管、内衬有机管）

双金属复合管、内衬有机管较 13Cr 油管成本低，可用于氧气和二氧化碳浓度较低生产井。

双金属复合管以普通碳钢油管作为基管，利用冶金或机械方法将耐蚀合金油管制成内层，控制油管内壁的腐蚀，内衬管材可以使用 13Cr。含氧量较高时，可采用 P110 基管 + 13Cr 内衬管材质的双金属复合油管（图 5.2.10）。

内衬有机管通过内衬合理的防腐材料可满足生产井的防腐需求。如内衬高密度聚乙烯（HDPE）材料，通过分子结构改性和添加特种助剂达到抗磨耐温性能，形成的内衬层表面光滑，摩擦系数较低，耐腐蚀性能优异。

图 5.2.9 LB1-27 井抽油杆防腐层反应物

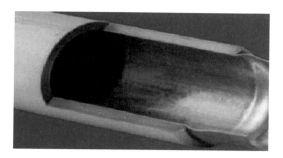

图 5.2.10 双金属复合油管

第三节 水平井二氧化碳吞吐动态监测技术

二氧化碳吞吐动态监测内容主要包括地层含油饱和度监测、产液剖面、吸气剖面、温度压力监测、腐蚀监测、井筒及管柱完整性测试等内容。鉴于水平井有杆抽油举升管柱环空测试困难，测试仪器采用液力方式输送，产液剖面测试过程中采用气举模拟有杆泵生产状态。综合油藏类型，明确了稠油油藏以找出水点为主兼顾饱和度测试，稀油油藏以测试饱和度为主的测试项目。在测试技术方面，地层含油饱和度测试采用脉冲中子全谱散射或伽马测井（PNST）；产液剖面和吸气剖面测试采用连续涡轮流量六参数仪器；找出水点采用氧活化＋氮气气举方式，分析出水规律及水平段附近饱和度分布规律，确定潜力井段；管柱腐蚀情况采用管柱携带腐蚀环监测；套管腐蚀及完整性监测采用四十臂井径成像结合电磁探伤组合技术。

一、含油饱和度监测

鉴于水平井有杆抽油举升管柱环空测试非常困难，研究形成了"液力输送＋地层含油饱和度测试仪器"水平井含油饱和度监测工艺。具体工序：（1）在水平井内下入管柱；（2）从油管内下入含油饱和度测试仪器，当其进入大斜度井段时，向油管内泵入液体驱动测试仪器到达井底；（3）上提测试仪器测试水平段含油饱和度。因二氧化碳具有腐蚀性，要求测试仪器工具串要满足防腐要求。

监测的主要目的是分析注气过程中剩余油饱和度变化，掌握剩余油动用情况。监测仪器可以采用脉冲中子全谱散射或伽马测井（PNST）。通过测井获得非弹性散射和伽马俘获能谱（地层元素＋双源距碳氧比）、时间谱（中子寿命 PNC+PNN）、近远计数比（孔隙度）、氧活化指数（水流）等曲线，解释储层岩性、渗透性、泥质含量、孔隙度、饱和度等信息，识别潜力层与出水层。

二、吸气剖面监测

研究形成了"液力输送＋吸气剖面测试仪器"水平井吸气剖面测试工艺。具体工序：

（1）在水平井内下入管柱；（2）从油管内下入吸气剖面测试仪器，仪器进入大斜度井段时，向油管内泵入液体驱动吸气剖面测试仪器到达井底；（3）注入氮气模拟或直接注入二氧化碳，模拟注气井的正常注入状态；（4）注气状态稳定后，上提测试仪器测试水平段吸气剖面。吸气剖面测试管柱要求喇叭口在目的层段 50m 以上，根据注入压力等选择防喷设备。因二氧化碳具有腐蚀性，要求测试仪器工具串要满足防腐要求。

吸气剖面根据注入介质及相态的变化、注入量、注入管柱的不同，可选择连续涡轮流量六参数测井。连续涡轮流量六参数测井适用于中高注入量的井，集流式流量计七参数测井启动排量低，适用于低注入量的井，两种仪器只能用于测量喇叭口在目的层段以上的管柱。

三、产液剖面测试

测试的目的：（1）水平井精准复合吞吐前确定出水层段，为精准堵水提供依据；（2）吞吐一段时间后，用于产液井段测试其产液情况，评价吞吐效果。测试目的不同，需要的测试仪器不同。

研究形成了"液力输送 + 产液剖面测试仪器 + 气举举升测试"水平井产液剖面测试工艺（图 5.3.1）。具体工序：（1）在水平井内下入气举管柱，管柱底端下到水平段 B 靶点处；（2）在油管内下入产液剖面测试仪器，当仪器进入大斜度井段时，向油管内泵入液体驱动产液剖面测试仪器下入井底；（3）气举排液，地层流体流入井筒，模拟油井正常生产状态；（4）在气举生产状态稳定后，上提测试仪器测试水平井产液剖面。因二氧化碳具有腐蚀性，要求测试仪器工具串要满足防腐要求。

气举排液分三个阶段：（1）排液阶段，排出井筒准备阶段漏进地层的全部流体；（2）调节阶段，根据油井正常生产情况调节注入气量，保证在模拟油井原始生产状态下测试；（3）测试阶段，连续气举反排液，为测试提供稳定环境。为使气举模拟有杆泵生产状态更准确，在气举工艺基础上增加了地面调节装置，控制氮气注入量。施工时，根据设计参数调节注气量，模拟油井正常生产状态，当测试全井产液量和出口人工计量产液量基本吻合并与施工井正常生产参数一致后，开始测试。

水平井找水可采用中子氧活化仪器，仪器参数需结合井的实际情况选择。二氧化碳吞吐前测试时，测试工具串可以采用常规材质；二氧化碳吞吐后测试时，测试工具串可以采用常用防硫、防二氧化碳腐蚀材质仪器。

根据产出介质及相态的变化、注入量的不同，产液剖面可选择连续涡轮流量六参数测井。流量测试采用涡轮测试（全井眼涡轮流量计和集流伞涡轮流量计，如图 5.3.2 所示），仪器参数需根据实际测试井情况选择（表 5.3.1）。二氧化碳具有腐蚀性，测试工具串材质采用防硫、防二氧化碳腐蚀材质。

开展了用吸水剖面替代产液剖面判断优势渗流通道的研究。6 口井测试结果表明，两个剖面相关性好，主产液段对应主吸水段，井段位置、吸水比例都比较接近，表明该方法可行。

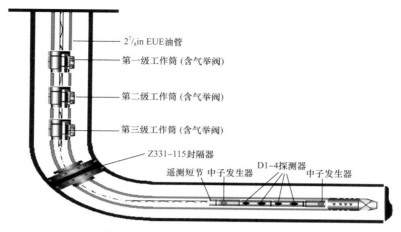

图 5.3.1　水平井找水工艺管柱示意图

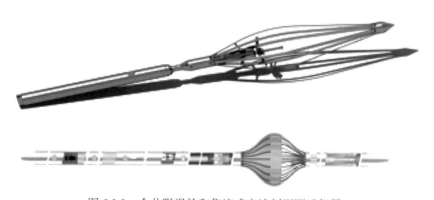

图 5.3.2　全井眼涡轮和集流式产液剖面测试仪器

表 5.3.1　流量测试方式对比

测试技术	优势	局限性
连续涡轮流量	测试成功率高	适用于液量大于 15m³/d 的井，低流量时测量精度低
集流伞流量	适用于液量 8～50m³/d 的井，启动排量低	伞结构相对复杂且需要反复打开、关闭，易出现砂卡、遇阻等问题，井况要求较高

四、环空压力监测

基于 Q/SY 01006—2016《二氧化碳驱注气井保持井筒完整性推荐做法》相关要求，需要进行环空压力监测。二氧化碳生产井和二氧化碳吞吐井，需要监测 B 环空压力。

B 环空压力没有监测条件时，应予以改造，其工序：（1）在套管头两侧堵头处安装密封钻孔夹具（图 5.3.3），钻孔夹具上安装控制闸阀；（2）在控制闸阀上安装液压钻孔装置，试水压 35MPa，10min 压降小于 0.7MPa 为合格；（3）开启液压钻孔机，钻穿堵头，打开通道，钻头退到钻孔机内，关闭控制闸阀并释放其外部剩余气体；（4）拆除堵头，泄掉窜槽气，安装控制闸阀、环空压力计监测设备。

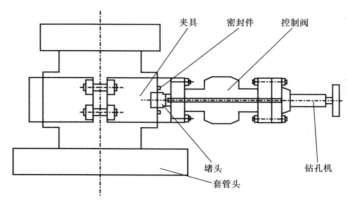

图 5.3.3　钻孔夹具示意图

五、腐蚀监测

1. 铁离子监测技术

铁离子浓度即产出液中铁离子含量，可用于判定腐蚀情况，根据 NACE RP 0775—2005 标准，计算平均腐蚀速度等于 0.025mm/a、0.12mm/a、0.25mm/a 对应总铁含量 C_a、C_b、C_c。油井实测铁离子小于 C_a 时，为低腐蚀；实测铁离子在 $C_a \sim C_b$ 之间时，为中度腐蚀；实测铁离子浓度在 $C_b \sim C_c$ 之间时，为高腐蚀程度；实测铁离子浓度大于 C_c 时，为严重腐蚀程度（表 5.3.2）[6]。

表 5.3.2　NACE RP 0775—2005 标准判定铁离子腐蚀程度

腐蚀等级	低	中	高	严重
平均腐蚀速度（mm/a）	<0.025	0.025～0.120	0.120～0.250	>0.250

2. 腐蚀环监测技术

为评价二氧化碳吞吐对管柱的腐蚀，在管柱不同位置加装腐蚀监测环，用于定量测定注入水和产出液在地层温度下对管材的腐蚀情况。腐蚀环一般为一对圆铁环，材质为 N80 标准钢。入井前称重（精确到 0.1mg），待下次动管柱时取出并称重，通过失重评价注入水和产出液对管材的腐蚀性[6]。

3. 套管腐蚀监测技术

二氧化碳吞吐不仅对油管及井下工具产生腐蚀，对套管也会产生不同程度的腐蚀，及时掌握套管腐蚀程度，对安全长效生产非常重要。套管腐蚀监测技术主要采用四十臂井径成像测井、电磁探伤等技术，可以实测判断套管变形、内壁腐蚀等程度[6]。

第四节 二氧化碳吞吐施工 QHSE 方案

二氧化碳吞吐工程 QHSE（质量、健康、安全、环境）方案主要包括风险识别要求与提示、井控要求、质量管理要求、风险消减与控制、健康安全环境应急要求等内容。在制定方案过程中除应满足一般采油工程技术的 QHSE 要求外，还应重点考虑二氧化碳及其吞吐作业的特殊性。

相对于一般采油工程技术，二氧化碳及其吞吐作业的特殊性主要体现在两方面。（1）二氧化碳窒息性及其伤害。二氧化碳是强窒息性气体，依据国家卫生标准，当空气中含量为 1% 时，为安全状态；当空气中含量为 4% 时，人就会出现头疼、耳鸣、心悸、脉搏缓慢和血压增高；当空气中含量为 5% 时，可以短时耐受，需配自主式空气呼吸器；当空气中含量达到 10% 时，为死亡区，人就会迅速出现意识丧失和呼吸停止，人不可能有所警觉，往往尚未逃走就已中毒和昏倒，接触者如不移至正常空气中或给氧复苏会因缺氧而死亡，此时仅允许专业应急人员配备救生设备进入；当空气中含量达到 20% 时，人在几秒钟之内即会发生脑中枢麻痹致死。（2）低温冻堵和人身伤害问题。二氧化碳注入时温度最低至 −17℃，气化形成干冰可能会在注入泵、注入管线中发生冻堵，发现不及时易造成泵损坏和管线刺漏；气化时吸热造成局部降温，井口、井下油管由于内部液体结冰造成井口及井下油管胀裂；现场操作不当也会造成操作人员冻伤[7-8]。

一、风险识别要求与提示

二氧化碳施工风险是指在注采、作业施工、地面集输处理、日常生产管理等过程中，由于设备缺陷、作业场所环境变化，以及其他不可抗力的因素，而造成人员健康的伤害、设备的损坏及经济损失。施工前应仔细查找和分析作业过程、生产管理过程中存在的危害因素，对其可能产生的风险进行识别与评价，编写风险识别与评估报告。

1.风险识别要求

1）危害因素分类

（1）职业健康危害因素，包括噪声、高温、油气中有毒有害因素、硫化氢、低温等职业病危害因素，以及地方病、疫情、超负荷工作、心理异常、健康异常、不良习惯等员工健康危害因素。（2）安全生产危害因素，包括井喷、油气着火爆炸、物体打击、车辆伤害、机械伤害、起重伤害、触电、淹溺、灼烫、火灾、高处坠落、坍塌、火药爆炸、锅炉爆炸、容器爆炸、其他爆炸、中毒和窒息、其他伤害。（3）有害环境影响因素，包括采油污水、井下作业污水、套返水、洗井外排水、压裂返排液、机加废水、化验室废水、建筑排水、生活污水等废液；锅炉烟气、硫化氢、一氧化碳、烃类气体、烟尘、VOCs（挥发性有机化合物）、有毒有害粉尘、建筑粉尘、气溶胶类等废气（尘）；建筑噪声、机械噪声等噪声；钻井岩屑、钻井液、落地油土（含清罐油土）、油土分离残渣、化验室废弃物、燃煤锅炉炉渣、机加废屑等废渣[8]。

2）风险分级

重大风险（不可接受风险）为已采取措施但仍无法控制的危害及影响，并且后果严重。较大风险（需要特别控制的风险）为出现频次较高的危害及影响，且后果可能比较严重。一般风险（需要关注的风险）为出现频次低的危害及影响，且后果不可能严重。低风险（可接受或可容许的风险）为出现频次极少的危害及影响，且后果可以忽略[8]。

3）环境影响因素分级

（1）重要环境因素，即具有或能够产生一种或多种重大环境影响的环境因素；（2）一般环境因素，除重要环境因素以外的其他环境因素。

4）危害因素辨识范围

主要包括：设备设施和作业场所（现场）的本质安全及可靠性；安全防护，尘毒、噪声、辐射控制，以及环境等保护防护装置和设施有效性；有关方案、设计和规章制度、操作规程、应急处置程序的正确性；生产运行管理、施工作业和设备设施操作等工作活动；员工的综合素质；周边环境和天气、季节影响；与周边环境、生态环境的相互作用；"三废"（废水、废气、废渣）排放和能源消耗；应急物资、设备等配备。

2. 风险提示

据以往经验和风险评估结果，井喷、井喷失控、泄漏、火灾、爆炸、中毒（二氧化碳、NH_3）、二氧化碳窒息、冻伤和环境污染事故属高风险，是不可允许的风险，必须严格控制并采取各种措施降低风险或停止存在安全隐患的活动，以消除风险。治安事件、交通事故、机械伤害、冻伤等属于中等风险，需要采取控制措施来降低风险。其他低风险，应根据实际情况制定相应作业程序与控制措施，把危害发生所造成的损失降至最低。

二、井控要求

二氧化碳吞吐井下作业地质设计、工程设计和施工设计中须包含井控设计内容及要求。地质设计中应具有高压和二氧化碳气体的风险提示；工程设计中应依据地质设计中的风险提示，提出相应的防范要求；施工设计中应明确预防井喷及二氧化碳气体的具体措施及物资准备、井控应急预案。二氧化碳吞吐井下作业井控设计、井控装置、溢流预防与处理、井控工作要求、井喷失控的紧急处理和井控培训等技术要求应符合 SY/T 6690—2016《井下作业井控技术规程》的规定。

二氧化碳吞吐井下作业井控装备选择及现场安装、试压、检验既要满足油田公司《井下作业井控实施细则》相关要求，还要考虑地层压力情况及二氧化碳气体腐蚀性情况。（1）作业现场应安装液控双闸板防喷器，并配套远程控制台，要求防喷器内部采用耐二氧化碳腐蚀密封件。（2）作业现场应安装节流、压井管汇；要求管汇使用耐二氧化碳腐蚀管材和配件；井控管汇压力级别和组合形式，应符合工程设计要求，并符合 SY/T 5323—2016《石油天然气工业 钻井和采油设备 节流和压井设备》中的相应规定。（3）作业现场应配备相匹配的内防喷工具[9-11]。

当发生井喷失控时，应立即启动二氧化碳吞吐井下作业井喷应急救援预案。井喷抢险作业应按 SY/T 6203—2014《油气井井喷着火抢险作法》中的要求执行。控制住井喷后，应对各岗位和井场可能积聚二氧化碳的地方进行浓度检测，待二氧化碳浓度降至安全临界浓度内，作业人员方能进入。

三、质量管理要求

质量管理主要包括：项目建设、生产过程中涉及物料、设备、设施等相关产品质量要求；地面施工建设与生产维护的质量要求；井筒作业相关质量要求。通过严格方案设计质量管理、强化过程监管、严格竣工验收，从源头控制项目建设质量，实现本质安全。

1. 产品质量监督管理

产品质量监督管理要有明确要求，以保证产品质量符合要求。一般有六项：（1）设计或采购计划内容要求；（2）采购合同中质量条款要求；（3）对相关产品质量监检要求；（4）产品质量监督管理要求；（5）物资入库验收、储存和发放符合规定要求；（6）施工队伍资质、人员资质、设备配备要求。

2. 井筒质量监督管理

井筒质量监督管理要有明确要求，（1）方案和设计编写要符合相关规定和标准要求；（2）各项现场资料填写和编制要符合要求；（3）在注二氧化碳时，应考虑注入介质及注入压力对施工井段上部套管的影响，必要时应采用封隔器保护、油套环空注入隔离液等保护措施。

四、风险消减与控制

二氧化碳吞吐生产过程中，与连续泄漏相关的严重生产事故主要包括井喷、注采井二氧化碳泄漏等，由此造成的事故形式可能有爆炸、二氧化碳窒息。安全防护距离要求见表 5.4.1。

表 5.4.1　二氧化碳驱井喷、泄漏安全防护距离

事故情形	二氧化碳含量（%）	计算安全距离（m）	安全系数	建议安全防护距离（m）	备注
二氧化碳吞吐井井喷、泄漏；二氧化碳管线泄漏	10	32	1.5	50	此为下风向距离，上风向可缩小20%，四周疏散
	5	52	1.5	80	
	1	163	1.5	250	

风险消减与控制就是针对识别出的风险，采取相关措施来进行消减与控制。各项单独施工前应根据实施项目的风险进行识别与评估，制定详细的风险消减与控制措施，本节阐述二氧化碳吞吐所涉及的常见 HSE 风险消减与控制措施。

1. 场地安全风险消减与控制

1）井场安全

井场平面布置、防火间距及气井与周围建筑物的防火间距应符合 SY/T 5466—2013《钻前工程及井场布置技术要求》等标准要求。防火防爆安全生产管理应符合 SY/T 5225—2019《石油天然气钻井、开发、储运防火防爆安全生产技术规程》中的规定。井场入口设置"入场安全须知告示牌"和"现场主要危害因素及紧急撤离线路图"。井场各作业区域按 SY 6355—2017《石油天然气生产专用安全标志》标准设置明显的安全标志并悬挂牢固。

井场设备布局要考虑防火的安全要求，标定井场内的施工区域并严禁烟火；在森林、苇田、草地、采油（气）场站等地进行井下作业时，应设置隔离带或隔离墙；发电房、锅炉房等应在井场盛行季节风的上风处，发电房和储油罐距井口不小于 30m 且相互间距不小于 20m，注入井场井口至注入泵不宜大于 20m，注入泵至增压泵不宜大于 5m，增压泵至二氧化碳液罐不宜大于 10m[12]。

井场须按消防规定备齐消防器材并定岗、定人、定期检查维护保养，各种消防器材的使用方法、有效期和应放位置要明确标示。井场内严禁烟火，进行井下作业时应避免在井场使用电焊、气焊。若需动火，应执行 SY/T 5858—2004《石油工业动火作业安全规程》中的安全规定。居民及非施工操作和管理人员，不得随意进入井场。

井下作业时应按 SY/T 5727—2020《井下作业安全规程》设置明显的安全标志同时增加防窒息、防冻伤等安全标志。在醒目位置设立风向标志，若遇紧急情况，组织人员向上风方向撤离。井口距高压线、地下电缆及其他永久性设施不小于 75m；井场边缘距民宅不小于 100m；距铁路、高速公路不小于 200m；距学校、医院、油库、人口密集性及高危场所等不小于 500m[10, 13]。

2）注入站场地安全

站、场平面布置严格按照 GB 50183—2015《石油天然气工程设计防火规范》执行。站内、站外防爆区内的电气设备及控制仪表应选用防爆电气，站内工艺管道、设备均做防静电接地，场区设备设施按要求设置防雷接地。二氧化碳注入站站内装置的火灾危险性属于丙类，装置所需的劳动安全卫生措施，应按现行有关劳动安全卫生标准、规范要求，在依托现有系统劳动安全卫生设施的基础上补充完善，以确保本装置的劳动安全卫生达到标准和规范的要求。

如果采用注入泵房注入二氧化碳，仪表值班室与注入泵房应分为 2 个建筑单体，防止超浓度二氧化碳气体对人体的危害。注入泵房、值班室应设二氧化碳浓度报警系统，并与通风系统、注入泵连锁，当浓度大于 3000μL/L 时，应启动通风系统；浓度大于 6000μL/L

时，应停止注入泵。操作人员应了解这些气体特性，以便检修、泄漏或发生事故时，采取相应防范措施。泵房采取机械通风方式，并设可燃气体报警装置，有油气散发场所的机泵均采用防爆电动机。每次停产后，须将管道内的二氧化碳液体放空，以避免液态二氧化碳汽化。

注入站场应采取降噪措施，应将产生噪声的机泵集中布置，并与值班室分开设置，设密封观察窗，降低噪声对值班人员的危害，工人作业时应配备相应防噪声设备。

2. 井下作业及吞吐施工的安全风险消减与控制

井场按油井标准化井场管理，做到"三清四无五不漏"。采油井口要安装压力表，每天监测采油井压力，防止井口压力过高造成井喷事故；生产过程中注意井口保温，防止二氧化碳干冰和水合物产生而堵塞管线。以采油井为中心在10m范围用警戒带圈闭，并挂有"低温、高压危险"的警示牌。值班板房距井口15m以外，且不能正对井口丝堵部位，配灭火器材[9]。

井场电气设备、照明器具及输电线路的安装应符合SY/T 5727—2020《井下作业安全规程》、SY/T 5225—2019《石油天然气钻井、开发、储运防火防爆安全生产技术规程》等标准要求。井口、地面流程、入井管柱、仪器、工具等应具备抗腐蚀性能，应制定施工过程中的防腐方案，完井时应考虑防腐措施。施工单位要根据施工区域实际情况制定具体的井喷应急预案。

作业施工队伍除认真执行常规安全操作规程外，特别要求：（1）加强对高压高含二氧化碳油气井施工风险认识，成立应急抢险小组并明确分工；要求每个施工人员都熟悉紧急情况逃生路线。（2）地面管线与高压管汇或泵车的连接，必须用高压硬管线，严禁使用高压软管。（3）无论冬、夏，凡是接触二氧化碳低温管线或其他结冰霜设备部件时，必须戴棉工作手套，防止冻伤。（4）在向井内注二氧化碳前，必须先在泵—罐之间进行循环，充分冷却供液管线、三缸泵液力端，直至整个液路系统全部结霜。（5）结束循环，开始向井内注入前，必须先打开三缸泵的排出阀门，再关闭循环阀门，防止憋泵，酿成事故。（6）施工过程中，人员要远离泵头和高压区并严格执行操作规程。（7）经常检查高压设备，发现有损伤、裂纹的部件要立即更换，严禁带病运行。（8）施工结束，拆卸管线时，应站在管线接口侧面，不要正对管线口；搬运管线时，管线头要向下，以防"冰炮"伤人，损坏设备[13]。

作业时，必须进行二氧化碳气体监测。二氧化碳吞吐井应视为二氧化碳气井，每天监测油、套压变化，严格将油压控制在3MPa以下，防止发生清蜡阀门刺漏和管线井口伤人事件；监测注采井周围二氧化碳气体浓度，在井口操作时要戴正压式呼吸器，防止窒息。作业前、作业中、作业结束后，必须进行二氧化碳气体检测，确保人员人身安全和作业质量。作业时，必须配备二氧化碳气体检测仪，每隔1h对作业井口及附近低洼地带等二氧化碳气体易聚集的地方检测一次。

二氧化碳吞吐井放套压、测液面、测功图时，测试前、后必须检测二氧化碳气体，确保无泄漏和井周围 60m 范围内没有闲杂人员。如需放喷，则要执行放喷现场相关安全制度，如油井放喷操作规程、油井放喷事故预案、采油队二氧化碳井放喷作业指导书、采油队放喷现场 HSE 检查表，做到放喷现场 24h 有人看管，现场按要求配备一定数量的干粉灭火器、管钳、扳手等。

二氧化碳易在低洼处聚集，无论是否在施工过程中，只要注意不到都有发生窒息伤亡的危险，因此在运输、储存与施工过程中都要严防窒息伤亡，应采取的防范措施：（1）进入存放二氧化碳设备的操作间，须先通风后进入。（2）无风天严禁在狭小的低洼地带进行二氧化碳吞吐井作业，必须施工时要采取人工通风措施。（3）作业期间及作业后短时间内，严禁到井场附近的低洼地带逗留。（4）严禁无任何劳保的情况下，在操作间拆卸盛装二氧化碳的设备。（5）卸完二氧化碳或施工结束后，如果所用管线、管汇排放的残留二氧化碳释放并聚集于局部作业场地时，则所有人员应停止作业，迅速到场地外上风口。（6）二氧化碳在注入井、采油井周围容易聚积，井口和管线高压处，操作人员要戴好劳动保护用品，无关人员严禁靠近施工现场；若二氧化碳浓度高，放喷出口周围 200m 内应设立围栏，并设立警示标志、安排人员值班巡逻。（7）作业人员配备便携式二氧化碳检测仪，发现超限报警，应及时疏散。

注入过程中，泵本体、注入管线可能会刺漏。如果注入泵本体和注入管线存在缺陷，在高压工况下会发生刺漏，甚至管线脱节，造成设备损坏或人员伤害，因此注入流程连接要满足以下要求：各活接头卡箍连接紧固；高压注入管线及连接弯头必须使用硬管线、落地铺设并每隔 8m 锚定；在注入泵与管线上设置不高于泵设计压力的安全阀；放压流程中 $40m^3$ 罐与井口套管间必须采用硬管线连接并处在井口 30m 以外的下风口，每隔 10～15m 用标准地锚或填充式基墩固定；注二氧化碳前，须对整个流程的管线、设备与设施试压，注入过程中严禁人员和车辆跨越、碾压高压施工管线[9, 13-14]。

注入过程中，在高压工况下，井口、阀门易因低温、腐蚀、设施缺陷等发生刺漏。防范措施：安装简易井口前，应对抽油机进行憋压操作，检查泵效的同时，可以发现采油树阀门是否内漏，防止注入、焖井过程中，低压端漏气；安装简易井口时，井口需安装抽油杆悬挂密封装置，以有效处置注入及焖井过程中采油树生产阀门因腐蚀或者老化导致的刺漏险情。套管注入端使用双阀门、安全阀和单向阀，以预防注入端超压或流程刺漏而失控。

吞吐过程中，存在低温冻堵风险。二氧化碳注入时，最低温度可达 -17℃，其气化形成干冰可能会使注入泵、注入管线冻堵导致刺漏；气化时吸热造成局部降温，井口、井下油管由于内部液体结冰而胀裂。防范措施：（1）注入泵、流程及井口防冻堵措施。液态二氧化碳从注入泵出来后，由于压力下降、体积膨胀降温而结霜，逐渐累加会形成局部冻堵，易造成流程或井口刺漏。在吞吐前，井口采用额定工作压力 35MPa、满足 -30～120℃ 额定工作温度的采油树或阀门；井口采用防冻、抗震式压力表，确保不冻以准确监控压力；交替注入井，注入管线需及时排空，防止冻堵；注入过程中，一旦注入流量降低，需及时对注入流程重点检查，排除冻堵点。（2）井下管柱冻堵防范措施。在坐简易井口前，先用水泵车洗压井，然后从套管内注入微泡，启动抽油机，用微泡将油管存液替出，井口放空并出微泡后，停抽、卸载、安装简易井口；将放液池子与油管保温套连接并安装 8mm 油嘴，用二氧化碳气体举出油管内液体，使油管不再是封闭空间，防止油管顶部滞留液体导致结冰。（3）人身冻伤防范措施。人员日常巡查、维护与应急处置过程中，都要接触低温管线或者泵体，如果无劳保护具，触摸低温注入管线、二氧化碳储罐，就会造成冻伤，因此，在各类操作中，都要严格遵守操作规程，佩戴好劳动保护用品，必要时停注作业待温度上升后再操作[9, 13-14]。

放压过程有刺漏风险。防范措施：（1）焖井完结束后，为便于后续抽油机挂抽生产，需打开套管阀门放压，期间地层压力不稳定且无法预测和掌握，因此必须加装小直径油嘴放压，在油压、套压接近零时，也不能拆卸油嘴，防止因地层压力波动，套管突然放喷导致储罐溢油；在放喷罐上安装便携式浮球式液位报警装置，罐内液位较高时报警，提示值班人员及时检查井口出液情况，采取相应措施避免溢油发生。（2）放压过程中，低温导致管线破裂、阀门刺漏。焖井后放压过程中，高压二氧化碳气体经套管阀门及油嘴后，变成低压气体大量吸热，放压管线温度会急剧下降，放压管线及放喷罐有冻裂刺漏风险，岗位员工要加强巡回检查、及时处置。焖井及放压过程中，应完善放压流程及单流阀位置，如果发生套管、大法兰等不可控险情，可提高放空速度。正常放压时，可使用双油管双油嘴套加装较小油嘴的方式平稳放压，以便降低放压压差、减少温降、增加放压管线与空气换热面积，最终提高放压管线温度，减少低温对放压管线的冻裂、刺漏等风险。

3. 健康风险消减与控制

没有通过职业性健康检查的作业人员不得从事接触职业危害作业，有职业禁忌的作业人员不得从事所禁忌的作业。

按照国家卫生标准及要求，应定期监测工作场所职业危害因素，对从事、接触职业危害的员工，施工单位应配备符合国家标准和企业相关规定的劳动卫生防护设施；二氧化碳注采井作业时，施工作业人员必须按相关规定佩戴劳保用品上岗作业；处置泄漏、井喷等应急突发事件时，应配备正压式呼吸器、防冻服，确保人员人身安全[15-16]。

采取健康意识强化措施，确保员工身体健康。经常进行宣传、教育与培训，不断提高员工健康、安全与环境意识和水平，不断提高员工自救互救水平和专业技能，保护人员健康和安全；定期组织体检并建立健康档案，建立员工健康合格证制度；作业期间严禁饮酒，不食用不洁食品与饮料；不得滥用药物（成瘾或依赖性麻醉药物），禁止不洁行为。

加强有毒药品及化学处理剂管理。要将有毒物品与化学处理剂分开并单库存放；要有明显标识，以防误用；要专人负责保管，有毒物品要密封好，防止泄漏或散落，岗位工人使用时要办理有关手续、穿戴劳保用品（防毒面具、手套等）；发生人员伤害时，应立即将受伤者送往医院治疗[17]。

4. 环境风险消减与控制

为防止发生污染事故,环境风险消减与控制需要健全环境保护制度、完善环境监测体系,采取预防为主、防治结合的方针,制定有关防范措施。

井下作业、测试、生产等过程应采取相应环保措施。环保措施内容主要包括:井口装置、管线等设施应无泄漏,严防井流物对环境污染;各种施工作业过程中,含毒、含放射性等有害物质不得随意排放,必须按相关规定处理;开采过程中产生的废水,应根据其性质,采用化学、物理等方式处理,需外排的废水必须达到国家或地方排放标准方可排放;开采过程中排放的二氧化碳气体,应尽量回收利用[18]。

杜绝井下作业污染事故,必须在施工设计中制定无污染作业的方案和措施。施工作业过程中,施工单位应接受质量安全环保部门的监督,要做到废水不污染环境,产生的酸性废水必须处理至中性;施工结束后,井场要按环保要求建设,并恢复施工过程中损毁的植被,做好生态环境恢复工作。如发生污染事故,要立即采取减轻和消除污染措施,防止其危害扩大。

五、健康、安全和环境应急要求

为加强有效预防与控制事故发生,施工作业单位要制定应急预案,在二氧化碳吞吐井生产、测试和井下作业过程中,可能发生井喷、爆炸、火灾、二氧化碳泄漏等事故,以及自然灾害和恐怖破坏等突发事件,一旦出现险情,能快速、高效、有序地进行应急处置,最大限度保护人员生命和财产安全,把事故危害和对环境的影响减少到最低限度。制定的应急预案通过审核、签署发布后,向相关部门申请备案。

一旦发现溢流、井涌、井喷等险情,需采取现场井喷应急处置程序。应急处置程序除执行本油田井控管理规定外,还包括测定井口周围及附近天然气、H_2S、二氧化碳等有毒有害气体浓度,划分安全范围;根据险情发展势态,对危险区域进行控制,通知或组织可能受到危害的人员撤离。

一旦出现二氧化碳探测仪或录井仪器报警,需采取二氧化碳泄漏应急处置程序,除满足中国石油冀东油田分公司井控管理细则相关规定要求外,还需要采取如下措施:救护人员佩戴好正压式呼吸器到岗位检查井口是否控制住,有无人员晕倒;处置高浓度二氧化碳及固态二氧化碳(干冰)时,佩戴氧气呼吸器、防冻伤防护用品,若有冻伤就医治疗;其他人员全部撤离到上风口集合地点;采取措施处置井内二氧化碳外溢险情。

井口出现二氧化碳泄漏,造成人员窒息昏迷时,需采用二氧化碳窒息应急处置程序。其主要内容为:将受伤人员和所有作业人撤离至站场上风向高处的安全地点;同时向上级上报事故情况并做好记录;撤离到安全地点后,迅速解开窒息人员衣领,保证呼吸通畅,按照人工呼吸方法对受害人员进行抢救;若受害人员窒息现象较重,应同时拨打120急救电话,并简要说明病情及事故地点[7,13]。

井口突然发生刺漏,造成人员冻伤时,需采用二氧化碳冻伤应急处置程序。其主要内容为：将受伤人员和所有作业人员撤离至站场上风向高处的安全地点；立即向上级上报事故情况并做好记录；组织应急人员进行现场监护，监测二氧化碳浓度和扩散情况；受伤人员伤势较轻时，操作人员应向队领导汇报事故情况并将伤员送往医院治疗；伤势较重时，拨打 120 急救电话。

现场火灾应急处置程序按中国石油冀东油田分公司井控管理规定和相关要求执行。环境污染应急处置程序按中国石油冀东油田分公司环境污染处置相关要求执行。

参 考 文 献

［1］冯蓓，杨敏，李秉风，等.二氧化碳腐蚀机理及影响因素［J］.辽宁化工，2010，39（9）：977-978.

［2］赵建伟.陇东油田采出水系统腐蚀及防护研究［D］.西安：西安建筑科技大学，2003.

［3］赵景茂，顾明广，左禹.碳钢在二氧化碳溶液中腐蚀影响因素的研究［J］.北京化工大学学报，2005，32（5）：71-73.

［4］葛红花，汪洋，周国定，等.普及金属腐蚀与防护知识重要性的研究［J］.上海电力学院学报，2007（1）：62-63.

［5］王宁.新型咪唑啉缓蚀剂浓度检测及其在 Q235 钢表面膜生长和衰减规律研究［D］.青岛：中国海洋大学，2008.

［6］熊显忠，吴庆东，闫文鹏，等.油井井下管柱腐蚀状况监测技术试验研究与应用［J］.江汉石油学院学报，2004，26（2）：138-139.

［7］范志勇，孙亮，孟凡强，等.二氧化碳吞吐井的安全管理［J］.安全，2019，40（1）：67-69.

［8］Q/SY 08805—2021，安全风险分级防控和隐患排查治理双重预防机制建设导则［S］.

［9］Q/SY 02553—2022，井下作业井控技术规范［S］

［10］SY 5727—2020，井下作业安全规程［S］.

［11］GB/T 12801—2008，生产过程安全卫生要求总则［S］.

［12］SY/T 5858—2004，石油工业动火作业安全规程［S］.

［13］SY/T 6565—2018，石油天然气开发注二氧化碳安全规范［S］.

［14］SY/T 5587.3—2013，常规修井作业规程 第3部分：油气井压井、替喷、诱喷［S］.

［15］SY/T 6284—2022，石油企业职业病危害因素识别与防护规范［S］.

［16］GB/T 28001—2011，职业健康安全管理体系 要求［S］.

［17］Q/SY 178—2009，员工个人劳动防护用品配备规定［S］.

［18］GB/T 24001—2016，环境管理体系要求及使用指南［S］.